高职高专电子信息类专业系列教材
安徽省高水平高职教材

传感器与检测技术

主　编　张佑春　王海荣
副主编　仲济艳　马玉清
　　　　张晓娟　李艳华
主　审　李　雪　张　震

西安电子科技大学出版社

内容简介

本书系统地介绍了多种传感器的工作原理、基本结构、典型应用与验证实验等。全书共11章，内容包括检测技术与传感器技术概述，电阻式传感器与力的检测，电容式传感器与液位检测，电感式传感器与振动检测，霍尔传感器与位移检测，压电式传感器与动态检测，热电式传感器与温度检测，光电式传感器与转速检测，半导体传感器与湿度、气体检测，新型传感器及应用，现代传感器与虚拟仪器技术等。书中几乎每章后都附有思考与练习和实验，便于读者掌握各章的重点。

为方便教学，本书配套有MOOC视频、PPT课件、习题库、实验指导、案例程序等，其中部分资源在本书各章节起始处以二维码的形式给出，也可访问与本书配套的学银在线平台(http://www.xueyinonline.com/detail/207626971)获取。

本书可作为高等职业院校机电类、自动化类、电子信息类等专业相关课程的教学用书，也可作为相关领域的工程技术人员的培训和参考书。

图书在版编目(CIP)数据

传感器与检测技术/张佑春，王海荣主编. —西安：西安电子科技大学出版社，2021.12(2022.9重印)
ISBN 978-7-5606-6206-0

Ⅰ. ①传… Ⅱ. ①张… ②王… Ⅲ. ①传感器-检测 Ⅳ. ①TP212

中国版本图书馆CIP数据核字(2021)第216934号

策　　划　马晓娟
责任编辑　张　玮
出版发行　西安电子科技大学出版社(西安市太白南路2号)
电　　话　(029)88202421　88201467　　邮　　编　710071
网　　址　www.xduph.com　　电子邮箱　xdupfxb001@163.com
经　　销　新华书店
印刷单位　陕西天意印务有限责任公司
版　　次　2021年12月第1版　2022年9月第2次印刷
开　　本　787毫米×1092毫米　1/16　印张　15.25
字　　数　356千字
印　　数　1001～4000册
定　　价　39.00元
ISBN 978-7-5606-6206-0/TP

XDUP 6508001-2

前　言

本书是安徽省高水平高职教材建设项目(编号：2018yljc284)，安徽省高校学科(专业)拔尖人才学术资助项目(编号：gxbjZD2020105)，安徽高校自然科学研究重点项目(编号：KJ2020A1095)阶段性成果之一。

本书针对高等职业院校机电一体化技术、电气自动化技术、应用电子技术、光电技术、测控技术等专业的教学需要，理论与实际密切结合，采用实际应用项目为主要实训内容，力求讲清物理概念，对传感器应用的介绍充分结合了生产和工程实践，故本书对相关技术人员和学习者具有一定的实用和参考价值。

本书突出应用性和针对性，强化实践能力的培养，将传感器和工程检测方面的知识有机联系起来，便于在掌握传感器原理的基础上，更进一步地应用这方面的知识来解决工程检测中的具体问题。同时，在编写过程中，注意反映新器件、新技术，以使读者了解前沿学科。

本书主要章节附有二维码，读者通过手机扫描二维码即可查看相应多媒体资源，如MOOC视频、PPT课件、习题库、实验指导、案例程序等。另外，该门课程已被超星集团收录为“教学示范包”课程，读者可访问学银在线平台(http://www.xueyinonline.com/detail/207626971)，免费学习。

本书由安徽工商职业学院张佑春、王海荣担任主编，仲济艳、马玉清、张晓娟、李艳华担任副主编。第1章由李艳华编写，第2章和第3章由王海荣编写，第4章和第6章由张晓娟编写，第5章和第8章由马玉清编写，第7章和第9章由仲济艳编写，第10章和第11章由张佑春编写。本书的策划工作和统稿工作由张佑春完成，李雪教授、张震副教授担任了本书的主审。本书在编写过程中，得到浙江求是科教设备有限公司吴韬工程师的大力协助，合肥职业技术学院高敏教授、湖北科技职业学院朱珺副教授、六安职业技术学院刘程副教授也对本书提出了很多宝贵意见，在此一并表示感谢！

由于编者水平有限，书中难免存在不足之处，敬请读者批评指正。

编　者

2021年7月

目　录

第 1 章　绪　　论

在现代电子测量中，检测的基本任务是利用传感器获得有用的信息。工程研究、产品开发、生产监督、质量控制和性能测试等都与检测技术息息相关，特别是在近代广泛应用的自动控制技术中，检测装置往往是控制系统的前端，是控制系统的一个重要组成部分。各种仪器仪表作为控制系统的感觉器官发挥着关键作用，而传感器作为检测的器具和装置，则是获取信息的重要途径和手段。本章主要对检测技术及传感器技术进行概述。

1.1　检测技术概述

1.1.1　检测技术基础

检测，即检验和测试生产过程中的物理量，例如电压、电流、温度、压力、流量、液位、成分等。这些物理量表征了生产过程的特性和状态。检测的任务，其一是对成品或半成品进行质量检验和测量，以检验其是否达到了成品的要求，即是否合格；其二是随时监测生产过程中各种参量的大小及变化等情况，如几何参数、表面质量、内部缺陷、成分等，以达到监督和控制整个生产过程的目的。

检测技术是人们为了对被测对象所包含的信息进行定性检查和定量测量所采取的一系列技术措施，是利用各种物理化学效应，选择合适的方法和装置，将生产、科研、生活中的有关信息通过检查与测量的方法赋予定性或定量结果的过程，是产品检验和质量控制的重要手段。

检测技术可以保证大型设备安全经济运行，对温度、压力、流量、转速、振动和噪声等多种参数进行长期动态监测，可以及时发现异常情况，达到早期诊断的目的，这样做可以避免发生严重的突发事故，保证设备和人员的安全，提高经济效益。

检测技术的完善和发展推动着现代科学技术的进步。人们在自然科学领域内的研究工作，一般是利用已知的规律对观测、试验的结果进行概括和推理，从而对所研究的对象取得定量的概念并发现它的规律性，然后上升到理论。现代化检测技术的水平在很大程度上决定了科学研究的深度和广度。检测技术的水平越高，提供的信息越丰富、越可靠，科学研究取得突破性进展的可能性就越大。反过来，现代化生产和科学技术的发展也不断地对检测技术提出新的要求，成为促进检测技术发展的动力。科学技术的新发现和新成果不断应用到检测技术中，也促进了检测技术自身的发展。检测技术与现代化生产和科学技术的密切联系，使检测技术成为一门十分活跃的技术学科，渗透到诸如农业生产、工业控制、智能家居、医学诊断、生物工程、航空航天、海洋探测、环境保护、文物保护等极其广泛的领域，并发挥着越来越大的作用。

1.1.2　检测系统的组成

检测工作的全过程一般包括信号采集、信号处理、信号显示、信号输出等。一个完整的检测系统或装置通常是由传感器、信号处理电路和输出环节组成的，输出环节包括显示和打印记录装置、数据处理装置及控制装置等，如图 1-1 所示。

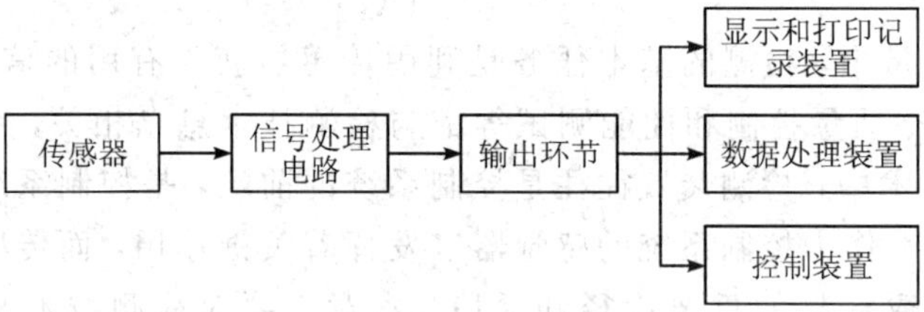

图 1-1　检测系统的组成框图

1. 传感器

传感器是检测的工具，是检测系统的最前端，它的作用是提取被测量的信息，并将其转换为便于测量的电信号。传感器是获取信息的重要手段，也是检测系统最重要的环节，它所获得的信息正确与否，关系到整个检测系统的精度。

2. 信号处理电路

信号处理电路的作用是将传感器的输出信号转换为便于传输和处理的模拟电压（电流）信号或数字信号。传感器输出的信号往往比较微弱或含有噪声，因而不能直接用于显示或记录，也不便于数据处理和控制，这就需要对传感器的输出信号进行加工和处理，如放大、调制、解调、滤波、运算以及数字化等。

3. 输出环节

检测系统的信号输出用以存储、显示、分析、监控、判断、决策等。如前所述，输出环节一般包括显示和打印记录装置、数据处理装置及控制装置等。

显示装置是检测人员与监测系统之间进行联系的主要环节，其主要作用是使检测人员了解被测量的数值大小或变化过程，常用的有模拟显示、数字显示和图像显示 3 种，如图1-2所示。

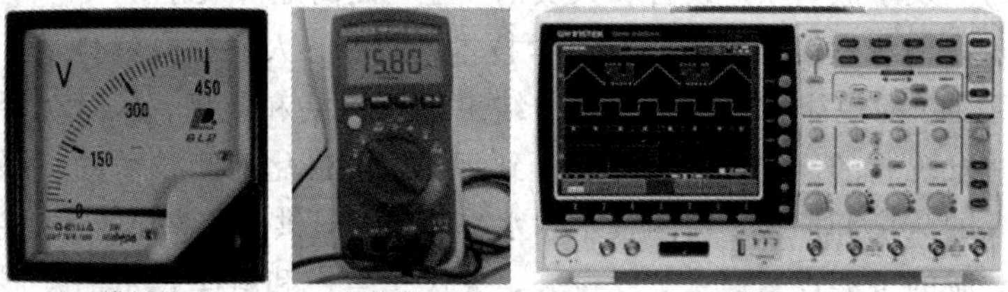

(a) 模拟显示　(b) 数字显示　(c) 图像显示

图 1-2　显示装置

打印记录装置主要用来记录被测量的动态变化情况，如笔式记录仪、光线示波器、打印机等。

数据处理装置用来对被测结果进行分析、运算、处理，对动态测试结果作频谱分析、能量谱分析等，完成这些工作必须使用计算机技术。

控制装置将传感器的测量结果与设定的数值进行比较并作出决策，从而完成自动控制功能。

1.1.3 测量方法

测量是按照某种规律，用数据来描述观察到的现象的过程，即对事物做出量化描述。测量方法的正确与否十分重要，必须根据不同测量任务的要求，找出切实可行的测量方法，然后根据测量方法选择合适的测量工具，组成测量装置，进行实际测量。测量方法的分类多种多样，例如，根据测量的手段分类，可分为直接测量、间接测量和组合测量；根据测量的方式分类，可分为偏差式测量、零位式测量和微差式测量；根据测量的条件分类，可分为等精度测量和非等精度测量；根据在测量过程中被测量是否随时间变化分类，可分为静态测量和动态测量等。

1. 直接测量、间接测量和组合测量

(1) 直接测量，是指直接将被测量与标准量进行比较，读取仪器仪表显示的数值，从而得到测量结果，如图 1－3 所示。直接测量的优点是简单、直观、明了，缺点是测量精度不高，常用于工程测量或对测量精度要求不高的场合。

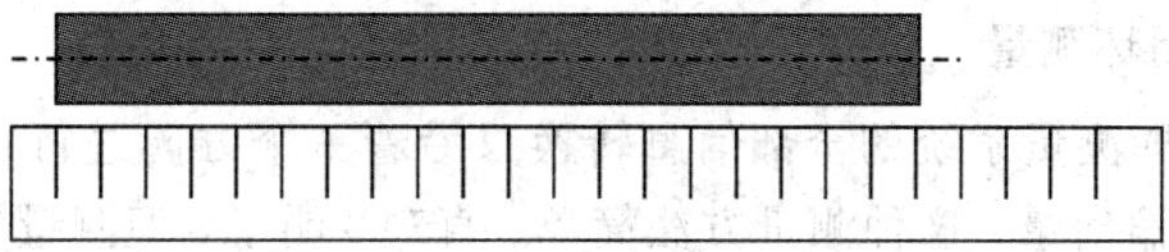

图 1－3　直接测量

(2) 间接测量，是指测量与被测量有一定函数关系的参量，然后通过已知函数关系的公式、曲线或表格，求出该被测量，如测导线的导电率 $\rho\left(\rho=\dfrac{4l}{\pi d^2 R}\right)$ 时，通过测量 l、d、R 的值来间接得到 ρ 值 。间接测量的优点是测量精度高，缺点是过程复杂且耗时较长，常用于实验室测量或对测量精度要求较高的场合。

(3) 组合测量，是指在测量中，根据直接测量和间接测量所得到的数据，通过解一组联立方程而求出被测量的数值。组合测量的特点是过程繁杂且更耗时，但易达到较高的精度，一般适用于科学实验和特殊场合。

2. 偏差式测量、零位式测量和微差式测量

(1) 偏差式测量，是指在测量过程中，利用测量仪表的指针相对于刻度的偏差位移来直接表示测量的数值，即测量值等于偏差数值。这种方法简单迅速，但精度不是很高，广泛应用于工程测量。

(2) 零位式测量，是指在测量过程中，用指零仪表的零位指示来检验测量系统是否处于平衡状态，当测量系统达到平衡时，用已知的标准量的值来决定被测未知量的值，即测量值等于已知标准量的值。例如，用天平测量质量，用平衡电桥法测量电阻值等。这种方法能够获得较高的精度，但需要等待系统达到平衡状态，耗时较长，只适用于测量静态或变化缓慢的信号，一般在实验室测量中应用较普遍。

（3）微差式测量，是偏差式测量和零位式测量的结合。该测量法综合了偏差式测量法和零位式测量法的优点，它将被测未知量与已知标准量进行比较，不需等待系统达到平衡状态，用已知标准量代替大部分被测未知量，然后用偏差式测量求出剩余的差值，即测量结果等于已知标准量加上微小偏差值。这种方法反应速度快且测量精度高，在工程测量中已获得越来越广泛的应用。

3. 等精度测量和非等精度测量

（1）等精度测量，是指在同样的环境条件下，对同一被测量进行多次重复测量。这种方法简单快捷，常用于工程测量。

（2）非等精度测量，是指用不同精度的仪表、不同的测量方法，或在环境条件相差很大的情况下对同一被测量进行多次重复测量。这种方法非常复杂且耗时，但测量结果更加真实可靠，常用于科学研究。

4. 静态测量和动态测量

（1）静态测量，是指在测量期间被测量可认为是恒定的量的测量。这种方法常用来确定被测量的状态。

（2）动态测量，是指在测量期间被测量随着时间的变化而变化。这种方法常用来分析被测量的变化过程。

5. 开环测量和闭环测量

（1）开环测量，即测量系统的全部信息转换只沿着一个方向进行，如图 1－4 所示。其中 x 是输入量，y 是输出量。这种测量方法简单、直观、明了，但测量精度不高。

图 1－4　开环测量

（2）闭环测量，即测量系统有两个通道，一个正向通道，一个反馈通道，如图 1－5 所示。系统的输入输出关系由反馈环节的特性决定，放大器等环节特性的变化不会造成测量误差或造成的误差很小。这种方法可以获得较高的测量精度，但测量过程复杂、成本高、要求高。

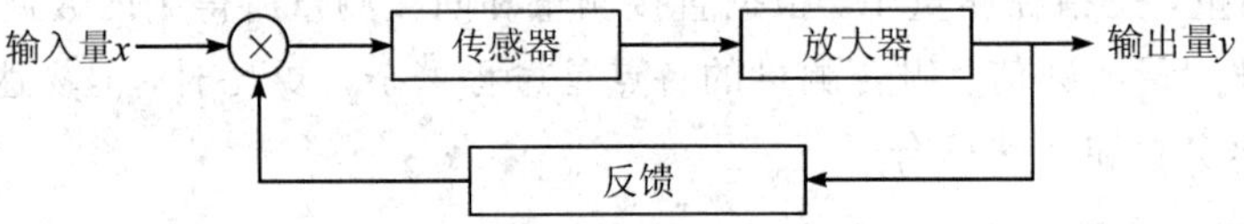

图 1－5　闭环测量

6. 接触测量和非接触测量

（1）接触测量，是指被测对象与测量装置之间是物理接触的。这种方法通常比较直接、可靠，测量精度高，目前绝大多数测量都是接触测量。

（2）非接触测量，是指被测对象与测量装置之间不发生物理接触。这种方法对环境的要求不高，可用于环境恶劣以及无法或难以进行接触测量的情况，且因不接触，传感器没有磨损，寿命较长。目前，各种非接触式检测技术的研究越来越受到重视，如光电式检测技术、超声波检测技术、核辐射检测技术等。

1.1.4　测量误差

不同场合的测量，对结果的可靠性和精度要求不同，因此，测量的准确程度要兼顾技术与经济指标来综合考虑。

1. 测量误差的基本概念

测量误差是指测量结果与其真值之间的差异。每一个物理量都是客观存在的，在一定的条件下具有不以人的意志为转移的客观大小，人们将它称为该物理量的真值。测量的目的是获得待测量的真值。然而测量要依据一定的理论或方法，使用一定的仪器，在一定的环境中，由具体的人进行。由于实验理论上存在着近似性，方法上难以完善，实验仪器的灵敏度和分辨能力有局限性，周围环境不稳定等，待测量的真值是不可能测得的，测量结果和被测量真值之间总会存在或多或少的偏差，这种偏差就叫作测量误差。任何实验结果都是有误差的，误差存在于一切科学实验和测量中。可以说，被测量的真值是永远无法得到的。

真值，是指被测量的绝对准确值，是一个理论概念，实际中永远无法测得。理论真值，是指理论上存在、计算推导出来的值，如三角形内角和为 180°。约定真值，是指国际公认、由法律规定的值，如基准米，$1\ m=1650763.73\lambda$，其中 λ 为氪-86 的能级跃迁在真空中的辐射波长。相对真值，是指利用高一等级精度的仪器或装置得到的测量结果，作为近似真值，用来代替真值，其与真值的差可以忽略。

标称值，是指测量器具上标注的量值，存在一定误差。

示值，是指对被测量进行测量时，由测量仪器给出的值，即测量值。

精确度，是指测量结果与被测量真值之间的一致程度，测量结果越接近真值，则精确度越高。

2. 测量误差的表示方法

1）绝对误差

下式表示的误差称为绝对误差：

$$\Delta x = x - x_0 \tag{1-1}$$

式中：Δx 表示绝对误差；x 表示测量结果；x_0 表示真值。

绝对误差可以为正也可以为负，且是一个有单位的物理量。

2）相对误差

相对误差为绝对误差与真值之比，因测量值与真值接近，所以也可以使用绝对误差与测量值的比值近似作为相对误差 γ_0，一般用百分比来表示，即

$$\gamma_0 = \frac{\Delta x}{x_0} \times 100\% \approx \frac{\Delta x}{x} \times 100\% \tag{1-2}$$

用绝对误差无法比较不同测量结果的可靠程度，于是人们使用相对误差(也叫百分误差)来评价。例如，使用千分尺测得两个物体的长度分别是 10.00 mm 和 0.10 mm，两次测量的绝对误差都是 0.01 mm，从绝对误差来看，对两次测量的评价是相同的，但是 0.01 mm 的误差相对于 10.00 mm 来说很小，而相对于 0.10 mm 来说就很大了。这就是相对误差的意义。前者的相对误差为 0.1%，后者则为 10%，后者的相对误差是前者的一百倍。明显前者的测量精确度要高很多。

3）引用误差

为了方便计算和划分精确度等级，通常采用引用误差 γ_f，它是从相对误差演变过来的，定义为绝对误差与测量仪表量程之比，用百分数表示，即

$$\gamma_f = \frac{\Delta x}{x_m} \times 100\% \tag{1-3}$$

仪表的精度等级是根据最大引用误差 γ_{fmax} 来确定的，即

$$\gamma_{fmax} = \frac{\Delta x_{max}}{x_m} \times 100\% = S\% \tag{1-4}$$

上式中的 S 即为精度等级，表示该仪表在规定的工作条件下使用时，最大引用误差的数值。例如，精度等级为 0.5 级的仪表，其最大测量误差不超过满量程的±0.5%；精度等级为 1 级的仪表，其最大测量误差不超过满量程的±1%。如果该 1 级仪表的最大量程为 100 A，则其最大绝对误差为 100 A×(±1%)，即±1 A。

我国电工仪表的精度等级分为 0.1、0.2、0.5、1.0、1.5、2.5、5.0，共七级。数字越小表示精确度越高。

3. 测量误差的来源

1）原理误差

原理误差是指测量原理和方法本身存在缺陷和偏差引起的测量误差。理论分析与实际情况存在差异时的近似处理，理论上成立、实际中不成立的假设，测量方法存在错误或不足等都会引起原理误差。

2）装置误差

装置误差是指测量仪器、设备、装置导致的测量误差，如零件材料性能变化、配合间隙变化、传动比变化、蠕变、空程、电源波动、元件老化、漂移、电气噪声等引起的误差。

3）环境误差

环境误差是指测量环境、条件引起的测量误差，如空气温度、湿度、大气压力、振动、电磁场干扰、气流扰动等引起的测量误差。

4）使用误差

使用误差是指读数误差、违规操作等人为因素造成的误差。

4. 测量误差的分类

根据测量数据中的误差所呈现的规律及产生的原因，测量误差可分为系统误差、随机误差和粗大误差三类。

1）系统误差

在同一测量条件下，对同一被测量进行多次重复测量时，其绝对值和符号保持不变或按一定规律变化的误差，称为系统误差。系统误差是有规律可循、可再现、可预测的。系统误差产生的原因比较复杂，如测量方法不完善或采用近似的计算公式(原理误差)，零点未调整(装置误差)，温度的影响(环境误差)，测量者经验不足(使用误差)等。

系统误差具有确定性规律，可以通过实验和验证的方法掌握这个规律，并采取适当的措施消除或减小它，对于不能消除的系统误差，可以在测量结果中加以修正。

2）随机误差

在同一测量条件下，对同一被测量进行多次重复测量时，其绝对值和符号以不可预测的方

式变化的误差，称为随机误差。随机误差又称偶然误差，是随机出现、没有规律也无法预测的。

随机误差是由很多不便掌握或暂时未能掌握的微小因素，如磁场、气压及湿度变化（环境误差），零件的摩擦（装置误差），测量人员感觉器官的生理变化（使用误差）等对测量值的综合影响造成的。

随机误差是不能修正、无法消除的，但理论和实践都证实了大多数随机误差服从正态分布或接近正态分布，具有对称性、单峰性、有界性和抵偿性。当测量次数趋于无限次时，正负随机误差可相互抵消而趋于零。因此，可以通过适当增加测量的次数，使用统计分析和计算处理的方法来减小它，测量次数越多，随机误差越小。

3）粗大误差

超出在规定条件下预期的误差称为粗大误差，又称疏忽误差。粗大误差是偶然出现、测量结果明显偏离实际值的误差，属异常数据，常与有用的数据混在一起。

粗大误差的产生是由环境条件突变（环境误差），测量仪器突然故障（装置误差）或测量者疏忽大意、错误操作（使用误差）引起的。

粗大误差既违背统计规律，又违背确定性规律，在数据处理时，含有粗大误差的测量值称为坏值，可用物理或统计的方法判断后直接剔除。所以，进行误差分析时，要分析的误差只有系统误差和随机误差两类。

1.2　传感器技术概述

1.2.1　传感器的作用和地位

从生产技术的角度看，人类社会经历过或正在经历着手工化→机械化→自动化→信息化→……的发展历程。在发展历程中的每一历史时代，都有其代表性的生产方式或手段作为标志。而每一种生产方式，又要以相应的科学技术水平作为支柱。很显然，科技进步的重要作用在于不断用机器来代替和扩充人的体力劳动和脑力劳动，以大大提高社会生产力。为此目的，人们在不懈地探索着机器与人之间的机能模拟——人工智能，并不断地创造出拟人的装置——自动化机械、智能机器人。人与机器的技能对应关系如图 1-6 所示。

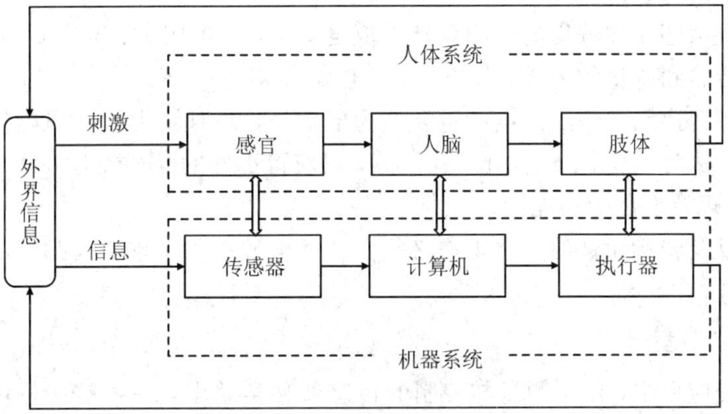

图 1-6　人与机器的技能对应关系

人体系统靠感官从外界获取信息，神经系统将获取到的信息传递给大脑，大脑分析信息并做出决策之后发出指令来指导人的行为活动；而机器系统由传感器从外界获取信息，电路系统将传感器获得的信息传送给控制器(计算机)，由控制器分析、处理、决策，并发出指令来指导执行器做出相应的处理，从而达到自动控制的目的。由此可见，传感器可以看作人类感官的延伸，用来获取信息，又称为“机电感官”。

传感器是机器系统获取信息的主要途径与手段。传感器技术运用在自动检测和控制系统中，对系统运行的各项功能起着重要的作用。系统的自动化程度越高，对传感器的依赖性就越强。如果没有传感器，就无从获取信息，也就无法实现自动控制，现代化生产就失去了基础。随着现代科学技术尤其是微电子技术和信息产业的飞速发展，传感器在新的技术革命中的地位和作用将更为突出。

1.2.2　传感器的定义、组成和分类

1. 传感器的定义

传感器，即“感”受信号，并“传”输信号的装置。根据我国的国家标准，传感器的定义是：能感受规定的被测量并按照一定的规律转换成可用输出信号的器件或装置。由于目前信号传输和处理的装置绝大多数都是电子设备，因此，这里的“可用输出信号”通常指的就是电信号。简单地说，传感器就是把被测的非电量转换成电量的一种装置。

2. 传感器的组成

一般来说，传感器是由敏感元件、转换元件、测量电路和辅助电源四个部分组成的，如图 1-7 所示。

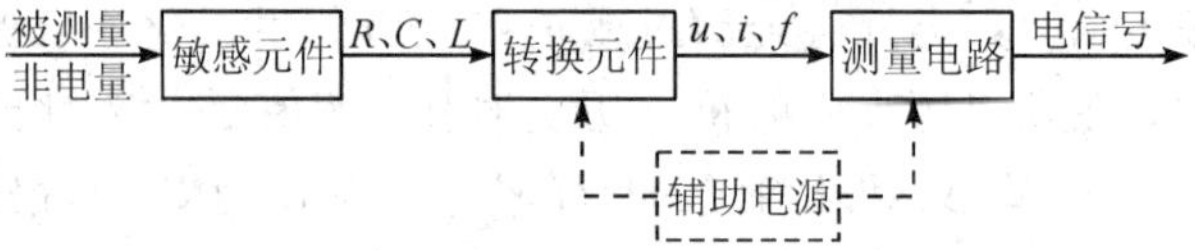

图 1-7　传感器的组成

敏感元件直接感受被测量的变化，并输出一个与被测量成某种函数关系的中间量。敏感元件是传感器的核心。

转换元件将敏感元件输出的中间量转换成电参量，如电阻 R、电容 C、电感 L 等，或直接转换成适于传输和测量的电量，如电压 u、电流 i、频率 f 等。

测量电路将转换元件输出的电参量转换为电信号，并对输出的微弱电信号进行进一步转换和处理，如放大、滤波、线性化、补偿等，以获得更好的品质特性，便于后续电路实现显示、记录、处理及控制等功能。

测量电路以及转换元件的正常工作必须由辅助电源提供电能，因此辅助电源也应作为传感器的一部分。

3. 传感器的分类

在实际工程应用中，用于测量与控制的传感器种类繁多，一种被测量可以使用不同的传感器来测量，而采用同一种原理的传感器通常又可以测量多种非电量。因此，传感器的分类方法也五花八门，目前还没有统一的分类标准。了解传感器的分类，旨在加深理解，便

于应用。这里介绍几种比较常用的分类方法。

（1）按照传感器的输入量（被测量）分类，可分为温度传感器、压力传感器、位移传感器、加速度传感器、转速传感器、湿敏传感器、气体传感器等。传感器以被测物理量命名。这种分类方法明确了传感器的用途，便于使用者进行选择。

（2）按照传感器的工作原理分类，可分为应变式传感器、电容式传感器、电感式传感器、压电式传感器、热电式传感器、光电式传感器、磁电式传感器等。传感器以工作原理命名。这种分类方法表明了传感器的工作原理，有利于初学者对传感器进行系统的学习和设计。

（3）按照传感器的输出量分类，可分为模拟式传感器和数字式传感器。模拟式传感器的输出量为模拟信号，数字式传感器的输出量为数字信号。

（4）按照传感器转换能量的情况分类，可分为能量转换型传感器和能量控制型传感器。能量转换型传感器又称为发电型或内源型传感器，被测量可直接转换成电量，比如压电式传感器，它将被测压力转换为电量进行测量；能量控制型传感器又称为外源型传感器，被测量只能控制电能的转化，而不能直接被转换成电量，比如电阻式传感器，它利用电阻值的变化来调节电路的输出电量，根据输出电量的大小计算得到电阻值变化的大小，测量电路需要外加电源。

1.2.3　传感器的命名和代号

1. 传感器的命名

传感器的全称应由主题词和四级修饰语组成。

主题词——传感器。

一级修饰语——被测量，包括修饰被测量的定语。

二级修饰语——转换原理，一般可后缀以“式”字。

三级修饰语——特征描述，指必须强调的传感器结构、性能、材料特征、敏感元件及其他必要的性能特征，一般可后缀以“型”字。

四级修饰语——主要技术指标（如量程、精度、灵敏度等）。

例如：半导体热敏电阻温度传感器，金属电阻应变式压力传感器。

2. 传感器的代号

一般情况下，传感器的代号应包括如图1-8所示的四部分。

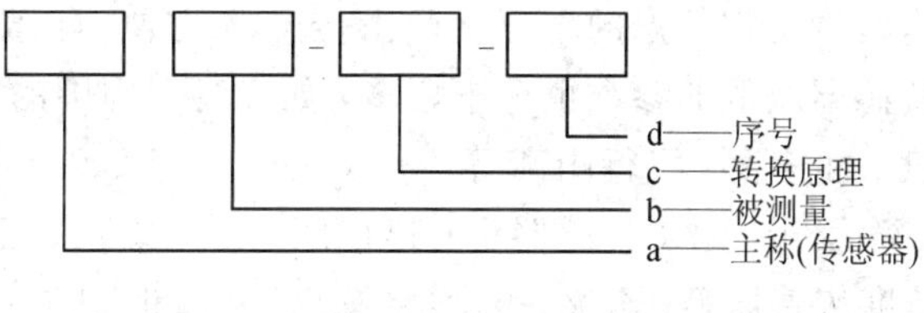

图1-8　传感器产品代号的编制格式

其中：

a——主称（传感器）；

b——被测量，用其一或两个汉字汉语拼音的第一个大写字母标记，当这组代号与该部分的另一代号重复时，一般用其汉语拼音的第二个大写字母标记；

c——转换原理，用其一或两个汉字汉语拼音的第一个大写字母标记；

d——序号，用阿拉伯数字标记，序号可表征产品设计特征、性能参数、产品系列等。

在被测量、转换原理、序号三部分代号之间需有连字符“-”连接，例如：

C WY-YB-20 应变式位移传感器

C Y-GQ-2 光纤式压力传感器

3. 传感器的图形符号

传感器的图形符号是电气图用图形符号的一个组成部分。按 GB/T 14479—93《传感器图用图形符号》规定，传感器的图形符号由符号要素正方形和等边三角形组成，其中，正方形表示转换器件，三角形表示敏感器件。如图 1-9 所示，x 表示被测量，$*$ 表示转换原理。

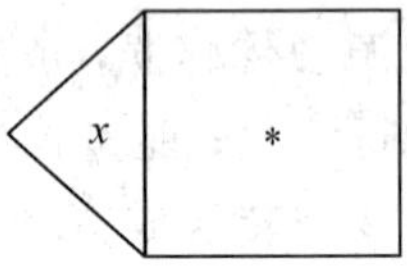

图 1-9　传感器的图形符号

图 1-10 为几种典型传感器的图形符号。

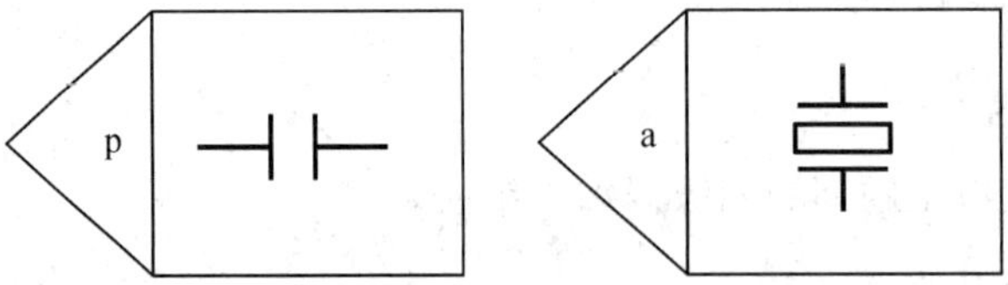

(a) 电容式压力传感器　　(b) 压电式加速度传感器

图 1-10　几种典型传感器的图形符号

1.2.4　传感器的应用领域和发展趋势

1. 传感器的应用领域

1）航空航天领域

飞机、火箭和人造卫星都要有高精度的导航仪才能控制其飞行姿态，而导航仪的功能及精度，在很大程度上取决于航空航天用传感器。飞行器的飞行状态与其动力装置的工作状态密切相关，而动力装置工作状态的主要参数由传感器获取。随着飞机和发动机性能和安全性的提高，需要传感器获取的参数也愈来愈多，如飞行器周围的环境、内部设备状态、飞行器姿态、飞行速度、加速度、飞行距离等，一架飞机上有 2000～4000 个传感器，主要的传感器有：空速管、静压孔、温度传感器、失速传感器、陀螺仪、迎角传感器、接地传感器、湿敏传感器、加速度传感器等。显然，洲际导弹、宇宙飞船和航天飞机等复杂而高可靠性的飞行器，需要获取的飞行参数更多，使用的传感器种类和数量也更加庞大。

2）军事技术领域

在军事上，传感器是武器装备发展的重要环节。一个国家军用传感器制造水平的高低，决定了该国武器制造水平的高低，决定了该国武器自动化程度的高低，最终决定了该国武器性能的优劣。近年来发生的历次局部战争中使用的高技术武器上都装有多种传感器，在目标探测、精准制导、电子对抗、通信指挥、故障诊断和自我防护中发挥了重要作用。如单兵作战武器上的夜视瞄准、激光测距，可精确定位目标，在发射高爆弹时，激光测距仪可将目标的距离信息自动传输至高爆弹的爆炸引信，以精确设定引爆时间；国家导弹防御系统可探测和发现敌方导弹的发射并追踪导弹的飞行轨道，能识别真假弹头、敌友方等。

3）工业制造领域

传感器用于工业制造，如机械手、工业机器人、自动生产线等，对工业生产中的加工设备、重要装置、生产环境、空间结构、作业区域、相关人员等进行监测与控制，目的是保证生产的安全与稳定运行。通过传感器检测生产线上零部件的尺寸、位置、数量等信息，便于对加工进程进行控制、记录与调整，从而实现自动化生产，提高效率、节约能源、减少人力劳动。此外，传感器还用于检测生产环境，如井下煤矿、化工厂、天然气站、危险品仓库、电焊作业场所等，实时感知并监测环境中的有毒、有害、可燃与易爆气体等的浓度、温度、湿度、气压等指标，地下巷道支撑物及建筑结构的受力变形与位移等情况，以确保工人、矿山与设备的安全等。

4）农业生产领域

通过分布在田间或大棚内的多种传感器，自动感测温度、湿度、二氧化碳、通光量、土壤含水率、土壤养分等信息，根据感测信号做逻辑判断进而控制通风设备、加热系统、灯光与光照系统、加湿机、灌溉设备、警报器等运行，使得农田灌溉与农肥农药的受控喷施在硬件上成为可能，大型农机作业可实现精细化作业。在我国，随着各地城市化建设的加速，可耕地面积、灌溉用水和生态与环境压力将持续加大。而传感器的应用，转变了传统农业的耕作方式，实现了“精准农业”，可节约能源，减少浪费，降低成本，尽可能提高每一寸土地、每一滴水的利用率和产能，减少农药、化肥的用量，发挥机械化、自动化、信息化作用，减少人力劳作。

5）医学领域

传感器通过各种仪器检测人体内部的温度、血压、脉搏、血糖、呼吸流量、肿瘤、心音、腔内压力、心脑电波（体表电位）、生物断面（B 超、CT）等，使人体疾病的诊断更加精准和详尽，从而得到更及时和更准确的治疗。此外，传感器越来越多地应用于保健护理。健康产业高居 21 世纪全球十大机会产业之首，人们不仅重视疾病医疗，而且越来越注重保健护理，越来越注重科学生活方式，积极改善生存环境，并将各种高科技手段应用于这一领域。人们不仅健康意识日益增长，而且越来越多地将移动信息设备用于随时获取保健信息，以及身体适应性应用程序上，如心率检测、步数测量等。将各种新型传感装置用于远程健康监测与护理上，特别是针对老年人的各项生理参数感测，这是传感器的一大应用领域。

6）民用领域

在民用领域，传感器应用于衣、食、住、行、用等几乎所有的人类活动。它涉及人们的生活、工作和娱乐等方方面面，如：食品安全监测、智能家电、智能楼宇、智能交通、汽车、数码相机、手机、智能手环、“人脸识别”垃圾桶，等等。传感器的使用给我们带来了全新的体验，它使我们的生活和工作变得更加安全、便捷、高效、环保、舒适和有趣。

7）其他领域

传感器在其他领域，如地质勘测、海洋探测、挖掘考古、气象预报、火灾预警等方面都发挥着重要作用。

由此可见，传感器无处不在，它是人类生活和生产必不可少的工具，是科技发展不可或缺的手段，且地位日益重要。

2. 传感器的发展趋势

1）发现利用新现象、新效应，拓展新的应用领域

随着人们对自然认识的深化，会不断发现一些新物理效应、化学效应、生物效应等。利用这些新效应可以开发出相应的新型传感器，从而为提高传感器性能和拓展传感器的应用范围提供新的可能。

2）利用新材料开发新产品

传感器材料是传感器技术的重要基础，是传感器技术升级的重要支撑。随着材料科学的进步，传感器技术日臻成熟，其种类越来越多，除了早期使用的半导体材料、陶瓷材料以外，光导纤维以及超导材料的开发，为传感器的发展提供了物质基础。例如，根据以硅为基体的许多半导体材料易于微型化、集成化、多功能化、智能化，以及半导体光热探测器具有灵敏度高、精度高、非接触性等特点，发展红外传感器、激光传感器、光纤传感器等现代传感器。在敏感材料中，陶瓷材料、有机材料发展很快，可采用不同的配方混合原料，在精密调配化学成分的基础上，经过高精度成型烧结，得到对某一种或某几种气体具有识别功能的敏感材料，制成新型气体传感器。此外，高分子有机敏感材料是近几年人们极为关注的具有应用潜力的新型敏感材料，可制成热敏、光敏、气敏、湿敏、力敏等传感器。传感器技术的不断发展，也促进了更新型材料的开发，如纳米材料等。美国 NRC 公司已开发出纳米 ZrO_2 气体传感器，控制机动车辆尾气的排放，对净化环境效果很好，应用前景比较广阔。采用纳米材料制作的传感器具有庞大的界面，能提供大量的气体通道，而且导通电阻很小，有利于传感器向微型化发展。随着科学技术的不断进步，将有更多的新型材料诞生。

3）微型化

为了能够与信息时代信息量激增、对捕获和处理信息的能力的要求日益提高的技术发展趋势保持一致，对于传感器的性能指标（包括精确性、可靠性、灵敏度等）的要求越来越严格；与此同时，传感器系统的操作友好性也被提上了日程，因此还要求传感器必须配有标准的输出模式。传统的大体积弱功能传感器往往很难满足上述要求，所以它们已经逐步被各种不同类型的高性能微型传感器所取代。微型传感器主要由硅材料构成，具有体积小、质量轻、反应快、灵敏度高以及成本低等优点。微电子机械系统（Micro-Electro-Mechanical System，MEMS）的研究工作始于 20 世纪 60 年代，其研究范畴涉及材料科学、机械控制、加工与封装工艺、电子技术以及传感器技术等学科。MEMS 的核心技术是研究微电子、微机械加工与封装技术的巧妙结合，期望能够由此而制造出体积小巧但功能强大的新型系统。经过几十年的发展，尤其是近十多年的研究与发展，MEMS 已经显示出了巨大的生命力，此项技术的有效应用将信息系统的微型化、智能化、多功能化和可靠性水平提高到了一个新的高度。在当前技术水平下，微切削加工技术已经可以生产出体积非常微小的微型传感器敏感元件，如毒气传感器、离子传感器、光电探测器等。就当前技术发展现状来看，微型传感器已经对大量不同应用领域，如航空、远距离探测、医疗及工业自动化等领域的信号探测系统产生了深远影响。

4）多功能化

通常情况下，一个传感器只能用来探测一种物理量，但在许多应用领域中，为了能够完美而准确地反映客观事物和环境，往往需要同时测量大量的物理量。由若干种敏感元件组成的多功能传感器则是一种体积小巧而兼备多种功能的新一代探测系统，它可以借助敏感元件中不同的物理结构或化学物质及其各种不同的表征方式，用单独一个传感器系统来同时实现多种传感器的功能。随着传感器技术的飞速发展，目前已经可以生产出来将若干种敏感元件装在同一种材料或单独一块芯片上的一体化多功能传感器。

5）智能化

智能化传感器是一种装有微处理器的传感器，它不仅具有信息采集、信息处理和信息存储的功能，还能够进行逻辑思考和结论判断。智能化传感器一般由主传感器、辅助传感器及微机硬件系统三大部分构成。与传统的传感器相比，智能化传感器具有自补偿、自诊断、自校正及数据的自存储和分析等优点。例如美国霍尼韦尔公司的 ST－3000 型传感器，是一种能够进行检测和信号处理的智能传感器，具有微处理器和存储器功能，可测量差压、静压及温度等。近年来，智能化传感器开始同人工智能相结合，创造出各种基于模糊推理、人工神经网络、专家系统等人工智能技术的高度智能传感器。智能化传感器是传感器技术未来发展的主要方向。

6）网络化

无线传感器网络(wireless sensor networks)的概念是近几年才提出的，它的主要组成部分是一个个传感器网络节点，每一个节点都非常小巧，每一个节点都是一个可以进行快速运算的微型计算机。这些节点不仅可以获取被测量信息，还能够将传感器收集到的信息转化成为数字信号，进行编码，然后通过节点与节点之间自行建立的无线网络发送给具有更大处理能力的服务器。传感器网络综合了传感器技术、嵌入式计算技术、现代网络及无线通信技术、分布式信息处理技术等，能够通过各类集成化的微型传感器协作，实时监测、感知和采集各种环境或检测对象的信息，通过嵌入式系统对信息进行处理，并通过随机自组织无线通信网络以及多跳中继方式将所感知到的信息传送到用户终端。传感器网络具有十分广阔的应用前景，在国防军事、工农业、城市管理、生物医疗、环境监测等许多领域都有重要的研究价值和巨大的实用价值，是当前国际上备受关注的新兴前沿研究热点领域，被认为是将对 21 世纪产生巨大影响力的技术之一。

1.2.5　传感器的特性

传感器的特性是指传感器系统的输出信号 $y(t)$ 和输入信号(被测量)$x(t)$ 之间的对应关系，传感器系统示意图如图 1－11 所示。

图 1－11　传感器系统示意图

当传感器的输入信号为常量或变化极慢时，即被测量处于稳定状态，其输入输出的关系特性称为静态特性；当输入信号随时间变化较快时，传感器的响应特性称为动态特性。

这里主要介绍传感器的静态特性。传感器的静态特性可用一组性能指标来描述，如精度、灵敏度、线性度、重复性、迟滞和漂移等。

1. 测量范围

传感器所能检测到的最小输入量与最大输入量之间的范围称为传感器的测量范围。如：集成温度传感器的测量范围为－50℃～＋150℃。

2. 量程

传感器测量范围的上限值与下限值的代数差，称为量程。如上述集成温度传感器的量程为200℃。传感器量程的选择，首先应保护仪器在测量过程中不会降低其可靠性或被损坏；其次应降低测量误差，提高测量结果的可靠性。在进行量程选择时应尽可能使示值接近满度值，一般以示值不小于满度值的2/3为宜。

3. 精度

传感器的精度是指测量结果的可靠程度，是测量中各类误差的综合反映。工程技术中为了简化传感器精度的表示方法，引用了精度等级的概念。精度等级以一系列标准百分比数值来分挡表示，它标明了传感器测量的最大允许误差。

4. 灵敏度

灵敏度是指传感器的输出变化量与引起该输出变化量的输入变化量之比，灵敏度示意图如图1-12所示。

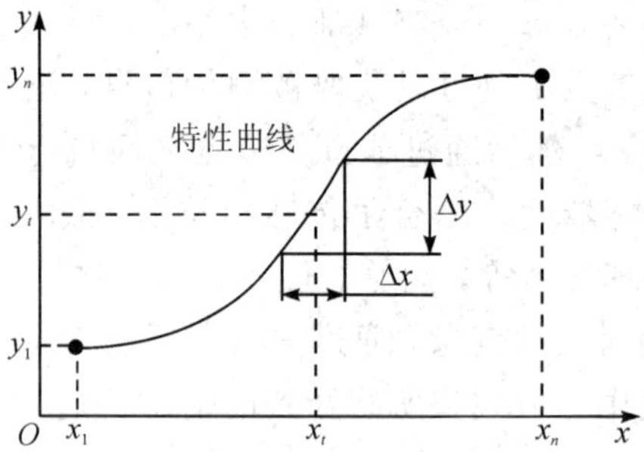

图1-12　灵敏度示意图

一般情况下，灵敏度用字母K或S来表示。线性传感器的灵敏度就是拟合直线的斜率，即

$$K=\frac{\Delta y}{\Delta x}=\frac{y_2-y_1}{x_2-x_1} \tag{1-5}$$

非线性传感器的灵敏度不是常数，可以看作输入输出特性曲线某一点切线的斜率，可表示为

$$K=\frac{\mathrm{d}y}{\mathrm{d}x} \tag{1-6}$$

灵敏度的物理意义是：单位输入量引起的输出变化量的大小。例如：某位移传感器，每1 mm位移变化量引起的输出电压变化量为100 mV，则其灵敏度为100 mV/ mm。

在实际应用中，传感器的输出信号一般都比较微弱，因此希望传感器具有较高的灵敏度，使输入被测量引起较大的输出信号，以便数据处理和显示。

5. 线性度

传感器的线性度是指传感器输出与输入之间关系的线性程度，即输出量与输入量之间的关系曲线偏离理想直线的程度。输出与输入的关系可分为线性特性和非线性特性。从传感器的性能看，线性关系是最理想的输出输入关系，但实际遇到的传感器一般都是非线性的。在实际使用中，为了标定和数据处理的方便，希望得到线性关系，因此引入各种非线性补偿环节，如采用非线性补偿电路或计算机软件进行线性化处理，从而使传感器的输出与输入关系为线性或接近线性。

在非线性误差不太大的情况下，可采用一条直线(切线或割线)近似地代表实际曲线的一段，使传感器的输出输入特性线性化。所采用的直线称为拟合直线，实际特性曲线与拟合直线之间的最大偏差称为传感器的非线性误差(或线性度)，通常使用相对误差 γ_L 来表示，即

$$\gamma_L = \pm \frac{\Delta L_{max}}{y_{FS}} \times 100\% \tag{1-7}$$

式中：ΔL_{max}—— 最大非线性绝对误差；

y_{FS}—— 满量程输出。

常用的直线拟合方法有理论拟合、端点拟合和端点平移拟合等，如图 1-13 所示。显然，选定的拟合直线不同，计算所得的非线性误差数值也就不同。因此，选择拟合直线应保证获得尽量小的非线性误差，并考虑使用与计算方便。

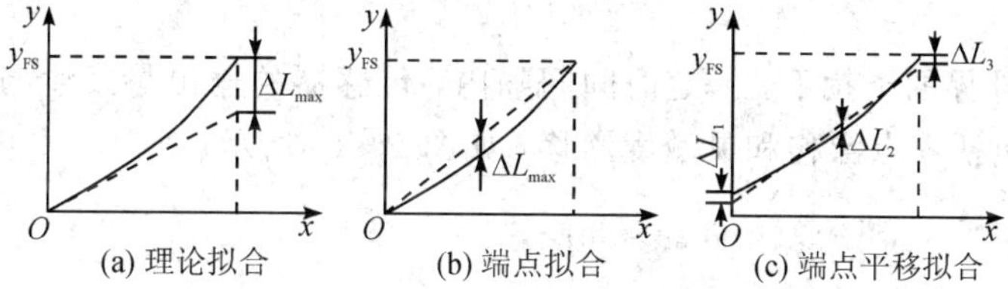

图 1-13　常用的直线拟合方法

6. 分辨力(分辨率)

传感器的分辨力是指在规定的测量范围内所能检测出的被测量的最小变化量，即分辨能力，又称为分辨率。分辨率说明了传感器响应和分辨输入微小变化量的能力。

7. 重复性

重复性是指传感器在输入量按同一方向作全量程连续多次变化时，所得特性曲线间不一致的程度，如图 1-14 所示。重复性是随机误差的一种体现。

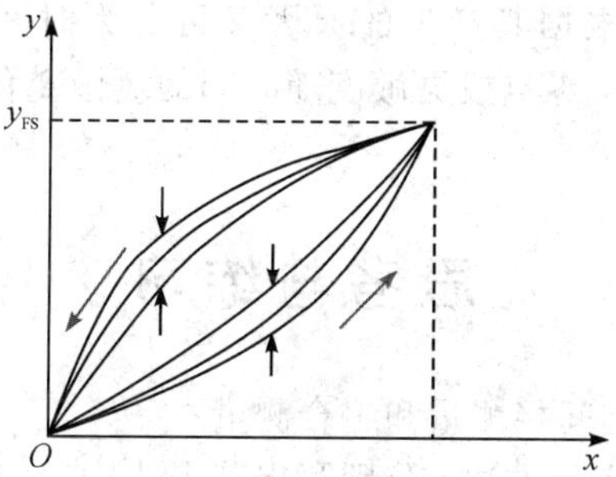

图 1-14　重复性

8. 迟滞

传感器的输入量在正向(由小到大)和反向(由大到小)行程中，其输出特性曲线不重合的现象称为迟滞，如图 1-15 所示。

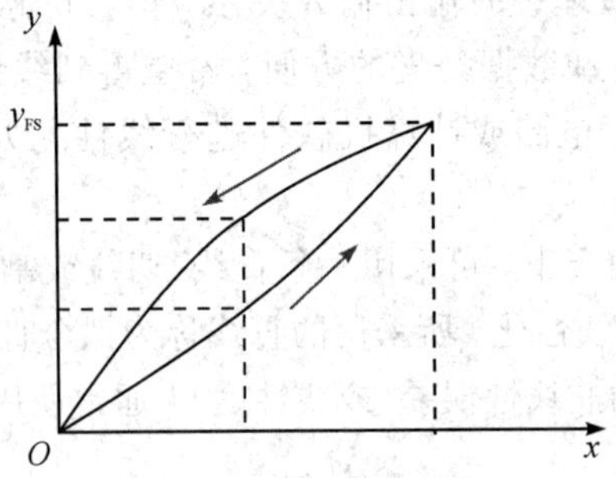

图 1-15　迟滞

9. 稳定性

稳定性是指传感器在较长一段时间内保持其性能参数的能力。稳定性一般以室温条件下经过一段规定的时间间隔后传感器的输出与起始标定的输出之间的差异来表示，有时也用标定的有效期来表示。

10. 漂移

漂移是指在外界的干扰下，一定时间间隔内，传感器的输出量发生与输入量无关的或不需要的变化，包括零点漂移和灵敏度漂移，如图 1-16 所示。

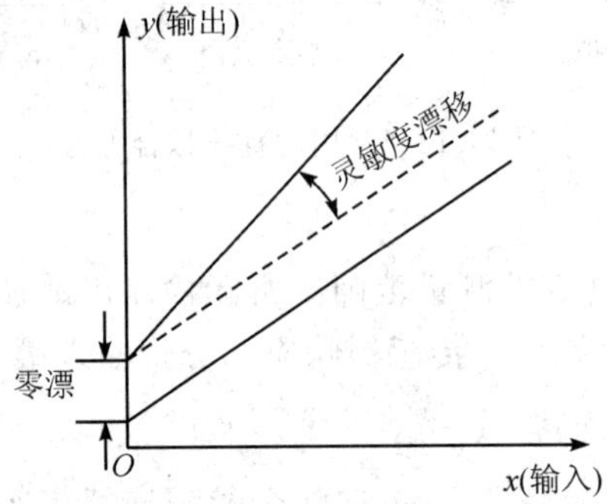

图 1-16　漂移

零点漂移和灵敏度漂移根据其产生的原因又可分为时间漂移(时漂)和温度漂移(温漂)。时漂是指在规定条件下，零点或灵敏度随时间的缓慢变化；温漂是指环境温度变化引起的零点或灵敏度漂移。

思考与练习

1-1　什么是直接测量、间接测量和组合测量？

1-2　测量误差有哪些表示方法？分别写出其表达式。

1-3　误差按照其出现的规律可分为哪几类？简述各种误差的特点和处理方法。

1-4　什么是传感器？

1-5　传感器一般由哪几部分组成？各组成部分的作用是什么？

1-6　传感器是如何分类的？

1-7　什么是传感器的静态特性？它有哪些性能指标？分别说明这些指标的含义。

第 2 章　电阻式传感器与力的检测

电阻式传感器是一种应用较早的电参数传感器，其基本原理是将被测物理量的变化转换为与之有对应关系的电阻值的变化，再经过相应的测量电路转换为电压的变化，从而反映出被测量的变化。它的种类繁多，包括电位器式传感器、应变式传感器等，应用十分广泛。其中，电位器式传感器主要用于位移以及造成物体位移的力和压力的检测；应变式传感器主要用于力、压力、加速度等力学量的检测。

力是物理基本单位之一，因此各种动态、静态力大小的检测十分重要。力学量可分为几何学量、运动学量及力学量三类，其中几何学量是指位移、形变、尺寸等；运动学量是指几何学量的时间函数，如速度、加速度等；力学量包括质量、力、力矩、压力、应力等。力学传感器的种类繁多，如应变式传感器、压阻式传感器、电感式传感器、电容式传感器等。应用最为广泛的是应变式传感器。本章主要介绍电位器式传感器和应变式传感器，其他类型的传感器将在后面的章节中加以介绍。

2.1　电位器式传感器

电位器是一种常用的机电元件，是可变电阻器的一种，广泛应用于各种电器和电子设备中。电位器通常由电阻体与转动或滑动系统组成，具有三个引出端，靠一个动触点在电阻体上的移动改变其阻值，获得不同的输出电压。作为传感元件，它可以把位移输入量转换为与它呈一定函数关系的电阻或电压输出。它除了用于线位移和角位移测量外，还广泛用于测量压力、加速度、液位等物理量。

电位器式传感器结构简单，体积小，质量轻，价格低廉，性能稳定，对环境条件要求不高，输出信号较大，容易实现函数关系的转换。但由于电阻体与电刷之间存在摩擦且分辨率有限，因此其测量精度一般不高、动态响应较差，主要适于测量变化缓慢的信号。电位器式传感器按结构形式可分为线绕式、薄膜式和光电式等；按照输入和输出的特性，可分为线性和非线性。目前常用的为单圈线绕式电位器式传感器。

2.1.1　电位器式传感器的结构

电位器式传感器一般由电阻丝、骨架和可移动的电刷组成，如图 2-1 所示。电阻丝与骨架构成电阻体。当电刷沿电阻体移动时，在输出端即获得与位移量呈一定关系的电阻值或电压输出。

2.1.2　电位器式传感器的工作原理

如图 2-1(a)所示，假定 x_m、R_m、U_m 分别表示电位器的全长、总电阻、总电压；x、R_x、U_x 分别表示电刷线位移及其对应的输出电阻、位移量对应的电压。根据分压原理，可得

$$U_x = \frac{R_x}{R_m}U_m = \frac{x}{x_m}U_m = \frac{U_m}{x_m}x = K_u x \tag{2-1}$$

$$R_x = \frac{R_m}{x_m}x = K_R x \tag{2-2}$$

式中，K_u 为电压灵敏度；K_R 为电阻灵敏度。

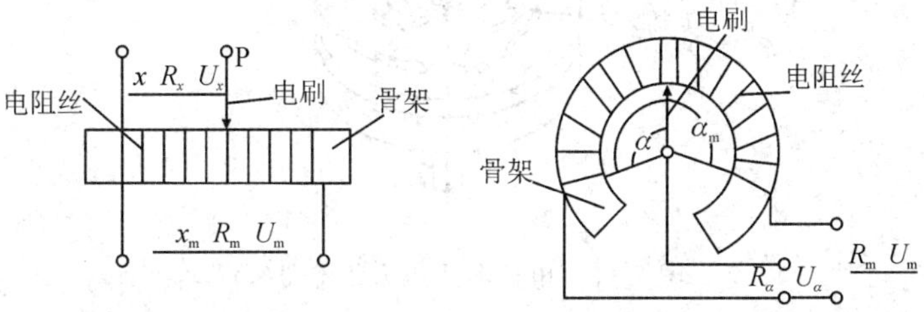

(a) 线性电位器式传感器(线位移)　(b) 非线性电位器式传感器(角位移)

图 2－1　电位器式传感器结构

由式(2－1)、式(2－2)可知，输出电压与电刷线位移之间的关系是线性的，输出电阻值与电刷线位移之间的关系也是线性的。

如图 2－1(b)所示，U_α 与电刷角位移呈正比关系，即

$$U_\alpha = \frac{U_m}{\alpha_m}\alpha = K_u\alpha \tag{2-3}$$

$$R_\alpha = \frac{R_m}{\alpha_m}\alpha = K_R\alpha \tag{2-4}$$

由式(2－3)、式(2－4)可知，输出电压与电刷角位移之间的关系是线性的，输出电阻值与电刷角位移之间的关系也是线性的。

电刷相对于电阻体的运动可以是直线运动、转动或螺旋运动。当被测量发生变化时，电刷触点在电阻体上产生移动，该触点与电阻体之间的电阻值就会发生变化，即可实现位移与电阻之间的线性转换，这就是电位器式传感器的工作原理。

2.1.3 电位器式传感器的典型应用

1. 电位器式压力传感器

图 2－2 为电位器式压力传感器原理框图，弹性敏感元件(弹簧管)在传感器中直接感受被测量信号，并转换为与被测量有确定关系、更易于转换的非电量(如角位移 α)，电位器将该非电量转换为电阻值 ΔR，最后由分压比电路将此电阻值转换为输出电压 U_o。

图 2－2　电位器式压力传感器原理框图

图 2－3 所示电位器式压力传感器的弹性敏感元件是真空膜盒，其工作原理是：被测压力作用于真空膜盒，使真空膜盒产生相应的位移，而与真空膜盒相连接的杠杆也随之产生位移，使连接在杠杆上的电刷产生同样的位移，最后将电刷的位移量转换为电位器的输出电压，从而实现压力的检测。

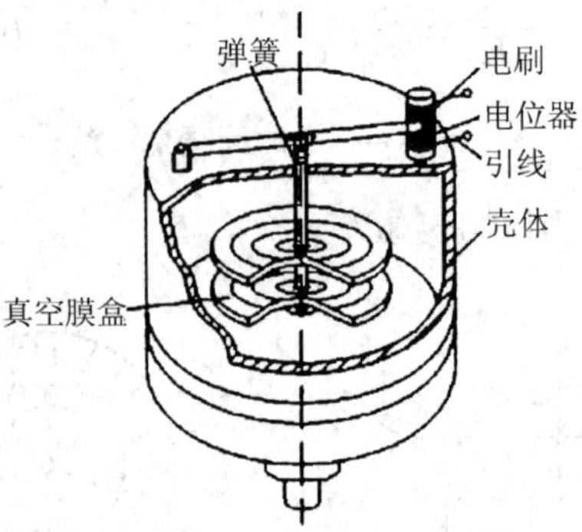

图 2-3　电位器式压力传感器(1)

图 2-4 中的电位器式压力传感器，其弹性敏感元件为 C 形弹簧管。当被测压力 P 增大时，C 形弹簧管的自由端沿着箭头方向移动，通过齿条带动齿轮转动，从而带动电位器的电刷产生角位移。

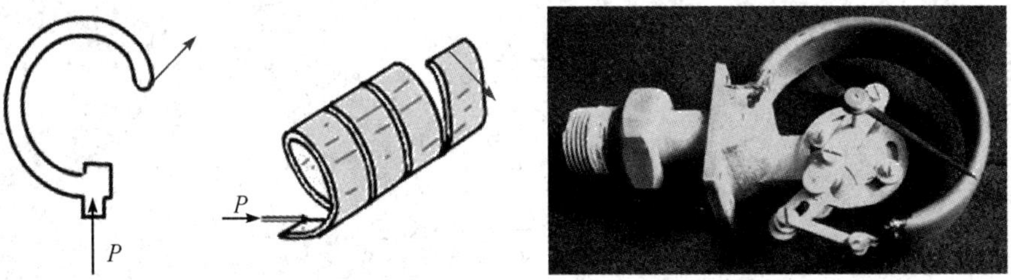

(a) 单圈弹簧管　(b) 多圈弹簧管　(c) 电位器式压力传感器实物图

图 2-4　电位器式压力传感器(2)

2. 电位器式位移传感器

图 2-5 为电位器式位移传感器内部结构图，工作时，测杆直接感受被测物体的位移，并转化为电刷的位移，最终改变滑线电阻的输出电阻值。

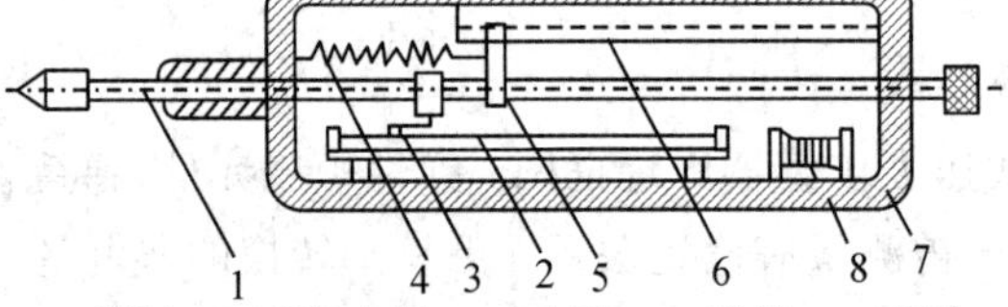

1—测杆；2—滑线电阻；3—电刷；4—弹簧；5—滑块；
6—导轨；7—外壳；8—无感电阻

图 2-5　电位器式位移传感器内部结构图

2.2　应变式传感器

应变式传感器

应变式传感器的传感元件是电阻应变片(也称应变计)，是利用应变片的应变效应把应变或应力转换为电阻值变化的传感器，广泛应用于工程测量和科学实验中的应力、应变、扭矩、加速度、压力等非电量的测量。

2.2.1　应变效应

应变，是指结构尺寸的相对变化量，一般用 ε 表示，比如长度的相对变化量 $\Delta L/L$。

应变效应，是指导体或半导体材料受到外力作用产生的机械变形，从而导致了其某一物理参数(如电阻值)发生改变的现象。

电阻应变片应用最多的是金属电阻应变片和半导体应变片两种。金属应变片又有金属丝式、金属箔式和薄膜式三种；半导体应变片用硅或锗等半导体材料作为敏感栅。通常将应变片通过特殊的黏合剂紧密地黏合在产生力学应变的基体上，当基体受力产生应变时，电阻应变片也一起产生形变，使应变片的电阻值发生改变，从而使加在电阻上的电压发生变化。

2.2.2　金属电阻应变片

1. 金属电阻应变片的工作原理

设金属单丝的长度为 L、截面积为 A、半径为 r、电阻率为 ρ，则它的电阻值 R 为

$$R=\rho\frac{L}{A} \tag{2-5}$$

当有拉力 F 沿轴向作用于金属单丝上时，L 、r 均发生变化，如图 2-6 所示。

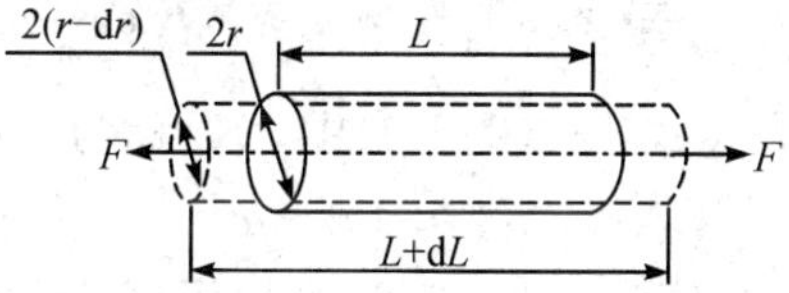

图 2-6　金属单丝受到拉力作用产生应变的示意图

当金属单丝受到拉力 F 作用时，其长度将伸长 $\mathrm{d}L$，横截面积相应减小 $\mathrm{d}A$，电阻率 ρ 因其材料晶格发生变形等因素的影响而改变 $\mathrm{d}\rho$，从而引起电阻值的相对变化 $\mathrm{d}R$，只要测出电阻值的变化量，即可获得金属单丝产生的应变。

对式(2-5)两边取对数后再作微分，即可求得电阻值的相对变化量：

$$\frac{\mathrm{d}R}{R}=\frac{\mathrm{d}L}{L}+\frac{\mathrm{d}\rho}{\rho}-\frac{\mathrm{d}A}{A} \tag{2-6}$$

也可以表示为

$$\frac{\Delta R}{R}=\frac{\Delta L}{L}+\frac{\Delta\rho}{\rho}-\frac{\Delta A}{A} \tag{2-7}$$

为分析方便，假设金属单丝截面是圆形的，截面积 $A=\pi r^2$，r 为金属丝的半径，则有

$$\frac{\mathrm{d}A}{A}=\frac{2\pi r\mathrm{d}r}{\pi r^2}=2\frac{\mathrm{d}r}{r} \tag{2-8}$$

令：

$$\varepsilon_x=\frac{\mathrm{d}L}{L},\ \varepsilon_y=\frac{\mathrm{d}r}{r} \tag{2-9}$$

式中：ε_x 为金属单丝的纵向应变；ε_y 为金属单丝的横向应变。

由材料力学可知，在弹性范围内，金属单丝若受到拉伸的力，则沿轴向(纵向)伸长，沿径向(横向)缩短，金属单丝的横向应变与纵向应变的关系可表示为

$$\varepsilon_y = -\mu\varepsilon_x \tag{2-10}$$

式中：μ 为金属单丝材料的泊松系数，又称泊松比。它是一个常数。

式(2-10)中负号表示金属单丝的横向应变与纵向应变的方向相反。

综合上面式(2-6)、式(2-8)、式(2-9)、式(2-10)，可得金属单丝应变效应的表达式：

$$\frac{dR}{R} = \frac{dL}{L}(1+2\mu) + \frac{d\rho}{\rho} = (1+2\mu)\varepsilon_x + \frac{d\rho}{\rho} \tag{2-11}$$

单位应变所引起的金属单丝电阻相对变化量，称为金属单丝的应变灵敏度系数，用 K 表示。根据式(2-11)计算可得

$$K = \frac{dR/R}{\varepsilon_x} = 1 + 2\mu + \frac{d\rho/\rho}{\varepsilon_x} \tag{2-12}$$

由式(2-12)可知，金属单丝的应变灵敏度系数受两个因素的影响：一是金属单丝的几何尺寸产生的应变而引起的$(1+2\mu)$项，往往称之为几何效应；二是因受力后金属单丝的电阻率发生变化而引起的后面的一项，往往称之为压阻效应。

对于金属材料而言，产生应变时电阻值的相对变化量主要是由结构尺寸(长度 L 和面积 A)的变化引起的，电阻率的变化很小，可以忽略不计，因此有

$$\frac{dR}{R} \approx (1+2\mu)\varepsilon_x = K_s\varepsilon_x \tag{2-13}$$

这就是金属材料应变效应的表达式。式(2-13)中，K_s 称为金属材料的应变灵敏度系数：

$$K_s \approx 1 + 2\mu \tag{2-14}$$

大多数金属材料的 K_s 的数值为1.6～3.6，如：康铜，$K_s=2.0$；镍铬合金，$K_s=2.1$～2.3。每一种金属单丝在一定的变形范围内，无论受拉还是受压，其应变灵敏度系数 K_s 均保持不变，但超出该范围时，K_s 将发生变化。因$(1+2\mu)$是常数，故金属材料的电阻相对变化量 dR/R 与纵向应变 ε_x 之间的关系是线性的。

2. 金属电阻应变片的结构

下面以金属丝式应变片为例对金属电阻应变片的结构进行说明，如图 2-7 所示，由金属材料制成的敏感栅粘贴在绝缘的基底上，敏感栅的两端焊接有引出线，敏感栅上面粘贴有覆盖层。

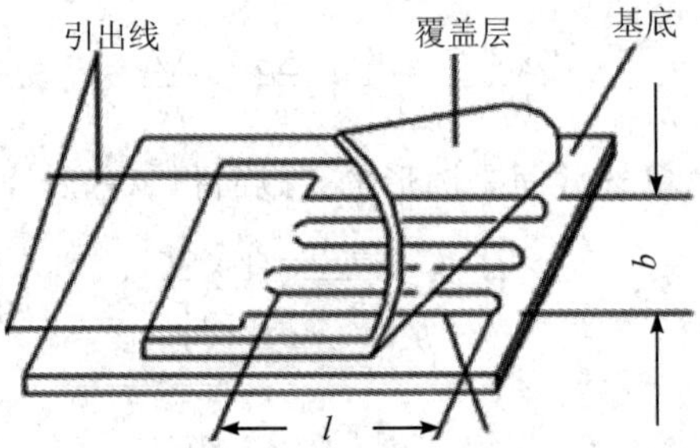

图 2-7　金属丝式应变片的结构

敏感栅是金属电阻应变片的核心，它由金属材料制成。为了使应变片既具有一定的电阻值又不太长，应变片的敏感栅采用直径为 0.025 mm 的金属丝做成栅状。对金属丝的要求是：应变灵敏度系数大，且线性范围宽；电阻率大，且稳定性好；电阻温度系数小；机械强度高，耐疲劳；抗氧化，耐腐蚀；易加工，焊接性能好等。常用的金属电阻丝材料有康铜、镍铬合金、铁铬铝合金、铂及铂合金等。

基底的作用是固定敏感栅并使敏感栅与试件绝缘，覆盖层起着保护敏感栅的作用。对基底和覆盖层材料的要求是：抗潮湿，绝缘性能好，线膨胀系数小且稳定，易于粘贴等。基底和覆盖层材料主要有薄纸和由有机聚合物制成的胶质膜。

引出线用于和外接导线相连。对引出线的要求是：电阻率小，焊接方便和可靠，耐腐蚀。引出线一般采用直径为 0.15～0.3 mm 的镀银铜丝和镀锡铜丝。

3. 金属电阻应变片的分类

应变片有很多种，主要的分类方法是根据敏感元件材料，分为金属应变片和半导体应变片两大类。金属应变片按其敏感栅的形式又可以分为金属丝式应变片、金属箔式应变片和薄膜式应变片。

1）金属丝式应变片

金属丝式应变片的敏感栅由电阻丝绕制而成，如图 2-8 所示。它是最早被使用的应变片，有纸基、胶基之分。这种应变片由于其圆弧部分参与变形而会产生较大的横向效应，蠕变较大，且金属丝易脱胶，有逐渐被金属箔式应变片所取代的趋势。但因其具有制造简单、性能稳定、价格便宜、易于粘贴等优点，多用于应变、应力的大批量、一次性试验。

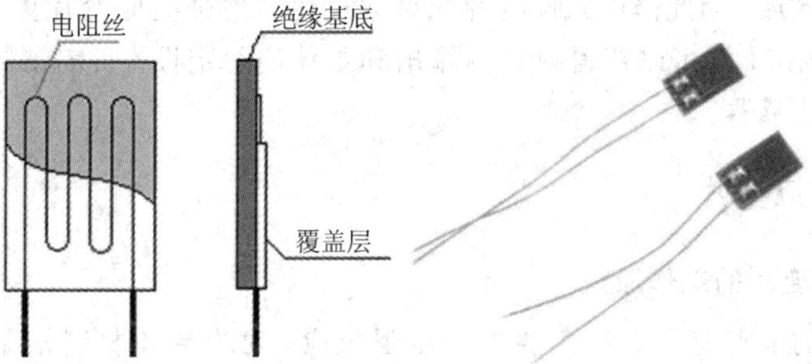

图 2-8　金属丝式电阻应变片

2）金属箔式应变片

如图 2-9 所示，金属箔式应变片的敏感栅是金属箔经过光刻、腐蚀等工艺制成的很薄的金属薄栅(一般厚度为 0.003～0.01 mm)。金属箔的材料多为电阻率高、热稳定性好的铜镍合金。

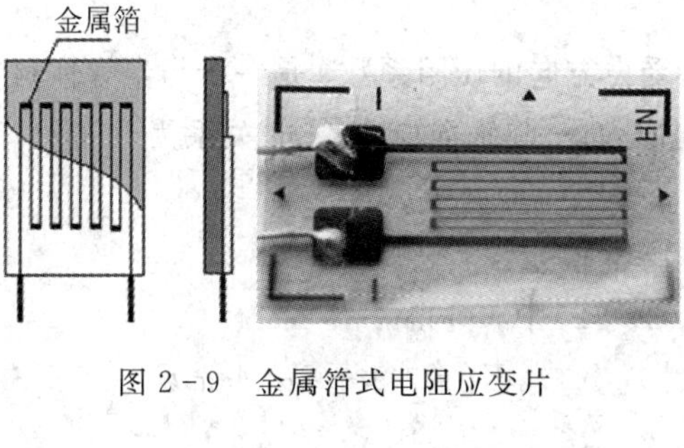

图 2-9　金属箔式电阻应变片

金属箔式应变片与基底的接触面积较金属丝式应变片大得多，散热条件较好，相同截面下能通过较大电流；厚度薄，扁平状敏感栅有利于形变的传递；横向效应小，长时间测量时的蠕变较小，使用寿命长；一致性较好，适合批量生产。还可以通过对金属箔式应变片进行适当的热处理，使其线膨胀系数、电阻温度系数和被粘贴的试件的线膨胀系数三者相互抵消，从而将温度影响降到最低。金属箔式应变片目前广泛用于各种应变式传感器中。

3）薄膜式应变片

薄膜式应变片的敏感栅是由用蒸镀或溅射法沉积的金属、合金薄膜制成的，其厚度一般在 0.1 μm 以下。实际上，通常将薄膜式应变片与传感器的弹性体制成一个不可分割的整体，即在传感器弹性体的应变敏感部位表面上首先沉积形成很薄的绝缘层，然后在其上面沉积薄膜式应变片的薄膜，最后再覆上一层保护层，如图 2－10 所示。

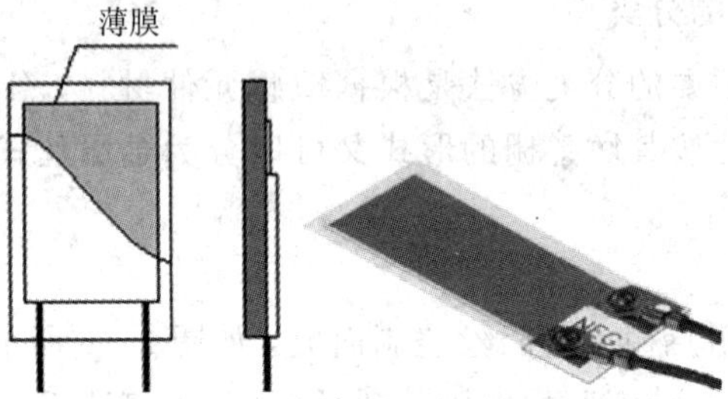

图 2－10　薄膜式应变片

由于薄膜式应变片与传感器的弹性体之间只有一层超薄绝缘层(厚度仅为几纳米)，很容易通过弹性体散热，因此薄膜式应变片允许通过比其他种类应变片更大的电流，灵敏度高，工作温度范围广，并可以获得更高的输出和更佳的稳定性。目前薄膜式应变片的应用只限于小型称重传感器。

2.2.3　半导体应变片

1. 半导体应变片的工作原理

半导体材料的电阻应变效应主要基于压阻效应。对半导体材料沿某一轴向施加压力时，除了产生一定应变外，半导体材料的电阻率也要发生变化，从而导致其电阻值发生变化，称为半导体材料的压阻效应。

对于某种类型的半导体材料，沿某一轴向施加外力而产生应变时，其电阻率的相对变化与作用于半导体材料的轴向应力 σ_x 呈正比关系，即

$$\frac{\mathrm{d}\rho}{\rho} = \pi_x\sigma_x \tag{2-15}$$

式中，π_x 为半导体材料沿受力方向的压阻系数，是一个与半导体材料和受力方向有关的系数。

根据材料力学，轴向应力 σ_x 与轴向应变 ε_x 的关系为

$$\sigma_x = \varepsilon_x E \tag{2-16}$$

式中，E 为半导体材料的弹性模量。

将式(2－16)代入式(2－12)中，可得

$$K_s = (1+2\mu)+\pi_x E \tag{2-17}$$

式(2-17)中，$(1+2\mu)$项是几何形状变化对半导体材料电阻相对变化量的影响，其值为1～2；后面一项即为半导体材料压阻效应的影响，其值远大于前面一项，为50～150。因此，可略去$(1+2\mu)$项，则半导体材料的灵敏度系数可表示为

$$K_s \approx \pi_x E \tag{2-18}$$

一般的半导体材料弹性模量 $E=(1.3\sim1.9)\times10^{11}$ Pa，沿受力方向的压阻系数 $\pi=(48\sim80)\times10^{-11}\text{Pa}^{-1}$，故 $K_s=50\sim150$。由此可见，半导体材料的应变灵敏度系数远大于金属材料的应变灵敏度系数，约是它的50～80倍。由于 K_s 不是常量，故半导体应变片的应变与输出电阻值之间的关系是非线性的，这使它的应用范围受到了一定的限制。

2. 半导体应变片的结构和类型

1）体型半导体应变片

早期的半导体应变片采用机械加工、化学腐蚀等方法制成，称为体型半导体应变片。这种应变片是将单晶硅锭切片、研磨、腐蚀压焊引线，最后粘贴在锌酚醛树脂或聚酰亚胺的基片上制成的。体型半导体应变片的结构如图2-11所示。

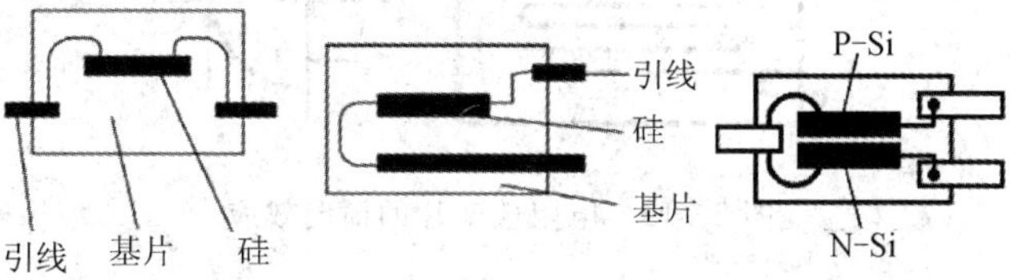

图 2-11　体型半导体应变片的结构

体型半导体应变片的缺点是电阻和温度系数大、非线性大、分散性大等，这曾经限制了半导体应变片的应用和发展。20世纪70年代以来，随着半导体集成电路工艺的迅速发展，相继出现了外延型、扩散型和薄膜型半导体应变片，上述缺点得到了一定克服。

2）外延型半导体应变片

外延型半导体应变片是在多晶硅或蓝宝石的衬底上外延一层单晶硅而制成的。它的优点是取消了P-N结隔离，使工作温度大为提高(可达300℃以上)。

3）扩散型半导体应变片

扩散型半导体应变片是将P型杂质扩散到一个高电阻N型硅基底上，形成一层极薄的P型导电层，然后用超声波或热压焊法焊接引线而制成的。它的优点是稳定性好，机械滞后和蠕变小，电阻温度系数也比一般体型半导体应变片小一个数量级；它的缺点是由于存在P-N结，当温度升高时，绝缘电阻大为下降。新型固态压阻式传感器中的敏感元件硅梁和硅杯等就是用扩散法制成的。

4）薄膜型半导体应变片

薄膜型半导体应变片是利用真空沉积技术将半导体材料沉积在带有绝缘层的试件或蓝宝石上制成的。可通过改变真空沉积时衬底的温度来控制沉积层电阻率，从而控制电阻温度系数和灵敏度系数，因而能制造出适合不同试件材料的温度自补偿薄膜型半导体应变片。薄膜型半导体应变片具有金属应变片和半导体应变片的优点，且避免了它们的缺点，是一种较理想的应变片。

3. 半导体应变片的特点

与金属电阻应变片相比，半导体应变片最突出的优点是灵敏度高，这为它的应用提供

了有利条件。另外，由于具有机械滞后小、横向效应极小以及体积小等特点，半导体应变片的出现扩大了应变片的使用范围。

半导体应变片的缺点主要是温度稳定性差、灵敏度离散程度大(由于晶向、杂质等因素的影响)以及在较大应变作用下非线性误差大等，这给它的使用带来一定困难。

2.2.4 电阻应变片的主要特性和性能指标

1. 电阻应变片的主要特性

1）横向效应

当应变片受到纵向的拉伸力作用时，其敏感栅的直线段沿纵向产生拉伸的应变 ε_x，使其电阻值增大，而圆弧段则沿横向产生压缩的应变 ε_y，即产生反方向的应变，引起负的电阻变化(电阻值减小)，因而降低了应变片的灵敏度，这种现象称为横向效应，如图 2-12 所示。

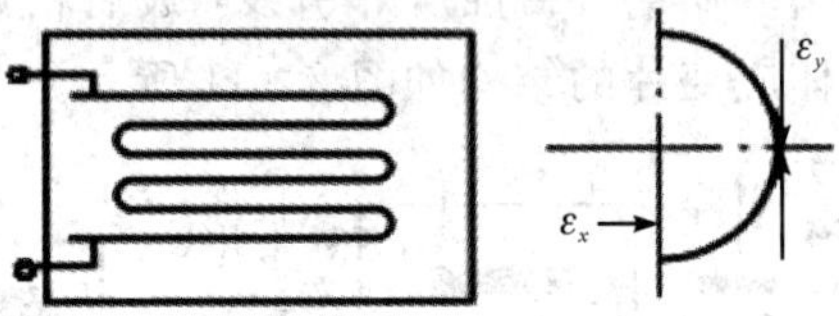

图 2-12 电阻应变片的横向效应

2）温度效应

温度效应指当环境温度变化时会引起应变片电阻值的相对变化，从而产生虚假应变，对测量结果造成影响。

3）零漂和蠕变

零漂：温度保持恒定，试件不受载荷(即没有机械应变)的情况下，粘贴在试件上的应变片的阻值随时间变化的特性。

蠕变：温度保持恒定，试件受某一恒定机械应变长时间作用的情况下，粘贴在试件上的应变片的阻值随时间变化的特性。

应变片在工作时，零漂和蠕变是同时存在的。

4）机械滞后

应变片安装在试件上，对于同一机械应变量，加载和卸载过程的特性曲线并不重合，卸载时的指示应变高于加载时的指示应变，从而造成读数不准确，这种现象称为机械滞后。

2. 电阻应变片的性能指标

(1) 应变片的电阻值。应变片的电阻值是指应变片在未经安装也不受外力的情况下，于室温下测得的电阻值。应变片的标称电阻值一般有 100 Ω、120 Ω、200 Ω、350 Ω、600 Ω、1000 Ω等，其中以 120 Ω 最为常用。

(2) 允许电流。允许电流指应变片不允许超过的最大电流。超过最大电流会导致应变片灵敏度变化，零漂和蠕变增加，甚至烧毁。

(3) 绝缘电阻。引线与试件的绝缘电阻通常为 50 Ω～100 MΩ。

电阻应变片的性能指标见表 2-1。

表 2-1　电阻应变片的性能指标

参数名称	电阻值/Ω	灵敏度	电阻温度系数/℃$^{-1}$	极限工作温度/℃	最大工作电流/mA
PZ-120 型	120	1.9～2.1	20×10^{-6}	-10～+40	20
PJ-120 型	120	1.9～2.1	20×10^{-6}	-10～+40	20
BX-200 型	200	1.9～2.2	—	-30～+60	25
BS-120 型	120	1.9～2.2	—	-30～+200	25
BB-350 型	350	1.9～2.2	—	-30～+170	25
PBD-1K 型	1000±10%	140(1±5%)	<0.4%	<40	15
PBD-120 型	120±10%	120(1±5%)	<0.2%	<40	20

注：PZ 为纸质丝式；PJ 为胶质丝式；BX、BS、BB 为箔式；PBD 为半导体应变片。

2.2.5　应变式传感器的温度误差及其补偿

1. 温度误差

对于粘贴在试件上的应变片，环境温度的变化会引起应变片的电阻值随之发生变化，称为温度误差。

温度误差的产生有下面两个主要原因：

(1) 电阻丝自身的温度系数 α 的影响。当环境温度变化时，电阻丝的电阻值产生相应变化。

(2) 试件材料与电阻丝材料的线膨胀系数不同的影响。当试件材料的线膨胀系数 β_g 与电阻丝材料的线膨胀系数 β_s 不同时，由于环境温度的变化，电阻丝会产生附加变形，从而产生附加电阻变化。

2. 温度误差的补偿

温度误差的补偿有两种方法，即自补偿法和线路补偿法。

1) 自补偿法

自补偿法是通过选择应变片或使用特殊的应变片，使温度变化时应变片的电阻值不随温度变化(温度系数和线膨胀系数不同造成的误差相互抵消)，从而不产生温度误差。

这种方法的缺点是：电阻丝材料较难选择，往往某种材料的应变片只能用于一种确定材料的试件，使用局限性很大，一般只用于高温测量。

2) 线路补偿法

线路补偿法是将两个特性相同的应变片用同样的方法分别粘贴在试件上和同样材质的补偿块上，再将它们置于相同的温度环境中，利用电桥电路的对称性将因温度产生的误差抵消掉。如图 2-13 所示，应变片 R_1 承受被测应变，称为工作应变片；应变片 R_2 不承受应变，称为补偿应变片。

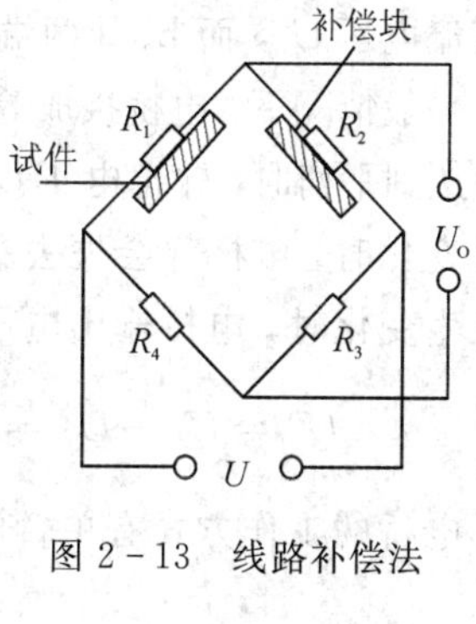

图 2-13　线路补偿法

设工作应变片和补偿应变片处于温度为 t_0（单位℃）的同一温度环境中。当试件不受应变时，调整电桥参数使电桥达到平衡。这时有

$$U_o = g(R_1R_3 - R_2R_4) = 0 \tag{2-19}$$

式中，g 为由桥臂电阻和电源电压决定的比例系数。

当环境温度变化 $\Delta t = t_1 - t_0$ 时，两个应变片的热输出相等，即 $\Delta R_{1t} = \Delta R_{2t}$，则有

$$U_o = g[(R_1 + \Delta R_{1t})R_3 - (R_2 + \Delta R_{2t})R_4] = 0 \tag{2-20}$$

由式(2-20)可知，当工作应变片不受应变时，尽管环境温度发生变化，电桥仍处于平衡状态，其输出电压仍为零。

当试件承受应变时，应变引起的阻值变化为 ΔR_1，则有

$$\begin{aligned}U_o &= g[(R_1 + \Delta R_1 + \Delta R_{1t})R_3 - (R_2 + \Delta R_{2t})R_4] \\ &= g\Delta R_1R_3 = gR_1R_3K\varepsilon\end{aligned} \tag{2-21}$$

比较式(2-20)和式(2-21)可知，当工作应变片受应变作用时，电桥输出电压只与被测应变有关，而与环境温度无关。

若要实现完全的温度补偿，必须满足下列三个条件：

(1) 工作应变片和补偿应变片具有同样的规格和技术性能(初始电阻值 R_0、应变灵敏度系数 K、电阻温度系数 α、电阻线膨胀系数 β 等都相同)。

(2) 补偿块的材料与试件的材料一样，即两者的线膨胀系数 β_1 和 β_2 相等。

(3) 两应变片处于同一温度场中。

在实际测量中，一般不单独设置补偿片，而是将两片或四片应变片粘贴在试件上，再将应变片接入半桥或全桥电路，通过适当选择贴片的位置，构成差动电路。这样不仅可以实现温度补偿，还可以提高灵敏度和减小非线性误差。电桥补偿法容易实现，且方法简单，在常温下可得到较好的补偿效果。

2.2.6　应变式传感器的测量电路

实际应用中，应变式传感器的应变灵敏度系数较小，且电阻相对变化非常微弱，用一般测量电阻的仪表很难直接测出来，必须用专门的测量电路来测量。

测量电路的作用，是将电阻值的相对变化量 $\Delta R/R$ 转换为电压 U 或电流 I 输出。常用的测量电路是电桥电路，这里主要介绍直流电桥电路，如图 2-14 所示。

电桥的四个桥臂由 R_1、R_2、R_3、R_4 组成，其中 a、c 两端接直流电压 U_i，而 b、d 两端为输出端，其输出电压为 U_o。

一般情况下，电桥接成等臂电桥(即 $R_1 = R_2 = R_3 = R_4$)，电桥达到平衡时，输出电压 $U_o = 0$。任意一个桥臂上的电阻值发生变化时，电桥都会失去平衡，输出不再为零。当桥臂电阻值发生变化时，电桥输出电压可以表示为

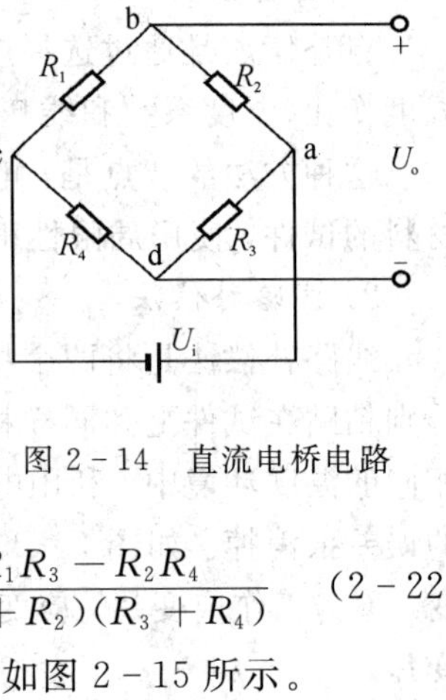

图 2-14　直流电桥电路

$$U_o = U_b - U_d = U_i\left(\frac{R_1}{R_1 + R_2} - \frac{R_4}{R_3 + R_4}\right) = U_i\frac{R_1R_3 - R_2R_4}{(R_1 + R_2)(R_3 + R_4)} \tag{2-22}$$

电桥的工作方式有单臂电桥、双臂电桥(半桥)和全桥三种，如图 2-15 所示。

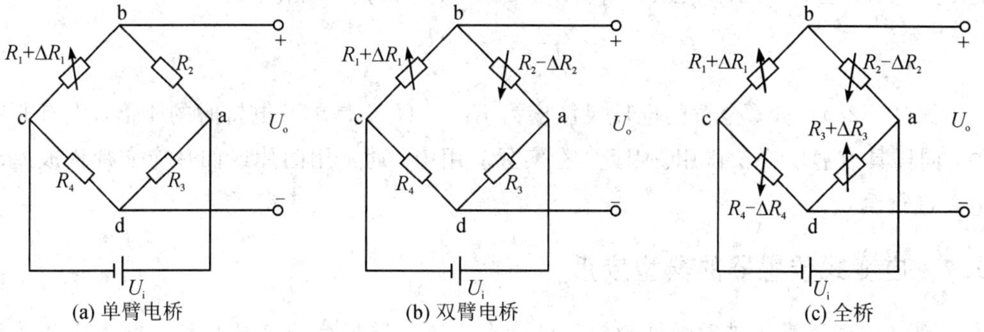

图 2-15　电桥的三种工作方式

1. 单臂电桥

单臂电桥是将一个应变片接入电桥的一个桥臂，如图 2-15(a)所示，在工作时，其余 3 个电阻的阻值没有变化。单臂电桥的输出电压可表示为

$$U_o = U_b - U_d = U_i\left(\frac{R_1+\Delta R_1}{R_1+\Delta R_1+R_2} - \frac{R_4}{R_3+R_4}\right) = U_i\,\frac{\Delta R_1 R_3}{(R_1+\Delta R_1+R_2)(R_3+R_4)} \tag{2-23}$$

式中，$R_1=R_2=R_3=R_4=R$，$\Delta R_1=\Delta R$，由于 $\Delta R_1 \ll R_1$，分母中 $\Delta R_1/R_1$ 可忽略，则可写为

$$U_o = \frac{U_i}{4}\frac{\Delta R}{R} \tag{2-24}$$

这种方式得到的电压灵敏度 $K_U = U_i/4$，且存在非线性误差。

2. 双臂电桥

双臂电桥是安装两个工作应变片，一个受拉，一个受压，接入电桥相邻的两个桥臂，构成双臂电桥(半桥)差动电路，如图 2-15(b)所示。双臂电桥的输出电压可表示为

$$U_o = U_b - U_d = U_i\left(\frac{R_1+\Delta R_1}{R_1+\Delta R_1+R_2-\Delta R_2} - \frac{R_4}{R_3+R_4}\right) \tag{2-25}$$

当 $\Delta R_1=\Delta R_2=\Delta R$，$R_1=R_2=R_3=R_4=R$ 时，可得

$$U_o = \frac{U_i}{2}\frac{\Delta R}{R} \tag{2-26}$$

由式(2-26)可知，电压灵敏度为 $K_U=U_i/2$，是单臂电桥时的两倍，双臂电桥输出电压 U_o 与 $\Delta R/R$ 呈线性关系，没有非线性误差，且具有温度补偿作用。

3. 全桥

全桥是将电桥的四个臂接入四片应变片，两个受拉应变，两个受压应变，构成差动全桥电路。注意：全桥相邻两个臂应变片的应变符号相反，如图 2-15(c)所示。产生应变时，全桥四个臂的电阻值都发生变化，输出电压可表示为

$$U_o = U_b - U_d = U_i\left(\frac{R_1+\Delta R_1}{R_1+\Delta R_1+R_2-\Delta R_2} - \frac{R_4-\Delta R_4}{R_3+\Delta R_3+R_4-\Delta R_4}\right) \tag{2-27}$$

当 $\Delta R_1 = \Delta R_2 = \Delta R_3 = \Delta R_4 = \Delta R$，$R_1 = R_2 = R_3 = R_4 = R$ 时，可得

$$U_o = U_i \frac{\Delta R}{R} \tag{2-28}$$

由式(2-28)可知，全桥的电压灵敏度为 $K_U = U_i$，是单臂电桥时的4倍，没有非线性误差，同样具有温度补偿作用。因此，在实际应用中，通常用两片或四片应变片构成差动全桥电路进行测量。

2.2.7 应变式传感器的典型应用

应变式传感器需要借助弹性敏感元件将力或压力转换为应变或位移，再由应变片将应变或位移转换为电信号进行测量，如图2-16所示。

图2-16 应变式传感器的构成

弹性敏感元件的作用是直接感受被测量(力、压力等)的变化，将被测量的变化转换为应变或位移。应变片粘贴在弹性敏感元件上作为转换元件，将应变或位移转换为电阻值的变化。测量电桥将电阻应变片的电阻值转换为电压或电流等便于测量的电量。

应变式传感器的应用特点如下：

(1) 测量范围广，如金属电阻应变式力传感器可实现对 $10^{-2} \sim 10^{7}$ N的力的测量，金属电阻应变式压力传感器可实现对 $10^{-1} \sim 10^{6}$ Pa的压力的测量。

(2) 测量精度高，测量误差可小于0.1%。

(3) 性能稳定，工作可靠。

(4) 能在恶劣环境条件下工作。

(5) 金属电阻应变片可承受较大的应变，输出/输入特性的线性好，但应变灵敏度系数小，适用于测量较大的应变。

(6) 应用中应考虑温度补偿。

1. 金属电阻应变式力传感器

金属电阻应变式力传感器，主要用作各种电子秤与测力仪表的测力元件。其对弹性敏感元件的基本要求是：具有较高的灵敏度和稳定性；在力的作用点稍许变化及存在侧向力时，对传感器的输出影响小；结构上最好能有相同的正、负应变区等。

金属电阻应变式力传感器的弹性敏感元件有多种类型，常用的有等截面柱、悬臂梁、薄壁圆环等。

1) 等截面柱

等截面柱型金属电阻应变式力传感器采用等截面柱作为弹性敏感元件。等截面柱外形为柱状，如图2-17所示，等截面柱的截面可以是圆形的，也可以是方形的，可以是实心的，也可以是空心的。实心柱可以承受较大的负荷，空心柱则有较高的灵敏度。

当等截面柱受轴向拉伸力作用时，沿轴向粘贴的应变片的电阻阻值增大，沿环向粘贴的应变片的电阻阻值减小。

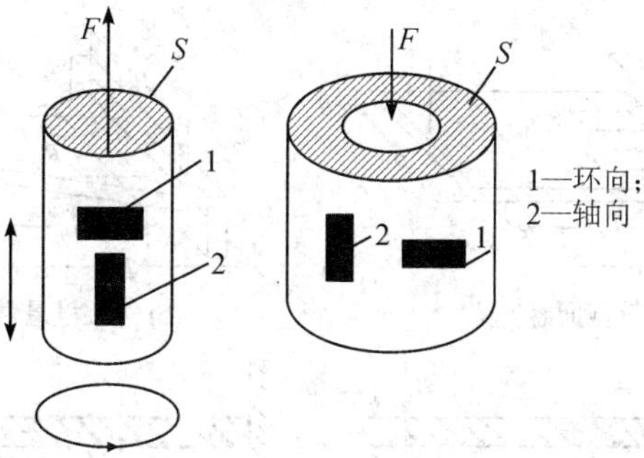

(a) 实心等截面柱　(b) 空心等截面柱

图 2-17　等截面柱

当等截面柱受轴向压缩力作用时，沿轴向粘贴的应变片的电阻阻值减小，沿环向粘贴的应变片的电阻阻值增大。

应用时，应选择适当的应变片的数量，并将应变片对称地贴在等截面柱表面的中间部分，再将应变片接入测量电桥。为提高灵敏度和实现温度补偿，尽量减小由于轴向力 F 不能正好通过柱体中心轴线而造成的载荷偏心和弯矩的影响，往往用多片相同的应变片，一半沿轴向粘贴，一半沿环向粘贴，构成正负应变区，连接成差动电桥进行测量。等截面柱型金属电阻应变式力传感器应变片的粘贴方式如图 2-18 所示。

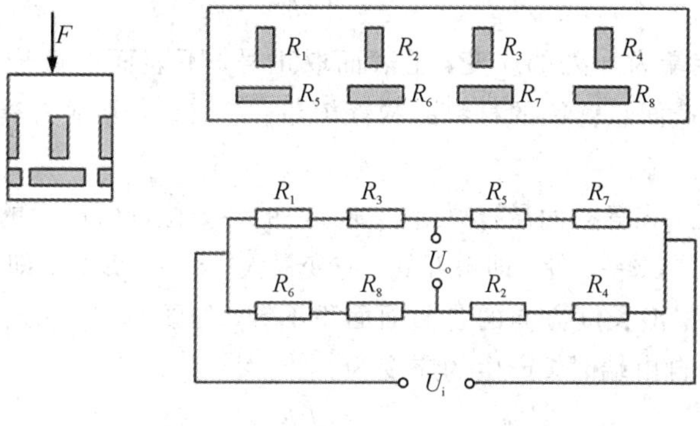

图 2-18　等截面柱型金属电阻应变式力传感器应变片的粘贴方式

等截面柱的输入是轴向力，可以是拉伸力，也可以是压缩力。等截面柱的特点是：结构简单，可承受很大的载荷。等截面柱在外力作用下所产生的变形很小，一般用于测量较大的力。等截面柱型金属电阻应变式力传感器通常应用于载荷较大、精度要求不太高的场合，如高速收费站出入口、工厂或商业部门的地中衡，用来检测整车的质量。

2）悬臂梁

梁型金属电阻应变式力传感器采用悬臂梁作为弹性敏感元件。悬臂梁是一种一端固定另一端自由的弹性敏感元件，它的截面一般为矩形。当力 F 作用于悬臂梁的自由端时，悬臂梁向下弯曲，其上表面沿轴向拉伸，下表面沿轴向压缩，悬臂梁仅沿轴向产生应力和应变。在其上表面产生的应变符号为正，下表面产生的应变符号为负。根据悬臂梁的截面，可将其分为等截面悬臂梁和等强度悬臂梁，如图 2-19 所示。

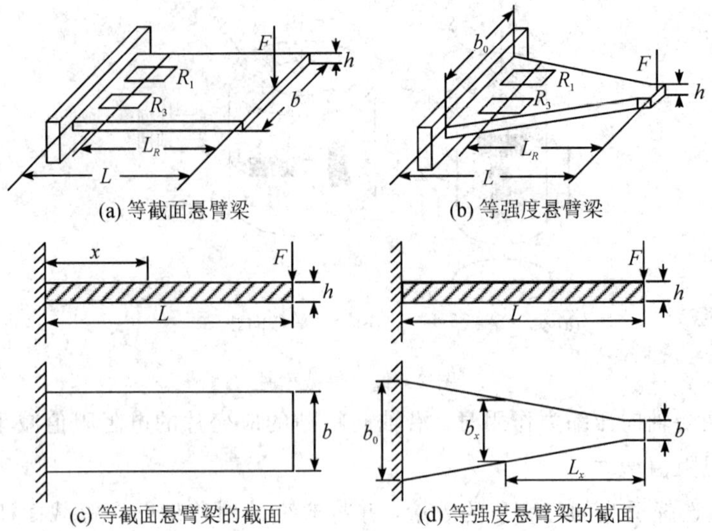

图 2-19　悬臂梁

(1) 等截面悬臂梁沿长度方向的各截面面积相等，如图 2-19(a)和(c)所示，当力 F 作用于等截面悬臂梁的自由端时，某一位置产生的应变为

$$\varepsilon_x = \pm \frac{6(L-x)F}{Ebh^2} \tag{2-29}$$

式中：ε_x 为距离固定端为 x 处的应变，上表面取正号，下表面取负号；x 为某一位置到固定端的距离；E 为等截面悬臂梁的材料的弹性模量；L、b、h 分别为等截面悬臂梁的长度、宽度、厚度。

由式(2-29)可见，在等截面悬臂梁沿长度方向的各个位置所产生的应变是不同的。越靠近固定端，应变越大。在 $x=0$ 处，即根部处，应变最大；在 $x=L$ 处，即自由端处，应变为零。

(2) 等强度悬臂梁沿长度方向的各截面面积不等，如图 2-19(b)和(d)所示，当力 F 作用于等强度悬臂梁的自由端时，产生的应变为

$$\varepsilon = \pm \frac{6LF}{Eb_0h^2} \tag{2-30}$$

式中，b_0 为等强度悬臂梁的固定端宽度。

由式(2-30)可见，等强度悬臂梁沿轴向的各个位置所产生的应变是相同的。

采用等截面悬臂梁时，因受力作用各点所产生的应变不等，越靠近根部应变越大，因此应将应变片尽可能靠近根部粘贴；而采用等强度悬臂梁时，因受力作用各点所产生的应变相等，因此应变片的粘贴位置不受限制。

为提高灵敏度和实现温度补偿，往往采用四片相同的应变片，两片粘贴在上表面，两片粘贴在下表面，都沿轴向粘贴，再将四片应变片接成差动全桥。

此外，还有几种改进的梁型金属电阻应变式力传感器，如图 2-20 所示。

梁型金属电阻应变式力传感器具有结构简单，加工方便，灵敏度较高，在较小的力的作用下可产生较大的应变，精度很高(可达 0.01%F.S)等特点，已成为测量力学量的一种较为理想的传感器，广泛用于各种中、小量程(10～5000 N)的测力和称重。

(a) 双孔梁型金属电阻应变式力传感器　　(b) S梁型金属电阻应变式力传感器

图 2-20　改进的梁型金属电阻应变式力传感器

3）薄壁圆环

环型金属电阻应变式力传感器采用薄壁圆环作为弹性敏感元件。如图 2-21 所示，在拉力作用下：

A 点处：内壁应力和应变为“＋”(拉伸)，外壁应力和应变为“－”(压缩)；

B 点处：内壁应力和应变为“－”(压缩)，外壁应力和应变为“＋”(拉伸)。

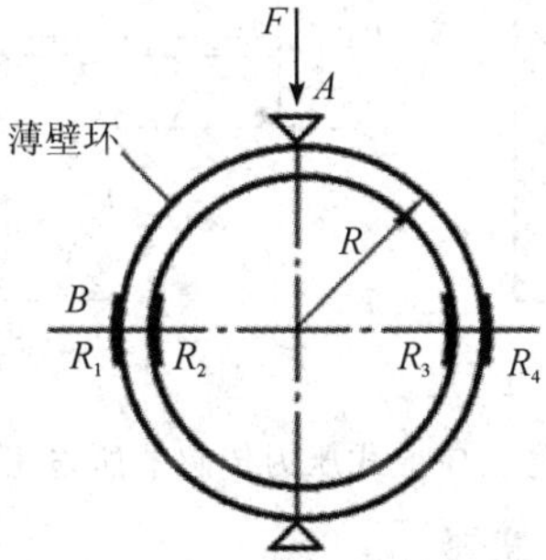

图 2-21　薄壁圆环

薄壁圆环一般在 *A*、*B* 两点处粘贴应变片，应变片可粘贴在内壁，亦可粘贴在外壁，如图 2-22 所示。

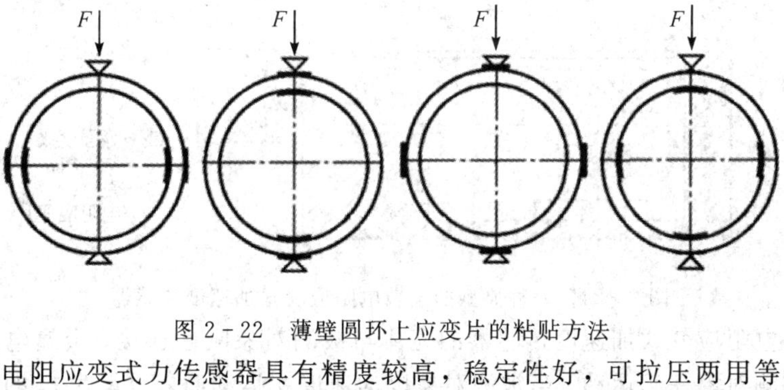

图 2-22　薄壁圆环上应变片的粘贴方法

环型金属电阻应变式力传感器具有精度较高，稳定性好，可拉压两用等特点，广泛应用于各种大、中量程的测力和称重，如工业和码头用的吊斗电子秤。

2. 金属电阻应变式压力传感器

金属电阻应变式压力传感器可测量气体、液体的压力。被测压力作用在弹性敏感元件上，使弹性敏感元件产生变形和应变，粘贴在弹性元件上的应变片随之产生应变而使电阻值发生变化，通过测量电桥再转换为电压输出。金属电阻应变式压力传感器所采用的弹性敏感元件有弹簧管、薄壁圆筒、膜片、波纹管、膜盒等，如图 2－23 所示。

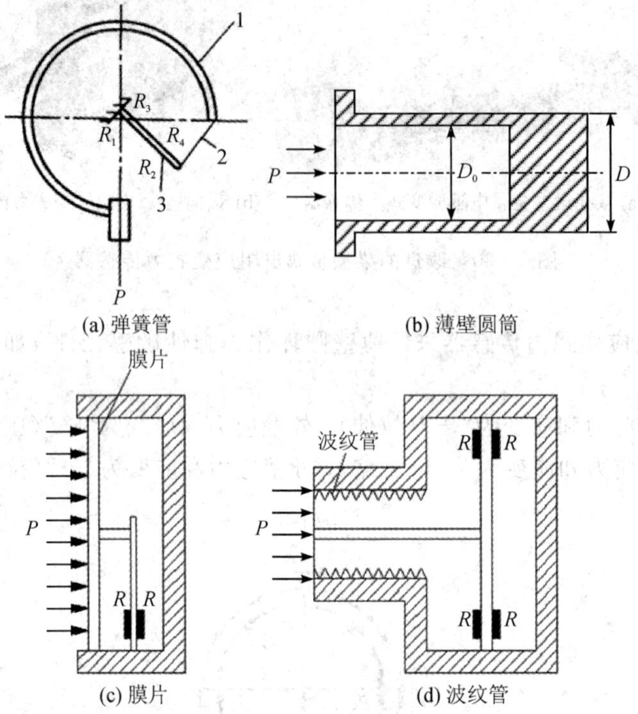

图 2－23　金属电阻应变式压力传感器所采用的弹性敏感元件

3. 金属电阻应变式加速度传感器

金属电阻应变式加速度传感器可用来测量振动物体的加速度，它主要由质量块、弹性敏感元件、应变片等组成。一种典型的金属电阻应变式加速度传感器如图 2－24 所示，它采用等强度悬臂梁作为弹性敏感元件，可测量振动物体的加速度。

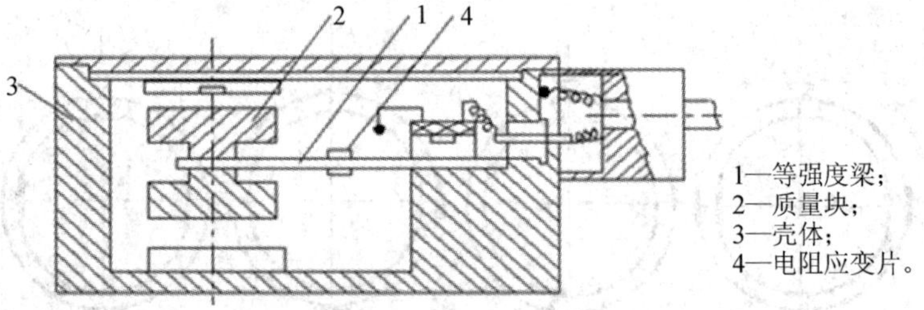

图 2－24　一种典型的金属电阻应变式加速度传感器

由于金属电阻应变式加速度传感器的壳体与被测对象刚性连接，金属电阻应变式加速度传感器随被测对象一起运动。当被测对象以加速度 a 运动时，质量为 m 的质量块受到一个与加速度方向相反的惯性力 $F=-ma$ 的作用。该惯性力使等强度悬臂梁变形从而产生应变，粘贴在等强度悬臂梁上的应变片承受了该应变而使电阻值发生变化，通过测量电桥将电阻值的变化转换为电压输出。输出电压反映了被测对象的加速度。金属电阻应变式加速度传感器主要用于低频(10～60 Hz)的振动和冲击测量。

思考与练习

2-1　什么是应变效应？什么是压阻效应？

2-2　利用应变效应解释金属电阻应变片的工作原理。

2-4　应变式传感器按照其材料可分为哪两种？简述两者的相同和不同之处。

2-5　金属箔式应变片与金属丝式应变片相比，具有哪些优点？

2-6　什么是应变片的温度误差？产生的原因是什么？补偿方法有哪些？

2-7　采用双臂电桥或全桥测量应变电阻值，与单臂电桥相比有什么优势？

2-8　拟在等截面的悬臂梁上粘贴 4 个完全相同的电阻应变片，并组成全桥，4 个应变片应怎样粘贴在悬臂梁上？请画出相应的电桥电路图。

2-9　采用标称阻值 $R=120\ \Omega$，应变灵敏度系数 $K=2.0$ 的金属电阻应变片，与阻值 $R=120\ \Omega$ 的固定电阻组成电桥，电源电压为 10 V，应变片的应变为 1000 μm/m，求单臂电桥、双臂电桥和全桥的输出电压各为多少。

传感器实验仪介绍

实验一　金属箔式应变片性能测试——单臂电桥型

一、实验目的

了解金属箔式应变片、单臂电桥的工作原理和工作情况。

单臂电桥型实验

二、实验原理

电阻丝在外力作用下发生机械变形时，其电阻值发生变化，这就是电阻应变效应，描述电阻应变效应的关系式为

$$\frac{\Delta R}{R}=K\varepsilon$$

式中：$\Delta R/R$ 为电阻丝阻值的相对变化；K 为应变灵敏度系数；ε 为电阻丝长度相对变化，即应变，$\varepsilon=\Delta l/l$。

金属箔式应变片就是通过光刻、腐蚀等工艺制成的应变敏感元件，通过它可以转换被测部位的受力状态变化，电桥的作用是完成电阻到电压的比例变化，电桥的输出电压反映了相应的受力状态。单臂电桥输出电压 $U_{o1}=EK\varepsilon/4$。

三、实验器材

直流稳压电源、电桥、差动变换器Ⅰ、应变片、砝码、电压表、电源。

直流稳压电源置于±5 V挡，电压表置于20 V挡，差动变换器Ⅰ增益旋钮置最大。

图S1.1为应变片安装示意图。

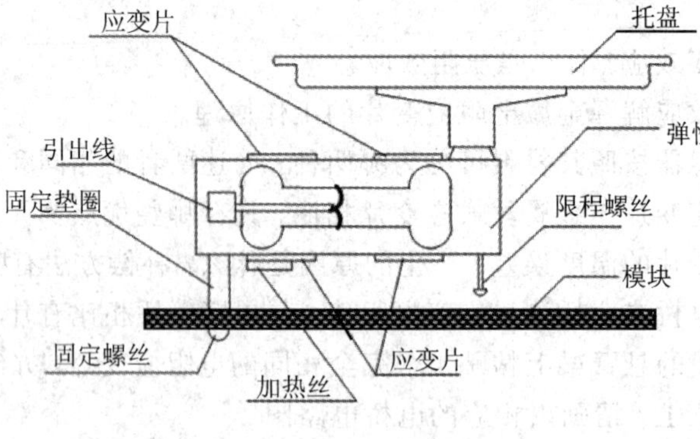

图S1.1　应变片安装示意图

四、实验步骤

1. 了解所需单元、部件在实验仪上所在的位置。

2. 将差动变换器Ⅰ调零：如图S1.2所示，用导线将差动变换器Ⅰ的“U_{in1}”“U_{in2}”与地短接。将差动变换器Ⅰ的输出端“U”与电压表的输入端正(+)相连，接地端与负(-)相连；开启电源，调节差动变换器Ⅰ的增益到接近最大位置，调整差动变换器Ⅰ的调零旋钮使电压表显示为零，关闭电源。

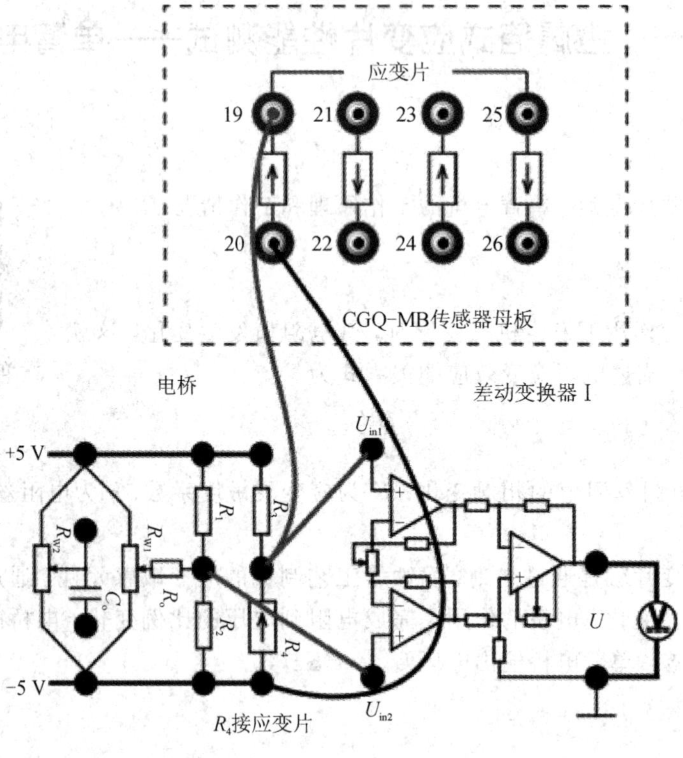

图S1.2　单臂电桥接线参考图

在初始位置时，“$R_1=R_2=R_3=R_4=350\ \Omega$”，“$R_4$”是应变片；将稳压电源调至±5 V挡，将电压表调至 20 V 挡。开启电源，缓慢调节电桥平衡网络中的“R_{W1}”，使电压表显示为零，然后将电压表分别置于 2 V、200 mV 挡，再调电桥“R_{W1}”(慢慢地调)，使电压表显示为零(单臂单桥电路由于单个传感器与电阻结合，受外部干扰实验调零不易，需要通电运行 2 分钟之后方可稳定)。

3. 用手轻轻地按一下托盘，松开手后观察差动变换器 I 输出是否为 0，如果不是，继续调节 R_{W1}，使输出为 0。反复操作这个步骤 2 或 3 遍即可。将砝码逐个轻轻地放在托盘上，放置砝码的时候不能碰到导线以及实验仪的其他部位，每放一个砝码记下一个数据。

4. 取 $\Delta m=20$ g，将数值填入表 S1.1。

表 S1.1　数据记录表

质量/g	0	20	40	60	80	100	120	140	160	180	200
电压/mV											

根据所得结果计算灵敏度 $S=\Delta U/\Delta m$(式中 Δm 为 20 g 的称重变化，ΔU 为相应电压表显示的电压相应变化)。

5. 实验完毕，关闭电源，所有旋钮转到初始位置。

五、注意事项

1. 为确保实验过程中输出指示不溢出，可先将砝码加至最大重量，如指示溢出，适当减小差动变换器 I 的增益，此时差动变换器 I 不必重调零。

2. 做此实验时应将低频振荡器的幅度关至最小，以减小其对直流电桥的影响。

3. 电位器 R_{W1}、R_{W2} 在有的型号的仪器中标为 RD、RA。

六、问题

本实验电路对直流稳压电源和对差动变换器 I 有何要求？

实验二　金属箔式应变片单臂电桥、半桥、全桥比较

一、实验目的

验证单臂电桥、半桥、全桥的性能及相互之间的关系。

金属箔式应变片单臂电桥、半桥、全桥比较

二、全桥实验原理

全桥测量电路中，将受力性质相同的两应变片接入电桥对边，不同的接入邻边，当应变片初始阻值为 $R_1=R_2=R_3=R_4$，其变化值为 $\Delta R_1=\Delta R_2=\Delta R_3=\Delta R_4$ 时，全桥电路输出电压 $U_{o3}=EK\varepsilon$。其输出灵敏度比半桥又提高了一倍，非线性误差和温度误差均得到改善。

三、实验器材

直流稳压电源、差动变换器Ⅰ、电桥、电压表、砝码、应变片、电源。

直流稳压电源置于±5 V 挡，电压表置于 2 V 挡，差动变换器Ⅰ增益旋钮调到最大。

四、实验步骤

1. 按实验一的方法将差动变换器Ⅰ调零后，关闭电源。

2. 按图 S2.1 接线，图中 R_4 为工作应变片。

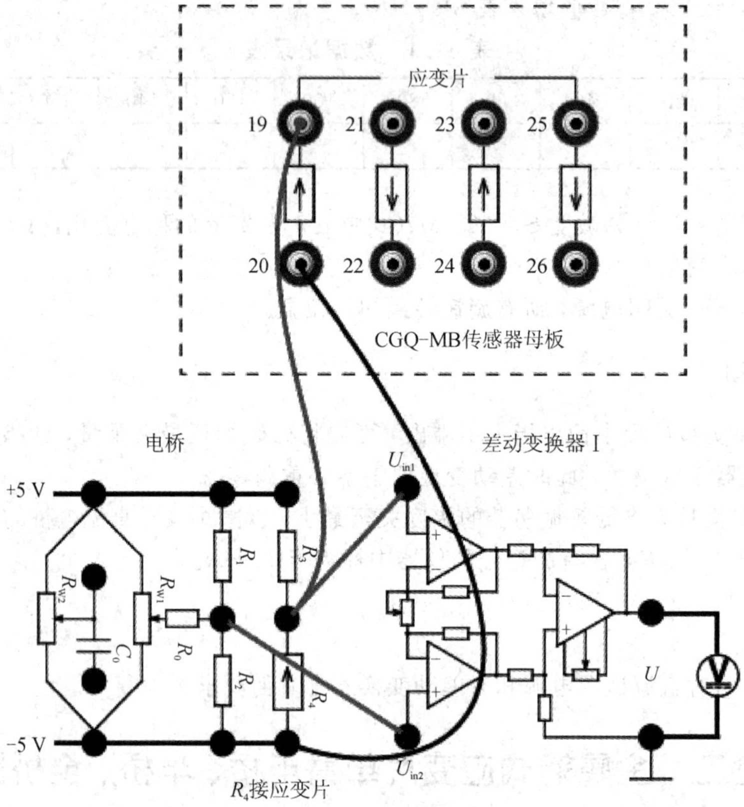

图 S2.1 单臂电桥接线参考图

3. 按实验一的方法进行调节，使电压表示数显示为零后，在托盘上放上一只 20 g 的砝码，记下此时的电压数值，然后每增加一只砝码记下一个数值，并将这些数值填入表 S2.1。根据所得结果计算系统灵敏度 $S=\Delta U/\Delta m$，并作出 $U-m$ 关系曲线，ΔU 为电压变化率，Δm 为相应的质量变化率。

表 S2.1 数据记录表

质量/g	0	20	40	60	80	100	120	140	160	180	200
电压/mV											

4. 按图 S2.2 接线，保持差动变换器Ⅰ增益不变，将固定电阻 R_3 换为与 R_4 工作状态相反的另一应变片，即取两片受力方向不同的应变片，形成半桥，重复实验步骤 3 同样测

得读数，填入表 S2.2。

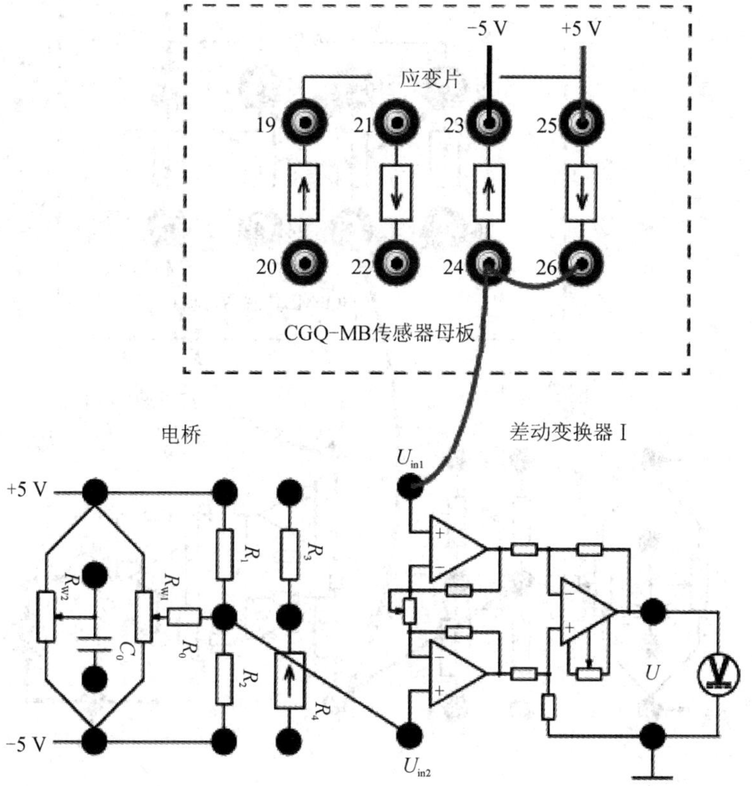

图 S2.2　半桥接线参考图

表 S2.2　数据记录表

质量/g	0	20	40	60	80	100	120	140	160	180	200
电压/mV											

5. 按图 S2.3 接线，保持差动变换器 I 增益不变，将 R_1、R_2 两个固定电阻换成另两片受力应变片，组桥时只要掌握对边应变片的受力方向相同，邻边应变片的受力方向相反即可，否则相互抵消没有输出，重复实验步骤 3，将读出数据填入表 S2.3。

表 S2.3　数据记录表

质量/g	0	20	40	60	80	100	120	140	160	180	200
电压/mV											

6. 在同一坐标纸上描出三种接法的 $U-m$ 曲线，比较三种接法的灵敏度。

五、注意事项

1. 在更换应变片时应将电源关闭。
2. 在实验过程中如发现电压表发生过载，应将电压量程扩大。
3. 在本实验中只能将差动变换器 I 接成差动形式，否则系统不能正常工作。
4. 直流稳压电源±5 V 不能过大，以免损坏应变片或造成严重自热效应。

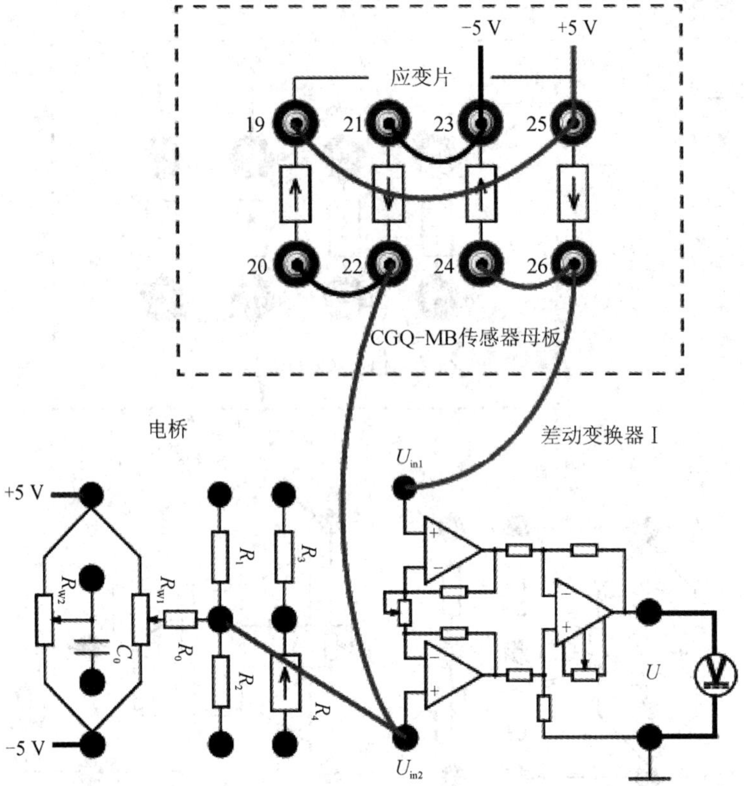

图 S2.3　全桥接线参考图

5. 接全桥时请注意区别各应变片的工作状态方向。

实验三　应变片的温度效应

一、实验目的

了解温度对应变测试系统的影响。

应变片的温度效应

二、实验原理

电阻应变片的温度影响，主要来自两个方面：敏感栅丝的温度系数，应变栅线膨胀系数与弹性体(或被测试件)的线膨胀系数不一致会产生附加应变。因此当温度变化时，在被测试件受力状态不变时，应变片输出会有变化。

三、实验器材

可调直流稳压电源、电桥、差动变换器 I 、电压表、加热器、双孔悬臂梁称重传感器、应变片、砝码、水银温度计(自备)、电源。

电源关闭，直流稳压电源置于±5 V 挡，电压表置于 20 V 挡，差动变换器 I 增益旋钮置于最大。

四、实验步骤

1. 了解加热器在实验仪上所在的位置及加热符号，加热器封装在双孔悬臂梁下片梁的表面，结构为电阻丝。

2. 将差动变换器Ⅰ调零：用导线将差动变换器Ⅰ的 U_{in1}、U_{in2}、地短接。将差动变换器Ⅰ的输出端与电压表的输入端正(+)相连；开启电源，调节差动变换器Ⅰ的增益到接近最大位置，然后调整差动变换器Ⅰ的调零旋钮使电压表显示为零，关闭电源。

3. 按图 S3.1 接线，开启电源，调电桥平衡电位器 R_{W1}，使电压表显示为零，然后将电压表的切换开关置于 2 V 挡，调电位器 R_{W1}，使电压表显示也为零。

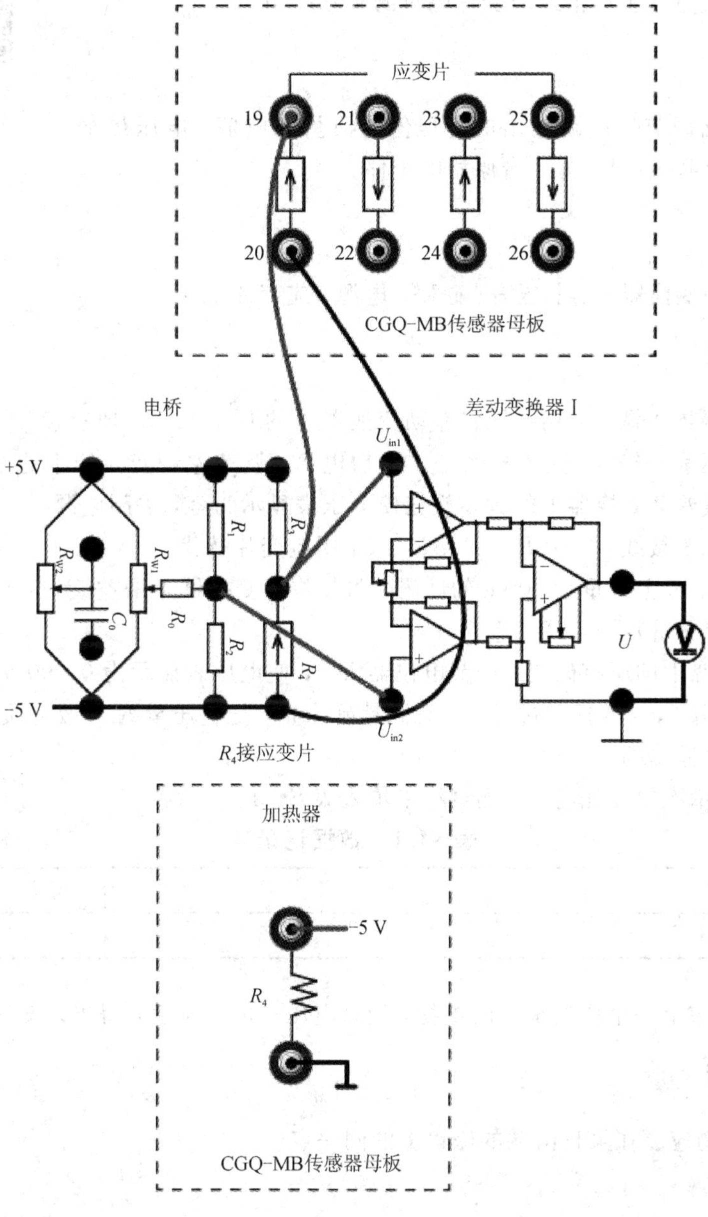

图 S3.1　实验接线参考图

4. 在托盘上放上所有砝码，记下此时的电压数值。将－5 V 电源连到加热器的一端插口，加热器另一端插口接地；待电压表显示稳定后，记下显示数值。比较两种情况的电压表数值，即为温度对应变电桥的影响。

5. 实验完毕，关闭电源，所有旋钮转至初始位置。

实验四　直流全桥的应用——电子秤

一、实验目的

了解直流供电的金属箔式应变片电桥的实际应用。

直流全桥电子秤

二、实验原理

通过对电路调节使电路输出的电压值为质量对应值，电压量纲(V)改为质量量纲(g)即成为一台原始电子秤。

三、实验器材

电桥、差动变换器Ⅰ、电压表、砝码、电源、应变片。

四、实验步骤

将差动变换器Ⅰ调零：用导线将差动变换器Ⅰ的 U_{in1}、U_{in2}、地短接。将差动变换器Ⅰ的输出端与电压表的输入端正(＋)相连；开启电源，调节差动变换器Ⅰ的增益接近到最大位置，然后调整差动变换器Ⅰ的调零旋钮使电压表显示为零，关闭电源。

1. 按图 S4.1 接线，图中 R_1、R_2、R_3、R_4 用应变片替代。

2. 在托盘上放上总重为 200 g 的砝码，调节差动变换器Ⅰ增益旋钮，使电压表显示为 0.200 V(2 V 挡测量)或－0.200 V。

3. 拿去托盘上的所有砝码，调节电位器 R_{W1}，使电压表显示为 0.000 V 或－0.000 V。

4. 重复步骤 3、4 的标定过程，一直到精确为止，把电压量纲 V 改为质量量纲 g，就可称重，成为一台原始的电子秤。

5. 把砝码依次放在托盘上，测量结果填入表 S4.1。

表 S4.1　数据记录表

质量/g										
电压/V										

7. 托盘上放上一个质量未知的重物，记录电压表的显示值，得出未知重物的重量。

五、注意事项

砝码和重物应放在梁自由端的磁钢上的同一点。

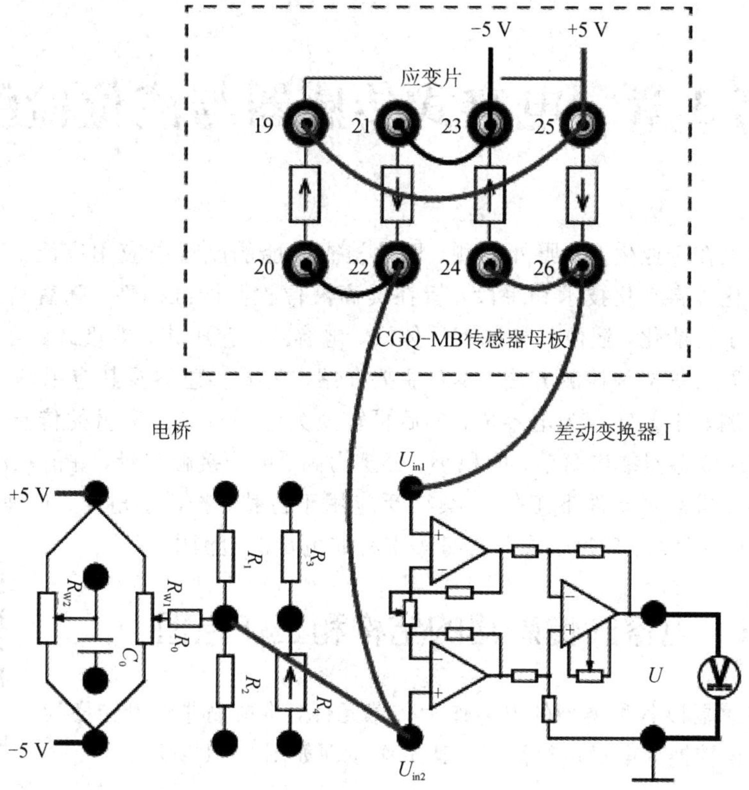

图 S4.1　直流全桥应用实验接线参考图

六、思考

要将这个电子秤方案投入实际应用，应如何改进？

第3章　电容式传感器与液位检测

液位的检测在工业生产、野外勘测、医疗检查和船舶航行中应用广泛，国内外采用的电子化和数字化等自动化技术和手段，旨在提高液位检测的准确性，随着科技的发展，检测技术更趋向于智能化。液位的检测有浮体式、电容式、差压式、电极式、光线液位式、超声波式和核辐射式等多种检测方法。本章主要介绍电容式传感器及其应用。

将各种被测非电量转换为电容量，然后再转换为电信号进行测量的传感器称为电容式传感器。电容式传感器结构简单、体积小、分辨力高、可非接触测量，并能在高温、腐蚀性、辐射和强烈震动等恶劣条件下工作 。其广泛应用于位移、振动、角度、加速度、压力、差压、液位(料位)、湿度、密度、成分含量等多种非电量的检测中。

3.1　电容式传感器的结构和工作原理

电容式传感器

电容式传感器以各种类型的电容作为传感元件，将被测非电量转换为电容量，然后再转换为电量进行测量，其工作原理如图3-1所示。

图3-1　电容式传感器的工作原理

电容器的电容量是构成电容器的两极板形状、大小、相互位置及两极板间介质介电常数的函数。以平行板电容器为例，当不考虑边缘电场影响时，平行板电容器的电容可表示为

$$C=\frac{\varepsilon A}{d} \tag{3-1}$$

式中，ε——电容极板间介质的介电常数，$\varepsilon=\varepsilon_0\varepsilon_r$，其中$\varepsilon_0$为真空介电常数，$\varepsilon_r$为极板间介质的相对介电常数；

A——两平行板遮盖面积；

d——两平行板之间的距离。

如果保持A、d、ε中的两个参数不变，而仅改变一个参数，就可把该参数的变化转换为电容量的变化，再通过测量电路转换为电量输出。因此，根据参数变化的特性，可将电容式传感器分为变面积型、变极距型和变介质型三种。

3.1.1　变面积型电容式传感器

变面积型电容式传感器有平行板式、角位移式、圆筒式等，平行板式和圆筒式可测量线性位移，角位移式可测量角位移。

1. 平行板式变面积型电容式传感器

如图 3-2 所示，设初始电容为

$$C_0 = \frac{\varepsilon ab}{d} \tag{3-2}$$

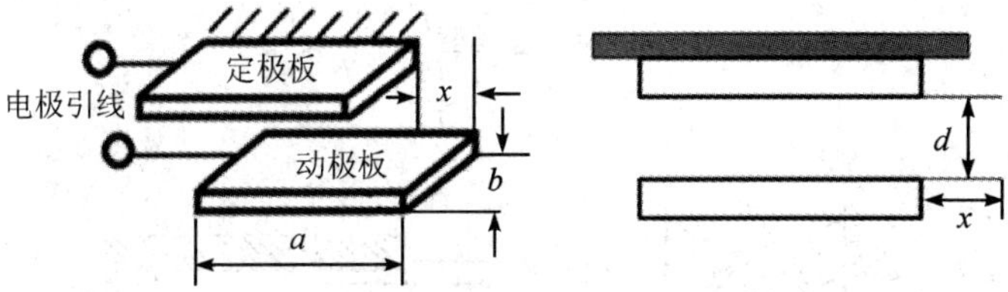

图 3-2　平行板式变面积型电容式传感器

两极板遮盖面积为 $A=ab$，当动极板相对于定极板沿长度方向平移 x 后，遮盖面积发生变化 $A_x=b(a-x)$，电容量 C_x 也随之改变，可表示为

$$C_x = \frac{\varepsilon(a-x)b}{d} = C_0\left(1-\frac{x}{a}\right) \tag{3-3}$$

而电容变化量为

$$\Delta C = C_x - C_0 = -\frac{C_0 x}{a} = -\frac{\varepsilon ab}{d}\cdot\frac{x}{a} = -\frac{\varepsilon bx}{d} \tag{3-4}$$

则平行板式变面积型电容式传感器的灵敏度可表示为

$$K = \frac{\Delta C}{x} = -\frac{C_0}{a} = -\frac{\varepsilon b}{d} \tag{3-5}$$

分析可知：变面积型电容式传感器的灵敏度 K 为常数，符号为负，即动极板的位移量越大，电容值越小；增大极板宽度、减小极板间的距离都可以提高灵敏度；电容量 C 与水平位移 x 呈线性关系。

2. 角位移式变面积型电容式传感器

如图 3-3 所示，设初始电容为

$$C_0 = \frac{\varepsilon A_0}{d} \tag{3-6}$$

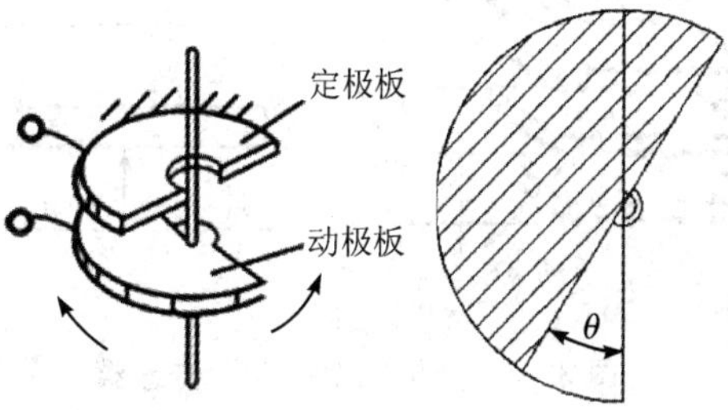

图 3-3　角位移式变面积型电容式传感器

当动极板有一角位移 θ 时，两极板遮盖面积 A 发生改变，导致两极板间的电容量发生变化，这时，电容量可表示为

$$C = \frac{\varepsilon A_0\left(1-\frac{\theta}{\pi}\right)}{d} = C_0\left(1-\frac{\theta}{\pi}\right) \tag{3-7}$$

分析上式可知，与平行板式变面积型电容式传感器一样，角位移式变面积型电容式传感器的输出特性也是线性的，动极板的角位移越大，电容值越小。

3. 圆筒式变面积型电容式传感器

圆筒式变面积型电容式传感器如图 3-4 所示，设内外圆筒长度为 L，则初始电容为

$$C_0 = \frac{2\pi\varepsilon L}{\ln\dfrac{D_1}{D_2}} \tag{3-8}$$

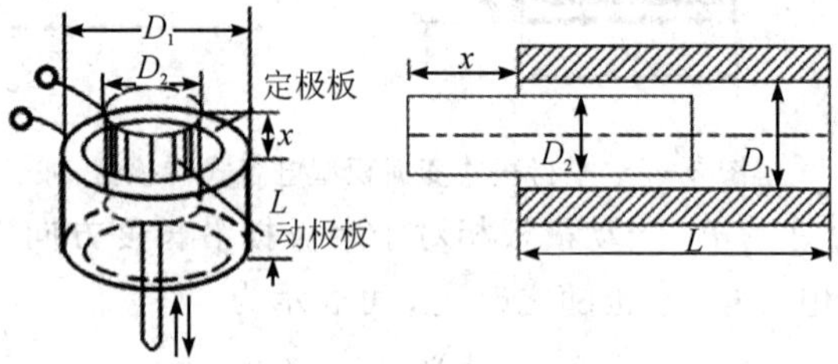

图 3-4 圆筒式变面积型电容式传感器

当内圆筒移出 x 时，电容量可表示为

$$C_x = \frac{2\pi\varepsilon(L-x)}{\ln\dfrac{D_1}{D_2}} = C_0\left(1-\frac{x}{L}\right) \tag{3-9}$$

分析上式可知，圆筒式变面积型电容式传感器的输出特性仍为线性，内圆筒移出的位移量越大，电容值越小；其灵敏度与圆筒长度 L 有关，L 越小，灵敏度越高。

3.1.2 变极距型电容式传感器

变极距型电容式传感器结构如图 3-5 所示，当传感器的介电常数 ε 和遮盖面积 A 为常数，初始极距为 d_0 时，其初始电容量 C_0 为

$$C_0 = \frac{\varepsilon A}{d_0} \tag{3-10}$$

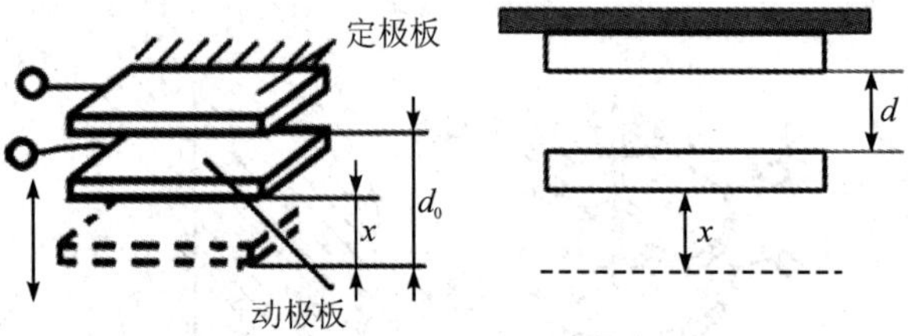

图 3-5 变极距型电容式传感器

当动极板向上移动 x 后，极距减小 x，其电容值 C_x 可表示为

$$C_x = \frac{\varepsilon A}{d_0 - x} = \frac{C_0}{1-\dfrac{x}{d_0}} = \frac{C_0\left(1+\dfrac{x}{d_0}\right)}{1-\left(\dfrac{x}{d_0}\right)^2} \tag{3-11}$$

由上式可知，变极距型电容式传感器的输出特性不是线性的，而是非线性的，应用时需做近似线性处理。

当 $x/d_0 \ll 1$(即位移远小于极板初始距离)时，$(x/d_0)^2$ 近似为 0，$1-(x/d_0)^2 \approx 1$，则式(3-11)可以简化为

$$C_x = C_0\left(1+\frac{x}{d_0}\right) \tag{3-12}$$

此时电容 C_x 与位移 x 的关系近似为线性。

电容变化量为

$$\Delta C = C_x - C_0 = C_0\frac{x}{d_0} \tag{3-13}$$

灵敏度为

$$K = \frac{\Delta C}{x} = \frac{C_0}{d_0} \tag{3-14}$$

经过以上的分析，可得到以下结论：

(1) 变极距型电容式传感器是非线性的，为了减小非线性误差必须使 $x \ll d_0$，因此电容式传感器仅适合测量微小位移。事实上，变极距型电容式传感器在微位移测量中应用最广。

(2) 初始极距 d_0 较小时，可以增大 ΔC，从而提高灵敏度，但 d_0 不宜过小，否则容易引起电容器击穿或短路。为此，极板间可采用高介电常数的材料(云母、塑料等)作介质，以增大初始电容值 C_0，同样能提高灵敏度。云母的相对介电常数是空气的 7 倍，其击穿电压不小于 1000 kV/mm，而空气的仅为 3 kV/mm。因此有了云母，极板间的初始距离可大大减小。

3.1.3　变介质型电容式传感器

变介质型电容式传感器的极距、两极板遮盖面积不变，被测量的变化使极板之间的介质发生变化，因为各种介质的介电常数不同，所以电容器的电容量也会随之变化。这类传感器的用途非常广泛，可用于固体或液体的物位测量，纸张、绝缘薄膜等的厚度测量，以及粮食、纺织品、木材或煤等非导电固体介质的湿度、密度等的测定。

介质的相对介电常数可表示为 $\varepsilon_r=\varepsilon/\varepsilon_0$，其中 $\varepsilon_0 = 8.85 \times 10^{-12}$ F/m，是真空的介电常数。常见电介质材料的相对介电常数见表 3-1。

表 3-1　常见电介质材料的相对介电常数

介质名称	相对介电常数	介质名称	相对介电常数
真空	1	玻璃釉	3～5
空气	略大于 1	SiO_2	38
其他气体	1～1.2	云母	5～8
变压器油	2～4	干的纸	2～4
硅油	2～3.5	干的谷物	3～5
聚丙烯	2～2.2	环氧树脂	3～10
聚苯乙烯	2.4～2.6	高频陶瓷	10～160
聚四氟乙烯	2.0	低频压电陶瓷	1000～10000
聚偏二氟乙烯	3～5	纯净的水	80

由表 3-1 可以看到，真空的相对介电常数为 1，空气的相对介电常数则略大于 1，水的相对介电常数为 80，此外其他任何介质的相对介电常数都大于气体。因此，可以得到如下结论：

(1) 当电容两极板间的介质厚度 δ 保持不变而相对介电常数 ε_r 改变时，电容值将发生变化，如空气湿度变大时，介质吸入潮气，电容量将变大。

(2) 当某种介质处于两极板间，其相对介电常数 ε_r 不变，而介质厚度 δ 改变时，电容值将发生变化，介质厚度 δ 越厚，电容量就越大。

(3) 变介质型电容式传感器可以检测片状材料的厚度、性质，颗粒状物体的含水量以及液体的液位等。

1. 位移型变介质型电容式传感器

位移型变介质型电容式传感器如图 3-6 所示，极板长度为 a、宽度为 b，极板间距离为 d，空气的介电常数为 ε_0，设被测物体（介质块）的介电常数为 $\varepsilon_1=\varepsilon_r\varepsilon_0$（$\varepsilon_r$ 为其相对介电常数），当被测物体移出 x 时，变介质型电容式传感器总的电容量可表示为介质部分的电容量 C_1 和空气部分的电容量 C_0 的和：

$$C=C_1+C_0=\frac{\varepsilon_1(a-x)b}{d}+\frac{\varepsilon_0 xb}{d}=\frac{\varepsilon_r\varepsilon_0 ab}{d}+\frac{b\varepsilon_0(1-\varepsilon_r)x}{d} \tag{3-15}$$

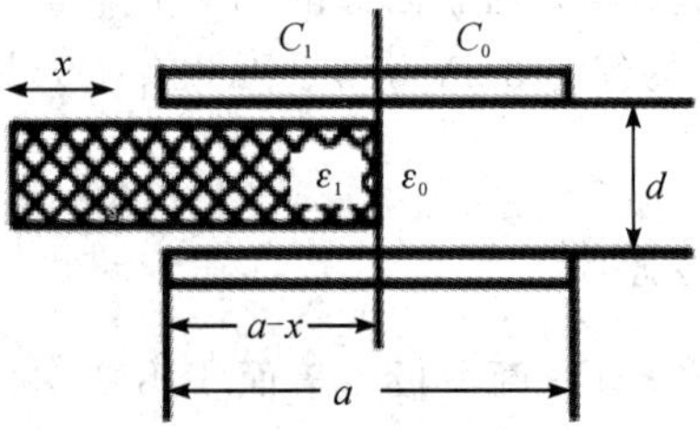

图 3-6　位移型变介质型电容式传感器

由式(3-15)可知，电容值与位移的关系是线性的，被测物体移出的距离越大，电容值越小。

2. 液位型变介质型电容式传感器

液位型变介质型电容式传感器如图 3-7 所示，液面高度为 h，传感器总高度为 H，内筒外径为 d，外筒内径为 D，设被测液体的介电常数为 $\varepsilon_1=\varepsilon_r\varepsilon_0$（$\varepsilon_r$ 为其相对介电常数），此时传感器的电容值可表示为

$$C=C_1+C_0=\frac{2\pi\varepsilon_1 h}{\ln\dfrac{D}{d}}+\frac{2\pi\varepsilon_0(H-h)}{\ln\dfrac{D}{d}}=\frac{2\pi\varepsilon_0 H}{\ln\dfrac{D}{d}}+\frac{2\pi\varepsilon_0(\varepsilon_r-1)h}{\ln\dfrac{D}{d}} \tag{3-16}$$

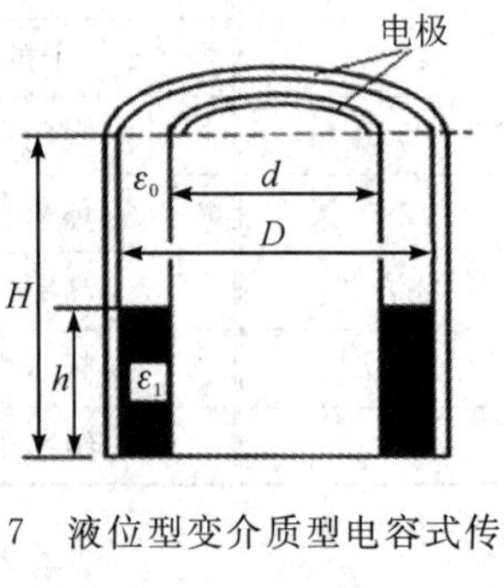

图 3-7　液位型变介质型电容式传感器

由式(3－16)可知，该液位传感器的输出与输入也呈线性关系，传感器的总电容增量正比于液面高度 h，即液面高度 h 越高，电容值越大。

3.1.4　差动型电容式传感器

为了改善变极距型电容式传感器的非线性，可以采用如图 3－8 所示的差动型电容式传感器，使用三个极板构成两个电容式传感器，中间的极板是动极板，由 C_1 和 C_2 共用。

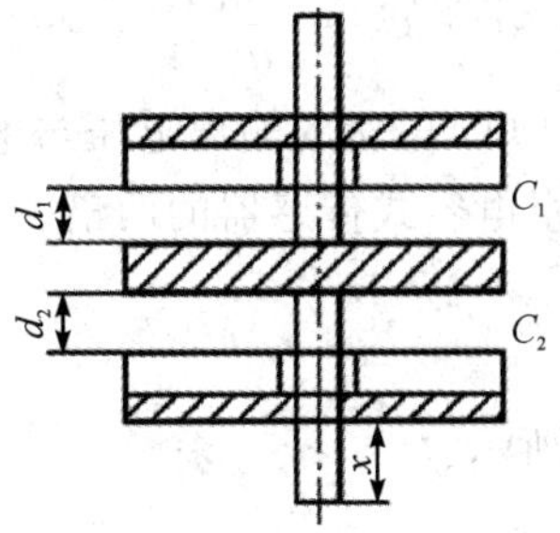

图 3－8　差动型电容式传感器

当动极板处于初始位置时，$d_1=d_2$，此时 $C_1=C_2$；当动极板向上移动 x 后，d_1 减小，$d_1=d-x$，d_2 增大，$d_2=d+x$，此时 C_1 增大而 C_2 减小，两个电容值成差动变化。将 C_1、C_2 接入差动电桥电路后，能减少非线性误差，使传感器的灵敏度提高一倍，同时，外界的影响诸如温度、激励源电压、频率变化等造成的误差也基本能相互抵消。

3.2　电容式传感器的测量电路

电容式传感器将被测非电量转换为电容量变化后，必须采用测量电路将其转换为电压、电流或频率信号。其测量电路种类很多，一般有交流电桥电路、运算放大器电路和调频电路等。

3.2.1　交流电桥电路

将电容式传感器接入交流电桥的相邻两个臂，另两个臂可以是电阻、电容或电感，也可以是变压器的两个二次线圈。其中，变压器式电桥使用元件最少。这里介绍变压器式差分电桥，即测量时两个电容式传感器接入交流电桥的相邻两个臂，构成差分式电桥电路，工作时两个电容式传感器的电容值一个增大，一个减小，如图 3－9 所示。

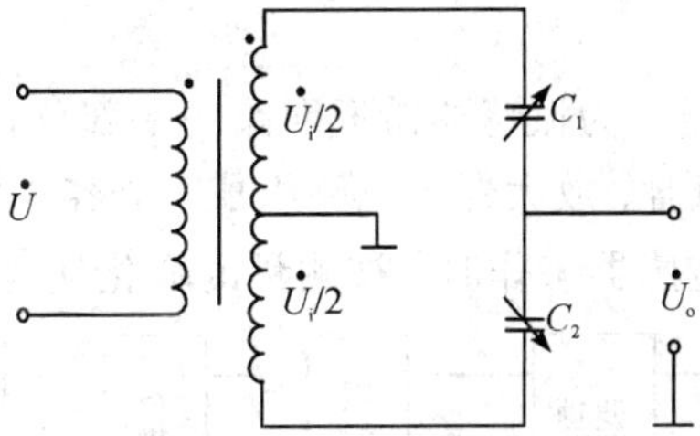

图 3－9　差分式电桥电路

当 $C_1=C_2=C_0$（C_0 为初始电容）时，交流电桥处于平衡状态；工作时，$C_1=C_0+\Delta C$，$C_2=C_0-\Delta C$，空载输出电压为

$$\dot{U}_o=\frac{Z_{C_2}}{Z_{C_1}+Z_{C_2}}\dot{U}_i-\frac{\dot{U}_i}{2}=\frac{Z_{C_2}-Z_{C_1}}{Z_{C_1}+Z_{C_2}}\frac{\dot{U}_i}{2}=\frac{C_1-C_2}{C_1+C_2}\frac{\dot{U}_i}{2}=\frac{\Delta C}{C_0}\frac{\dot{U}_i}{2} \tag{3-17}$$

将 $C_1=\dfrac{\varepsilon A}{d-\Delta d}$，$C_2=\dfrac{\varepsilon A}{d+\Delta d}$ 代入上式可得

$$\dot{U}_o=\frac{\Delta d}{d_0}\frac{\dot{U}_i}{2} \tag{3-18}$$

分析式(3-17)、式(3-18)可知，电桥的输出电压与电容变化量成正比，与位移之间的关系为线性，灵敏度提高到了单个电容式传感器的两倍。

3.2.2　运算放大器电路

运算放大器电路如图 3-10 所示。

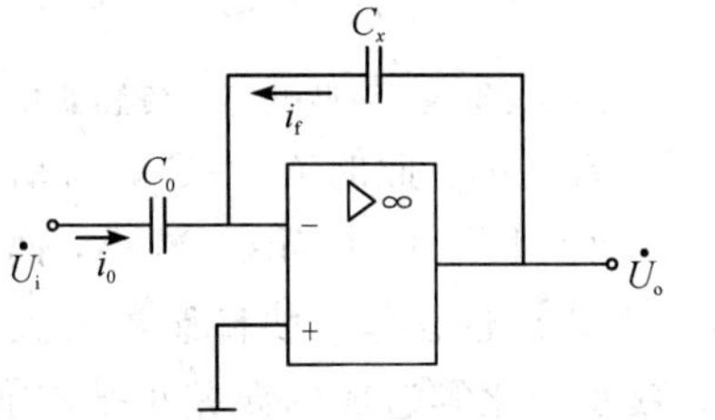

图 3-10　运算放大器电路

反馈回路中的 C_x 是变极距型电容式传感器，C_0 为固定电容，由于放大器的高输入阻抗和高增益特性，放大器的运算关系为

$$\dot{U}_o=-\frac{Z_{C_x}}{Z_{C_0}}\dot{U}_i=-\frac{C_x}{C_0}\dot{U}_i \tag{3-19}$$

对于变极距型电容式传感器 $C_x=\dfrac{\varepsilon A}{d}$，将其代入式(3-19)后可得

$$\dot{U}_o=-\frac{C_0}{\varepsilon A}d\dot{U}_i \tag{3-20}$$

由式(3-20)可以看出，运算放大器的输出电压与极距之间为线性关系，它从原理上解决了变极距型电容式传感器的非线性问题。

3.2.3　调频电路

调频电路把电容式传感器作为振荡器谐振回路的一部分，其原理框图如图 3-11 所示，由调频振荡器、限幅器、鉴频器、放大器等电路组成。电容式传感器元件作为 LC 振荡器谐振回路的一部分，当电容式传感器工作时，被测量的变化使电容量 C_x 发生变化，调频振荡

图 3-11　调频电路原理框图

器的振荡频率 f 就会发生变化，通过鉴频器电路把频率的变化转换为幅值的变化，再经过放大器放大处理后就可以通过仪表显示出来。调频振荡器的振荡频率为

$$f=\frac{1}{2\pi\sqrt{LC}} \tag{3-21}$$

式中，C 是 LC 振荡器谐振回路 C_x 和 C_0 的总电容。

3.3　电容式传感器的典型应用

3.3.1　电容式传感器的应用特点

从能量转换的角度来讲，电容式传感器为无源传感器，需要将所测的力学量转换成电压或电流后再进行放大和处理。力学量中的线位移、角位移、间隔、距离、厚度、拉伸、压缩、膨胀、变形等无不与长度有着密切联系；这些力学量又都是通过长度或者长度比值进行测量的量，而其测量方法的相互关系也很密切。另外，在有些条件下，这些力学量变化相当缓慢，而且变化范围极小，如果要求测量极小距离或位移要有较高的分辨率，其他传感器很难做到实现高分辨率的要求，在精密测量中所普遍使用的差动变压器的分辨率仅达到 1～5 μm 数量级；而有一种电容测微仪，它的分辨率能达到 0.01 μm，比前者提高了两个数量级，最大量程为(100±5) μm，因此它在精密小位移测量中受到青睐。对于上述力学量，尤其是缓慢变化的量或微小量的测量，一般来说采用电容式传感器进行检测比较适宜，这类传感器具有以下突出优点：

(1) 测量范围大，相对变化率可超过 100%；

(2) 灵敏度高，如用比率变压器电桥测量，相对变化量可达 7～10 个数量级；

(3) 动态响应快(因其可动质量小)、固有频率高，高频特性既适合动态测量，又适合静态测量；

(4) 稳定性好(由于电容器极板多为金属材料)，极板间介质多为无机材料，如空气、玻璃、陶瓷、石英等，因此可以在高温、低温、强磁场、强辐射下长期工作，尤其适用于解决高温高压环境下的检测难题。

3.3.2　电容式传感器的应用举例

电容式传感器的典型应用有：位移、振动、角度、加速度、荷重等机械量的测量以及压力、差压、液位、料位、湿度、成分含量等参数的测量。

1. 电容式压力传感器

电容式压力传感器的结构示意图如图 3-12 所示，图中金属膜片为动电极，两个在凹形玻璃上的金属镀层为固定电极，构成差动电容器。工作时，P_1 和 P_2 的压力差使金属膜片产生位移，从而改变了两个差动电容器的极距，其电容值也随之改变，将两个差动电容器接入差动电桥，由电桥电路的输出电压即可获得该压力差。

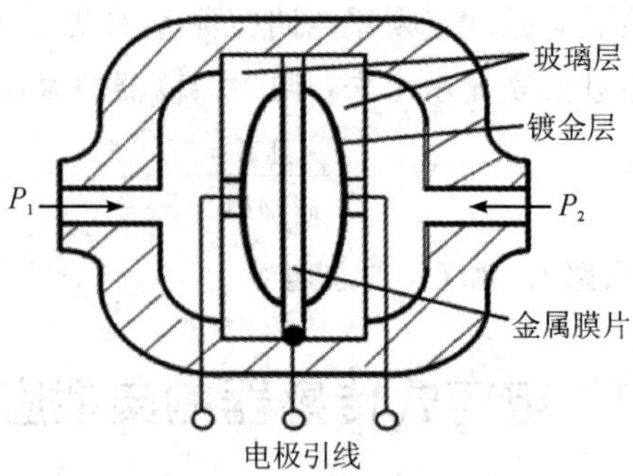

图 3-12 电容式压力传感器

2. 电容式测厚仪

(1) 金属带材在轧制过程中的厚度测量如图 3-13 所示。

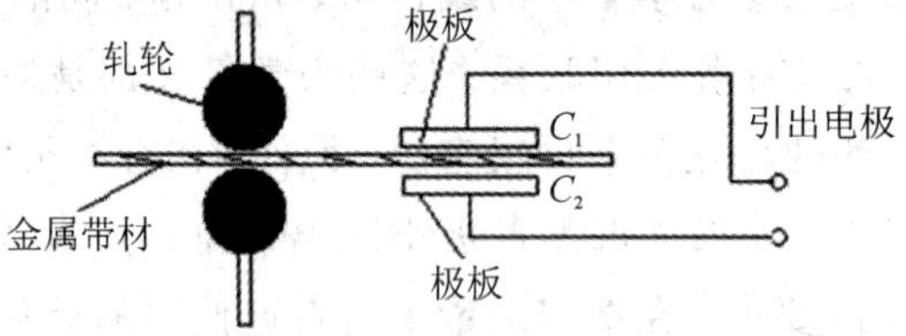

图 3-13 金属带材在轧制过程中的厚度测量

被测金属带材与上下两侧极板构成了两个电容器 C_1、C_2。把两块极板用导线连接起来成为一个极，金属带材是两个电容的另一个极，总电容为 C_1+C_2，如果金属带材的厚度发生变化，将引起总电容量的变化，测出电容量的变化即可获得金属带材的厚度。

(2) 非金属带材厚度测量如图 3-14 所示。

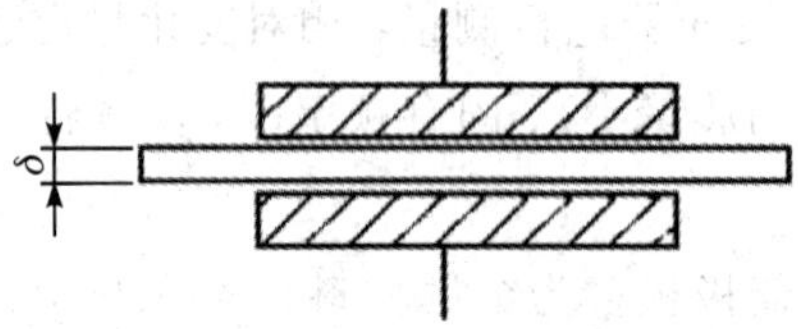

图 3-14 非金属带材厚度测量

将待测非金属带材置于两极板中间作为介质，假设非金属带材的介电常数为 ε_1，非金属带材的厚度为 δ，空气的介电常数为 ε_0，则总的电容值为

$$C=\frac{A}{\dfrac{d-\delta}{\varepsilon_0}+\dfrac{\delta}{\varepsilon_1}}=\frac{\varepsilon_0\varepsilon_1 A}{d\varepsilon_1-\delta(\varepsilon_1-\varepsilon_0)} \tag{3-22}$$

由于非金属带材的介电常数 ε_1 大于空气的介电常数 ε_0，因此由式(3-22)可知，非金属带材的厚度 δ 越厚，总电容值越大。测出电容量的变化即可获得非金属带材的厚度。

3. 电容式加速度传感器

电容式加速度传感器的结构示意图如图 3-15 所示。质量块的上下两个表面分别与壳体的上下两个面构成两个电容器，形成差动电容式传感器，将被测物体的振动位移转换为两个电容极距的变化，再转换为电容量的变化进行测量。

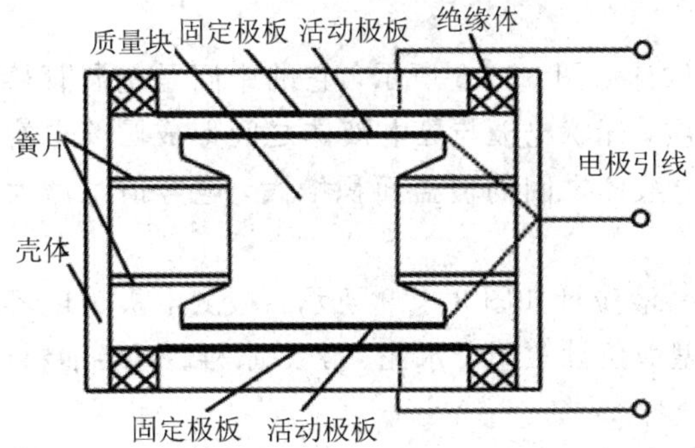

图 3-15　电容式加速度传感器

4. 电容式湿敏传感器

电容式湿敏传感器利用亲水性材料作为电容式传感器的介质，当空气湿度增大时，吸湿性介质吸收空气中的水蒸气，使两块极板之间的介质相对介电常数大大增加(水的相对介电常数为 80)，使电容量增大。

如图 3-16 所示，1 是上电极，2 是下电极，3 是处于两电极之间的亲水性高分子介质膜。为了使空气中的水分子能够渗透到介质中，上电极制成梳状，两个梳状电极之间留有缝隙。介质膜吸湿后其介电常数发生变化，电容值随之发生变化，测得电容值的变化即可得到空气湿度的变化。

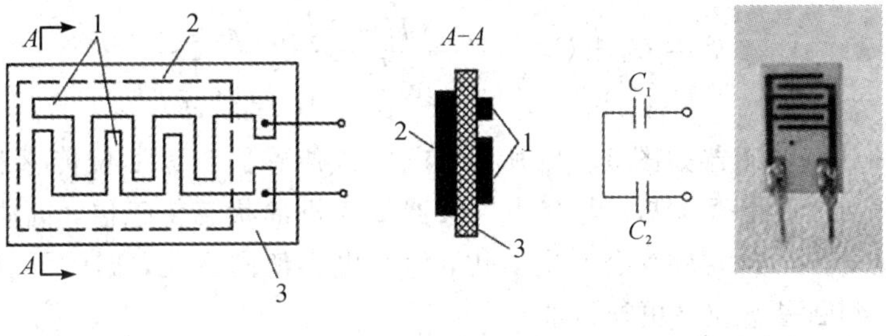

图 3-16　电容式湿敏传感器

5. 电容式位移传感器

电容式位移传感器是通过改变电容器极板间的距离将引起电容量的变化来实现测量的，通常采用单极变极距式，被测物体作为另外一个极板。如图 3-17 所示，当被测转轴产生振动位移，就会引起与电容极板之间距离的变化，从而改变电容式传感器的电容值，将电容值的变化转换为电信号后送到示波器或记录仪，即可得到被测转轴的运动情况分析。这种测量方法，传感器与被测物体之间没有物理接触，属于非接触测量。

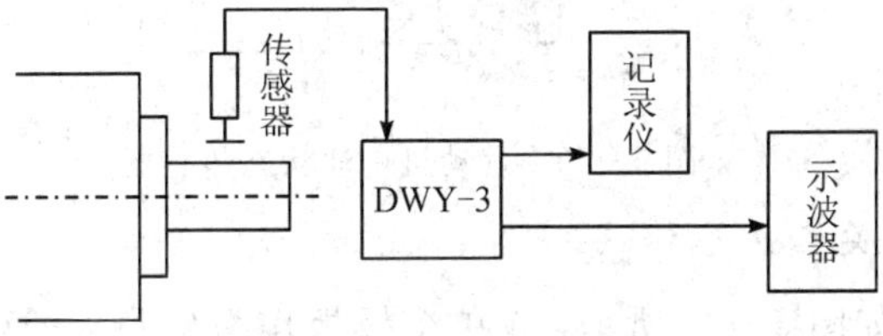

图 3-17　电容式位移传感器

6. 电容式液位计

变面积型电容式液位计如图 3-18 所示，它的中间是金属管棒状电极，电极外面包裹聚四氟乙烯套管作为介质，棒状电极与导电液体之间形成圆筒电容器。当被测液体的液面上升时，棒状电极与导电液体之间的覆盖面积增大，电容值也增大，通过电容值的测量即可实现液位的测量。

变介质型电容式油料液位计如图 3-19 所示，检测电极为电容的一个极，罐子的外壳为电容的另一个极。该型液位计常用于水泥、化工原料、罐装油料(如汽车燃油、机油和冷却液)等的液位测量。

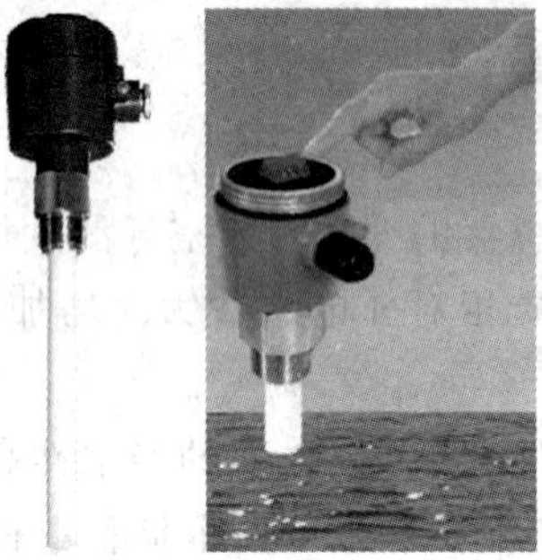

图 3-18　变面积型电容式液位计

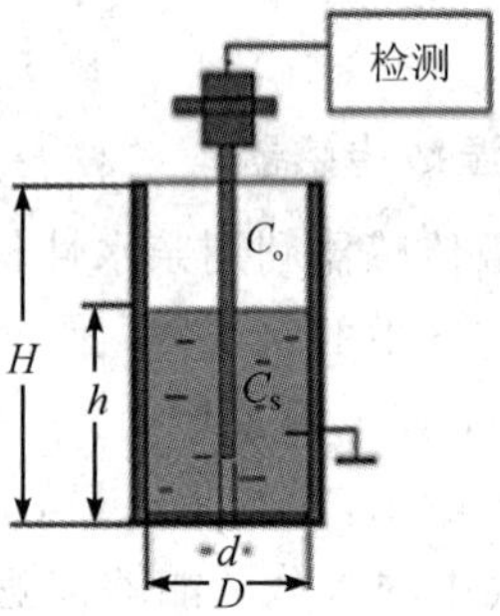

图 3-19　变介质型电容式油料液位计

设油料的相对介电常数为 ε_s，液位为 h，则电容量与油料液位之间的关系为

$$C = C_o + C_s = \frac{2\pi\varepsilon_0(H-h)}{\ln\dfrac{D}{d}} + \frac{2\pi\varepsilon_s\varepsilon_0 h}{\ln\dfrac{D}{d}} \tag{3-23}$$

发动机机油状态传感器如图 3-20 所示，电容式传感器 1 为油位传感器，用于测量机油液位，从而判断机油是否泄漏；电容式传感器 2 为机油状态传感器，机油因磨损碎屑增加以及添加剂的分解，介电常数会发生变化，引起电容值的变化，据此可以检测机油是否为浑浊状态，以判断是否应该更换机油。

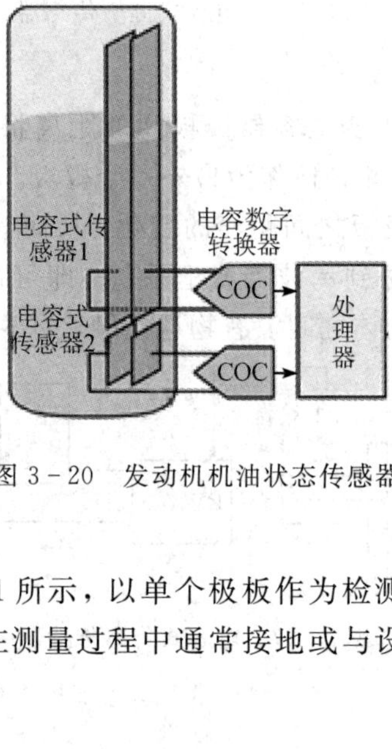

图 3-20　发动机机油状态传感器

7. 电容式接近开关

电容式接近开关如图 3-21 所示，以单个极板作为检测端的电容器，检测极板设置在接近开关的最前端。检测极板在测量过程中通常接地或与设备的机壳相连接，测量转换电

路安装在电容式接近开关壳体内，并用介质损耗很小的环氧树脂充填、灌封。

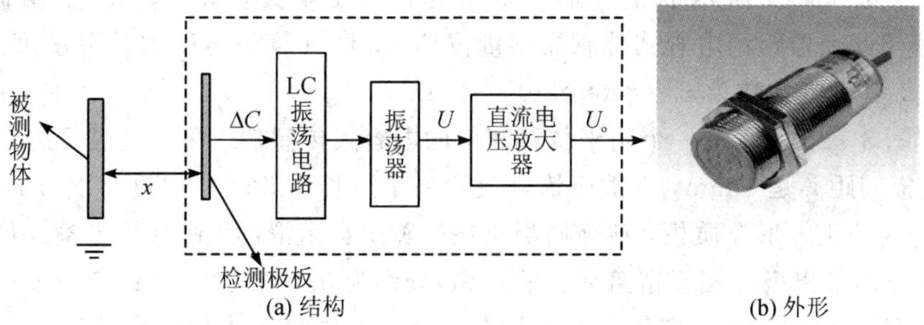

图 3-21　电容式接近开关

被测物体可以是导电体、含水的物体(例如饲料、人体)等，也可以是绝缘的液体或粉状物等；可以是接地的，也可以是不接地的。被测物体与检测极板之间形成电容，当被测物体接近检测极板时，不论它是否为导体，由于它的接近，总要使电容的介电常数发生变化，从而使电容量发生变化，使得和测量头相连的电路状态也随之发生变化，由此便可控制开关的接通或断开。调节电容式接近开关尾部的灵敏度调节电位器，可以根据被测物体的不同来改变动作距离。

8. 电容式指纹识别传感器

如图 3-22 所示，指纹识别所需的电容式指纹识别传感器包含一个大约数万个金属导体组成的阵列，它的外面是一层绝缘的表面，当人的手指放在上面时，金属导体阵列、绝缘体和皮肤就构成了相应的小电容阵列。它们的电容值随着脊(凸起的纹路)和谷(凹下去的纹路)与金属导体之间的距离不同而变化。人类的指纹由紧密相邻的凹凸纹路构成，通过测量每个像素点上的电流，便可检测到指纹的纹路情况。

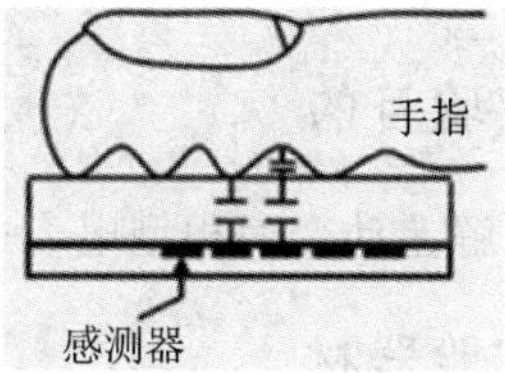

图 3-22　电容式指纹识别传感器

思考与练习

3-1　根据工作原理可将电容式传感器分为哪几种类型？每种类型各有什么特点？各适用于什么场合？

3-2　采用差动结构的电容式传感器有什么优点？

3-3　图 3-23 为电容测厚传感器系统，简述其工作原理。

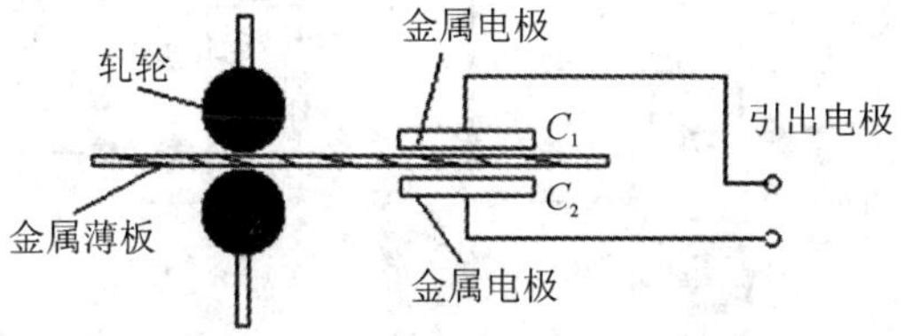

图 3-23　电容测厚传感器系统

3-4　简述电容式接近开关的工作原理。

3-5　如图 3-24 所示的正方形平板电容器，极板长度 $a=4\text{cm}$，极板间距离 $\delta=0.2\text{ mm}$。若用此变极距型电容式传感器测量位移 x，试计算该传感器的灵敏度。极板间的介质为空气，其介电常数为 $\varepsilon_0=8.85\times10^{-12}\text{ F/m}$。

3-6　图 3-25 所示是一个用于位移测量的电容式传感器，两个极板是边长为 5 cm 的正方形，极板间距离是 1 mm，气隙中恰好放置一个边长为 5 cm、厚度 d 为 1 mm、相对介电常数 ε_r 为 4 的正方形介质板，该介质板可在气隙中自由滑动。试计算当输入位移 x（即介质板向某一方向移出极板相互覆盖部分的距离）分别为 0.0 cm、2.5 cm、5.0 cm 时，该传感器的输出电容值各为多少。（空气介电常数为 $\varepsilon_0=8.85\times10^{-12}\text{ F/m}$）

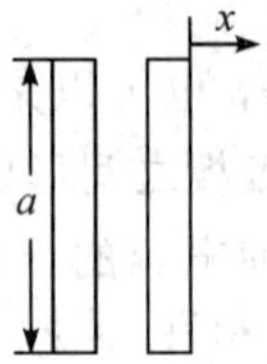

图 3-24　正方形平板电容器

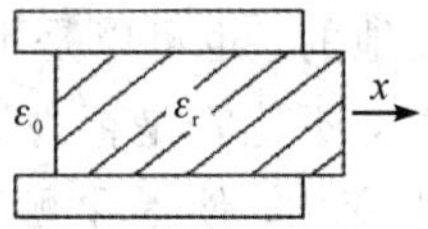

图 3-25　用于位移测量的电容式传感器

实验五　差动变面积型电容式传感器的静态及动态特性

一、实验目的

了解差动变面积型电容式传感器的原理及特性。

电容式传感器

二、实验器材

电容式传感器、电容放大器、差动变换器Ⅱ、低通滤波器、电压表、测微头、示波器。

差动变换器Ⅱ增益旋钮置于中间，电压表置于 20 V 挡，电容放大器增益调至最大。

三、实验步骤

1. 差动变换器Ⅱ调零，按图 S5.1 接线。

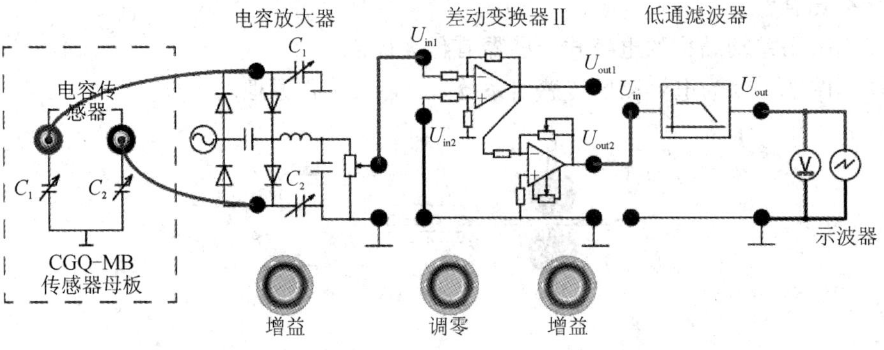

图 S5.1　接线参考图

2. 电压表置于 2 V 挡，安装好测微头，让测微头与振动台吸合，调节测微头使电压表的输出为零。

3. 转动测微头，每次 0.1 mm，记下此时测微头的读数及电压表的读数，填入表 S5.1 中，直至电容动片与上(或下)静片覆盖面积最大为止。

表 S5.1　数据记录表

X/mm										
U/mV										

4. 退回测微头至初始位置，并开始沿相反方向旋动。同上法，记下 X 及 U 值，填入表 S5.2。

表 S5.2　数据记录表

X/mm										
U/mV										

5. 计算系统灵敏度 S。$S=\Delta U/\Delta X$(式中 ΔU 为电压变化，ΔX 为相应的梁端位移变化)，并作出 $U-X$ 曲线。

6. 卸下测微头，将低频振荡器的输出端与频率表的输入端及振动源相连，如图 S5.2 所示，用示波器观察输出波形。

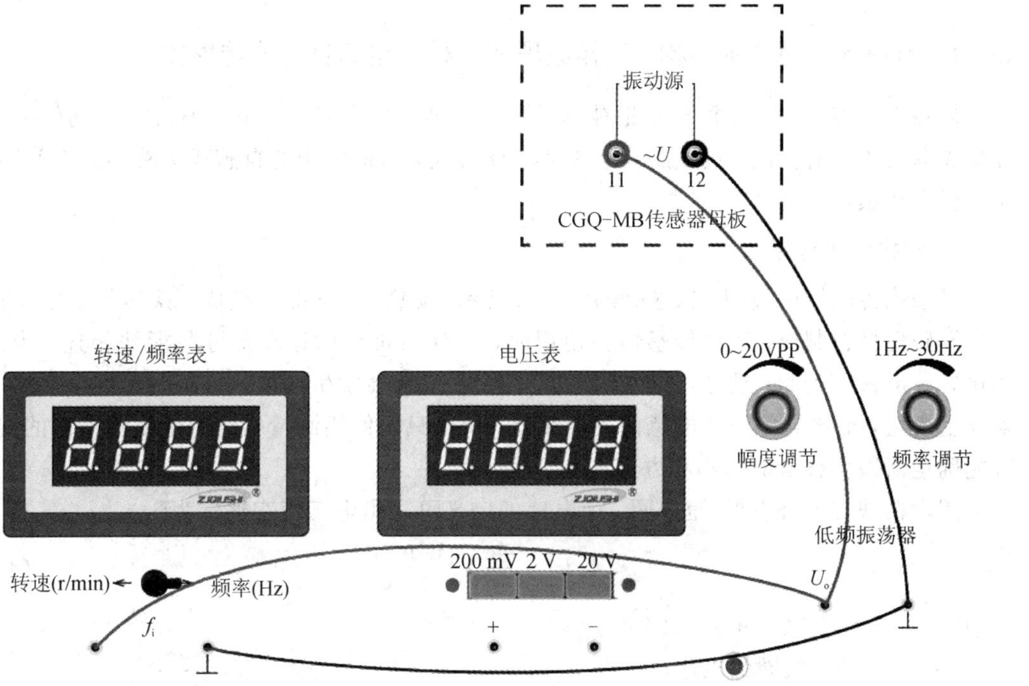

图 S5.2　输出波形观察

第 4 章　电感式传感器与振动检测

电感式传感器可以用来测量位移、压力、流量、振动等非电量。在现代工业生产和科学技术上，尤其在自动控制系统中应用十分广泛，是非常重要的传感器之一。电感式传感器主要是利用电磁感应原理将被测非电量转换成线圈自感量或互感量的变化，再由测量电路转换为电压或电流的变化量输出。

电感式传感器

电感式传感器的核心部分是可变的自感或互感，在将被测量转换成线圈自感或互感的变化时，一般要利用磁场作为媒介或利用铁磁体的某些现象。这类传感器的主要特征是具有电感绕组。电感式传感器种类很多，按照工作原理可以分为自感式传感器、互感式传感器和电涡流式传感器三种类型。

4.1　自感式传感器

4.1.1　自感式传感器的结构、工作原理和几种典型的自感式传感器

自感式传感器的工作原理是把被测量的变化转换成自感的变化，通过一定的转换电路转换成电压或电流输出。按磁路几何参数变化形式，目前常用的自感式传感器有变间隙型、变面积型和螺管型三种。

1. 结构和工作原理

自感式传感器由线圈、铁芯(静铁芯)和衔铁(动铁芯)三部分组成。铁芯与衔铁由硅钢片等导磁性材料制成。该种传感器在使用时，其受力机构的运动部分与衔铁相连，当外力变化导致衔铁移动时，铁芯与衔铁间的气隙厚度 l_0 就会发生改变，从而引起整个磁路的磁阻发生变化，最终导致线圈电感值发生改变。所以只要使用测量电路测量出电感值的变化，就能确定衔铁位移量的大小和方向。

假设在铁芯上绕有 W 匝线圈。由电感的定义可写出电感值表达式为

$$L=\frac{\Psi}{I}=\frac{W\Phi}{I} \tag{4-1}$$

式中，Ψ—— 链过线圈的总磁链；

Φ—— 穿过线圈的磁通；

I—— 线圈中流过的电流。

又知

$$\Phi=\frac{F}{R_m} \tag{4-2}$$

式中，F—— 磁动势；

R_m—— 磁阻，因为气隙厚度较小(为 0.1 ～ 1 mm)，所以认为气隙磁场是均匀的，若忽略磁路铁损，则磁路总磁阻为

$$R_m = \sum_{i=1}^{n} \frac{l_i}{\mu_i S_i} + 2\frac{l_0}{\mu_0 S_0} \tag{4-3}$$

式中，l_i—— 各段导磁体的长度；

μ_i—— 各段导磁体的磁导率；

S_i—— 各段导磁体的截面积；

μ_0—— 真空磁导率，$\mu_0 = 4\pi \times 10^{-7}$ H/m；

S_0—— 空气隙有效截面积。

又因为导磁体的磁导率 μ_i 远大于空气磁导率 μ_0，即气隙磁阻远大于铁芯和衔铁的磁阻，所以有

$$L = \frac{W^2 \mu_0 S_0}{2l_0} \tag{4-4}$$

可见电感值与线圈匝数的平方成正比，与空气隙有效截面积 S_0 成正比，与气隙厚度 l_0 成反比。如果 S_0 保持不变，则 L 为 l_0 的单值函数，可构成变间隙型自感式传感器；如果保持 l_0 不变，使 S_0 随位移而变，则可构成变面积型自感式传感器；如果在线圈中放入圆柱形衔铁，当衔铁上下移动时，自感量将产生相应变化，就构成了螺管型自感式传感器。

2. 变间隙型自感式传感器

变间隙型自感式传感器的结构示意图如图 4－1 所示。

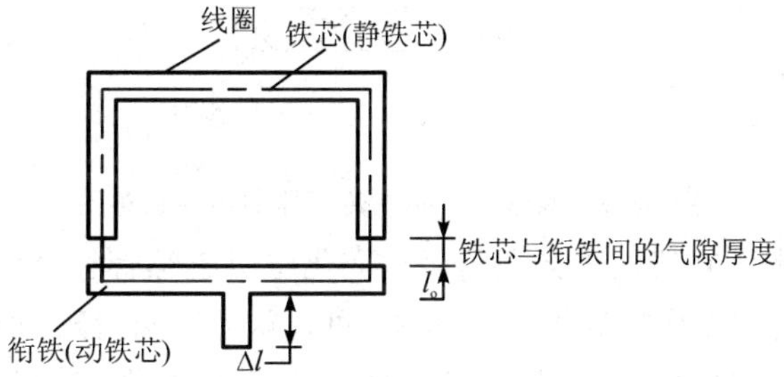

图 4－1　自感式传感器的结构示意图

由式(4－4)可知：当铁芯的结构和材料确定后，L 是气隙厚度 l_0 和空气隙有效截面积 S_0 的函数，如果 S_0 保持不变，则 L 为 l_0 的单值函数，可构成变间隙型自感式传感器。随着 l_0 增大则 L 减小，反之，l_0 减小则 L 增大。电感值与气隙厚度成反比。变间隙型自感式传感器的灵敏度计算公式为 $K = \frac{L_0}{l_0}$，其中，L_0 为初始电感值，l_0 为初始气隙厚度，从该公式可以看出灵敏度与初始气隙厚度有关，呈非线性，测量较小位移较精确，为减小误差实际测量多采用差动形式。

3. 变面积型自感式传感器

变面积型自感式传感器的结构示意图如图 4－2 所示。

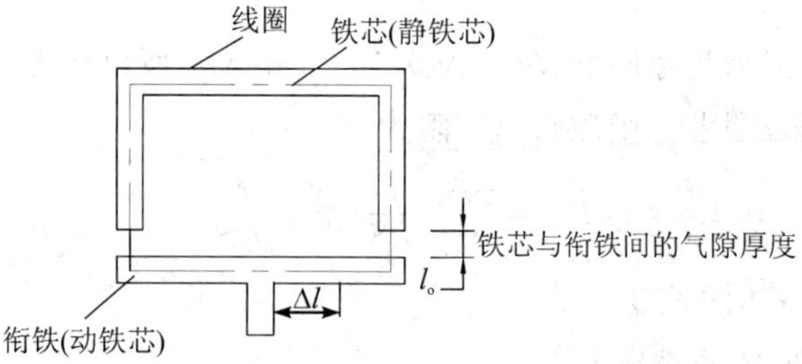

图 4-2 变面积型自感式传感器结构示意图

比较图 4-2 和图 4-1 可以发现，变面积型自感式传感器只是在 Δl 的变化方向上发生了变化，由上下移动变成了左后移动，这样致使铁芯和衔铁的正对面积发生了变化，即磁通的截面积 S_0 发生了改变，进而改变了电感值。由 $L=\frac{W^2\mu_0 S_0}{2l_0}$ 可知：电感值的大小和磁通截面积 S_0 成正比，即 S_0 增大则电感增大，S_0 减小则电感减小。变面积型自感式传感器的灵敏度为 $K=\frac{dL}{dS}=\frac{W^2\mu_0}{2l_0}$。由此灵敏度公式可以看出，$K$ 是个常数，所以变面积型自感式传感器是线性的。但是由于漏感等原因，其线性区范围较小，灵敏度也较低，因此，其在工业中应用得不多。

4. 螺管型自感式传感器

螺管型自感式传感器的结构示意图如图 4-3 所示。

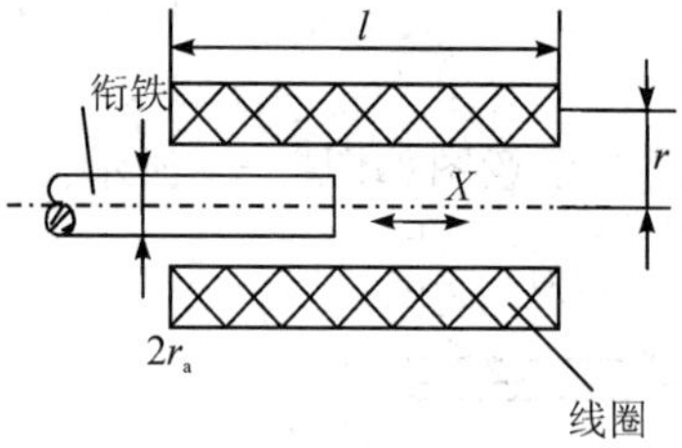

图 4-3 螺管型自感式传感器的结构示意图

传感器工作时，衔铁在线圈中伸入长度的变化将引起螺管线圈电感量的变化。对于长螺管线圈，$l \gg r$，当衔铁工作在螺管的中部时，可以认为线圈内磁场强度是均匀的，线圈电感量 L 与衔铁的插入深度大致上成正比。这种传感器结构简单，制作容易，灵敏度较低，适用于测量较大的位移量。

上述三种自感式传感器，虽然结构简单，运行方便，但也有缺点，如自线圈流往负载的电流不可能等于 0，衔铁上永远有吸力，线圈电阻受温度影响，有温度误差，不能反映被测量的变化方向等，因此在实际中应用较少。在实际使用中，常采用两个相同的传感器线圈共用同一个衔铁，构成差动式自感式传感器，这样可以提高传感器的灵敏度，减小测量误差。变间隙型差动式自感式传感器结构示意图如图 4-4 所示。

差动式自感式传感器的结构要求是两个导磁体的几何尺寸完全相同，材料性能完全相同；两个线圈的电气参数(电感、匝数、直流电阻、分布电容)和几何尺寸完全相同。以变间隙型差动式自感式传感器为例，当衔铁随被测量移动而偏离中间位置时，两个线圈的电感量一个增加，一个减小，形成差动形式，抵消温度、噪声干扰，从而减小测量误差。从灵敏

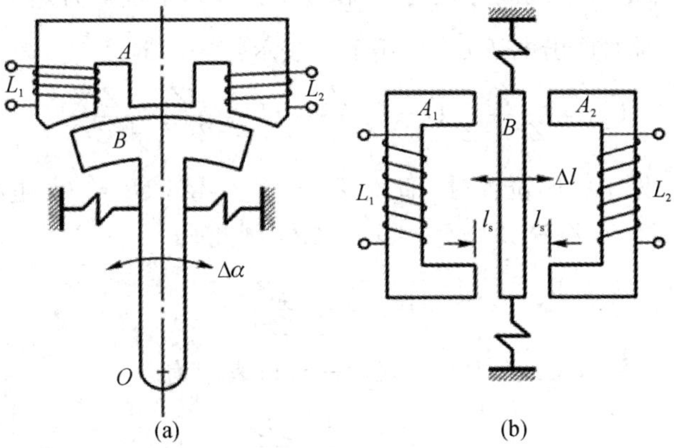

图 4-4　变间隙型差动式自感式传感器结构示意图

度公式 $K = 2\dfrac{L_0}{l_0}$，可以看出其灵敏度为非差动式的 2 倍。

4.1.2　自感式传感器的测量电路

由前文所述我们知道自感式传感器利用衔铁的移动来引起线圈自身电感的变化，所以通常把自感式传感器等效为一个电感。但是从电路角度来看线圈并非纯电感，它既有线圈的铜损耗，又有铁芯的涡流及磁滞损耗，所以自感式传感器可以用一个阻抗来等效。

自感式传感器实现了把被测量的变化转变为自感的变化，为了测出自感的变化，同时也为了送入下级电路进行放大和处理，要用转换电路把自感的变化转换为电压或电流的变化。一般地，可将自感变化转换为电压(电流)的幅值、频率、相位的变化，相应电路分别称为调幅、调频、调相电路。在自感式传感器中一般采用调幅电路，调幅电路的主要形式有交流电桥和变压器电桥，而调频和调相电路用得较少。

1. 交流电桥测量电路

交流电桥测量电路的作用是将线圈电感的变化转换成电桥电路的电压或电流输出。因为差分式结构可以提高灵敏度，改善线性，所以交流电桥都采用双臂工作形式。一般将传感器线圈作为电桥的两个工作臂，另外两臂可以采用纯电阻。交流电桥测量电路如图 4-5 所示。

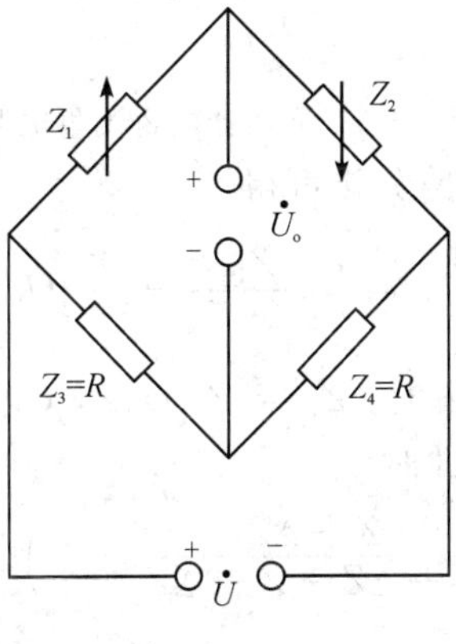

图 4-5　交流电桥测量电路

图 4-5 中传感器的两个线圈等效为 Z_1 和 Z_2，另外两个桥臂为 $Z_3=Z_4=R$ 的电阻，若交流电桥空载，则此时的输出电压 $\dot{U}_o$ 可用下式表示：

$$\dot{U}_o=\frac{Z_1}{Z_2+Z_1}\dot{U}-\frac{Z_3}{Z_3+Z_4}\dot{U}=\frac{Z_1-Z_2}{2(Z_2+Z_1)}\dot{U} \tag{4-5}$$

当传感器的衔铁处于中间位置时，此时 $Z_1=Z_2=Z$，$\dot{U}_o=0$，电桥平衡。

当衔铁上移时，$Z_1=Z+\Delta Z$，$Z_2=Z-\Delta Z$，则此时

$$\dot{U}_o=\frac{\dot{U}}{2}\frac{\Delta Z}{Z} \tag{4-6}$$

由于 $Z=R+\mathrm{j}\omega L$，当 $\omega L\gg R$ 时，式(4-6)可表示为

$$\dot{U}_o\approx\frac{\dot{U}}{2}\frac{\Delta L}{L} \tag{4-7}$$

同理，当衔铁下移时，有

$$\dot{U}_o\approx-\frac{\dot{U}}{2}\frac{\Delta L}{L} \tag{4-8}$$

可见，衔铁上移和下移时，输出电压相位相反，大小相同，且随着 ΔL 的变化而变化。交流电桥的输出电压与传感器线圈电感的相对变化量成正比。

2. 变压器电桥

变压器电桥测量电路如图 4-6 所示，电桥两臂 Z_1 和 Z_2 为传感器两线圈的等效阻抗，另外两臂为交流变压器的两个副边，副边电压均为 $U/2$，供桥电源由带中心抽头的变压器次级线圈供给。

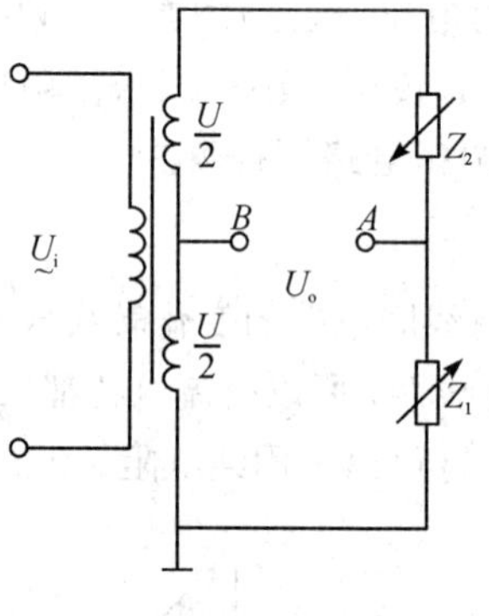

图 4-6　变压器电桥测量电路

在图 4-6 所示状态下，由电路分析可得

$$\dot{U}_o=\dot{U}_A-\dot{U}_B=\left(\frac{Z_1}{Z_1+Z_2}-\frac{1}{2}\right)\dot{U}=\frac{Z_1-Z_2}{Z_1+Z_2}\frac{\dot{U}}{2} \tag{4-9}$$

当传感器的衔铁处于中间位置时，$Z_1=Z_2=Z$，$\dot{U}_o=0$，电桥平衡。当衔铁上移时，$Z_1=Z+\Delta Z$，$Z_2=Z-\Delta Z$，则此时

$$\dot{U}_o=\left(\frac{Z+\Delta Z}{Z+\Delta Z+Z-\Delta Z}-\frac{1}{2}\right)\dot{U}=\frac{\Delta Z}{2Z}\dot{U} \tag{4-10}$$

同理，当衔铁下移时，有

$$\dot{U}_o = \left(\frac{Z-\Delta Z}{Z-\Delta Z+Z+\Delta Z}-\frac{1}{2}\right)\dot{U} = -\frac{\Delta Z}{2Z}\dot{U} \tag{4-11}$$

由以上分析可知，输出电压的大小反映衔铁位移的大小，输出电压的极性反映衔铁位移的方向。当衔铁上、下移动时，输出电压大小相等，但方向相反。

变压器电桥的输出电压幅值与输出阻抗均与交流电桥的相同。这种电桥与电阻平衡臂电桥相比，元件少，输出阻抗小，桥路开路时电路呈线性；缺点是变压器副边不接地，容易引起来自原边的静电感应电压，使高增益放大器不能工作。

自感式传感器采用如图 4-6 所示的变压器电桥，可判别出衔铁位移的大小，然而输出端的交流电压表不能直接指示电桥输出电压的极性，因此无法确定衔铁位移的方向。为了既能判别出衔铁位移的大小，又能判断出衔铁位移的方向，通常在交流电桥测量电路中引入相敏整流电路，把测量桥的交流输出转换为直流输出，而后用零值居中的直流电压表测量电桥的输出电压。

4.1.3　自感式传感器的典型应用

电感式传感器是被广泛采用的一种电磁机械式传感器，它除可直接用于测量直线位移、角位移的静态和动态量外，还可以它为基础，做成多种用途的传感器，用以测量力、压力、转矩等参数。

自感式传感器一般用于接触测量，可用于静态和动态测量，它主要用于位移测量，但不仅限于位移测量，凡是能转换成位移变化量的参数，如力、压力、压差、加速度、振动、工件尺寸等均可测量。自感式传感器具有灵敏度比较好、输出信号比较大、信噪比比较好、工艺要求不高、加工容易等特点，但是存在非线性、消耗功率较大、测量范围比较小等缺点。

1. 变气隙型差动自感式压力传感器

变气隙型差动自感式压力传感器的结构如图 4-7 所示。其主要由 C 形弹簧管、衔铁、铁芯和线圈等组成。当被测压力传给 C 形弹簧管时，C 形弹簧管发生变形，从而使其自由端发生位移，带动与自由端连接在一起的衔铁移动，进而使线圈 1 和线圈 2 中的电感值发生大小相等但方向相反的变化，即一个电感量增加 ΔL，一个电感量减小 ΔL，电感的变化通过电桥测量电路转换为电压的变化输出。由于输出电压与被测压力之间呈比例关系，所以只要检测出输出电压的大小即可测出被测压力的大小。

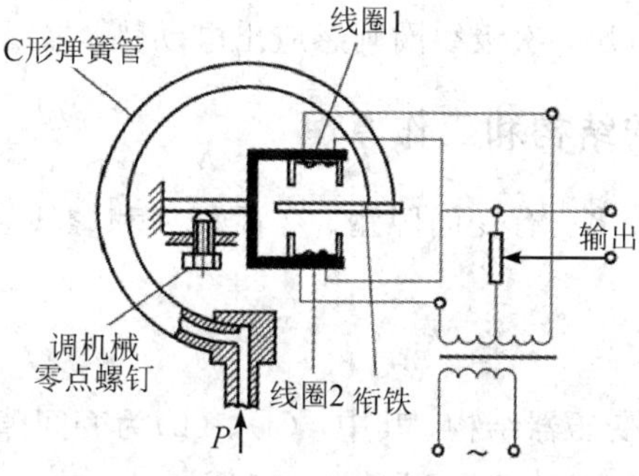

图 4-7　变气隙型差动自感式压力传感器结构示意图

2. 轴向式电感测微器

轴向式电感测微器的内部结构如图 4-8 所示。

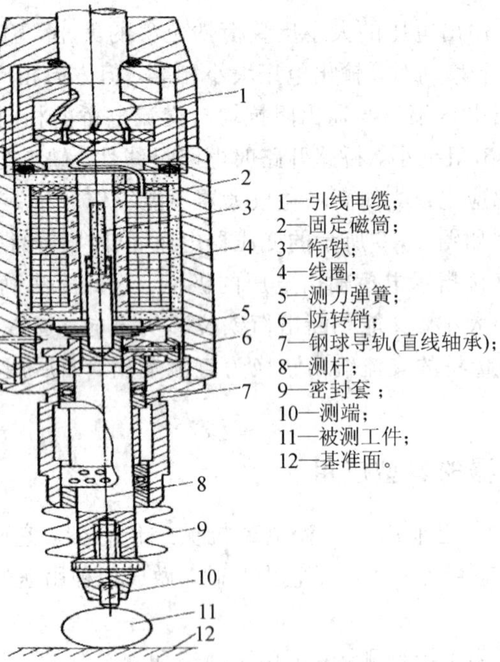

图 4-8 轴向式电感测微器的内部结构示意图

使用轴向式电感测微器测量位移的过程为：测量时红宝石(或钨钢)测端接触被测物体，被测物体尺寸的微小变化使衔铁在差动线圈中产生位移，造成差动线圈电感量的变化。此电感变化通过电缆传递到交流电桥，电桥的输出电压反映了被测物体尺寸的变化。该测微器的最小量程可达±3 μm。

4.2 互感式传感器

将被测的非电量转换为互感变化量的传感器称为互感式传感器。这种互感式传感器是根据变压器的基本原理制成的，并且次级绕组都用差动形式连接，故也称差动变压器式传感器，简称差动变压器。在这种传感器中，一般将被测量的变化转换为变压器的互感变化，变压器初级线圈输入交流电压，次级线圈则感应出电动势。

4.2.1 互感式传感器的结构和工作原理

差动变压器结构形式较多，有变间隙型、变面积型和螺线管型。应用最多的是螺线管型差动变压器。

1. 差动变压器的结构

图 4-9 为常见的差动变压器结构，其中，(a)、(b)为变间隙型差动变压器；(c)、(d)为螺线管型差动变压器；(e)、(f)为变面积型差动变压器。

图 4-9(a)、(b)所示的两种结构的差动变压器，衔铁均为板形，灵敏度高，测量范围则

较窄，一般用于测量几微米到几百微米的机械位移。对于位移 1 mm 至上百毫米的测量，常采用使用圆柱形衔铁的螺线管型差动变压器，如图 4-9(c)、(d)所示的两种结构。图 4-9(e)、(f)所示的两种结构是测量转角的差动变压器，通常可测小到几微米的微小位移。非电量测量中，应用最多的是螺线管型差动变压器，它可以测量 1～100 mm 范围内的机械位移，并具有测量精度高、灵敏度高、结构简单、性能可靠等优点。

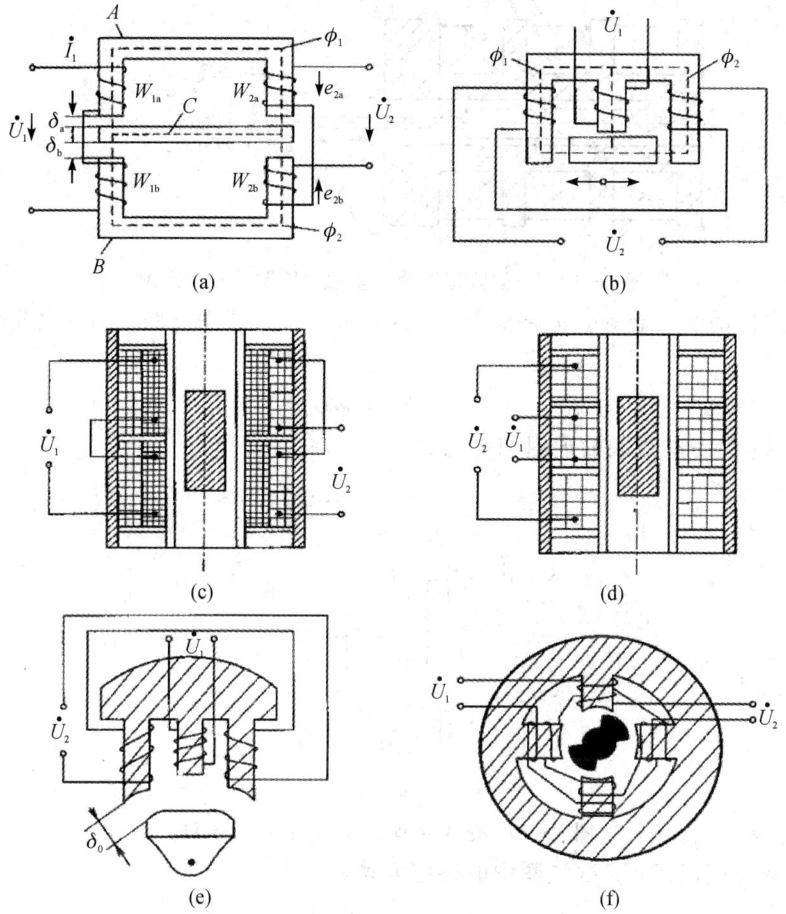

图 4-9　常见的差动变压器结构示意图

2. 工作原理

由图 4-9 可知，差动变压器的结构虽然有很多形式，但其结构组成大体相同，都是由铁芯、衔铁和线圈三部分组成的。差动变压器上下两只铁芯均有一个初级线圈和一个次级线圈。上下两只初级线圈串联后接交流激励电压，两只次级线圈则按电势反相串接。因此，其工作原理也基本相同。下面就以螺线管型差动变压器为例来说明互感式传感器的工作原理。

螺线管型差动变压器根据初、次级排列不同有二段式、三段式、四段式和五段式等形式。以三段式为例，在线框上绕有一组输入线圈(一次线圈/初级线圈)，在同一线框的上端和下端再绕制两组完全对称的线圈(二次线圈/次级线圈)，它们反向串联，组成差动输出形式。中间是初级线圈，两边是次级线圈，铁芯可以在绝缘框架中间沿图 4-10 所示方向移动。将两个匝数相等的次级线圈的同名端反向串联，当初级线圈被加以激磁电压时，根据变压器的作用原理在两个次级线圈中就会产生感应电势；如果工艺上保证变压器结构完全对称，则当活动衔铁处于初始平衡位置时，输出电压为零。当活动衔铁向某一个次级线圈方向移动时，则该次级线圈内磁通增大，使其感应电势增加，差动变压器有输出电压，其数值反映了活动衔铁的位移。

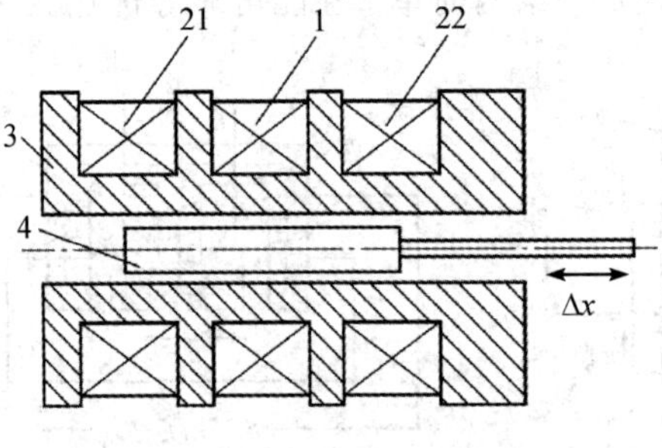

图 4－10　三段式螺线管型差动变压器结构示意图

螺线管型差动变压器等效电路如图 4－11 所示，二次线圈开路时，一次线圈的电流为

$$\dot{I}_1 = \frac{\dot{U}_1}{R_1 + j\omega L_1} \tag{4-12}$$

式中，R_1 和 L_1 为一次线圈的内阻和电感。

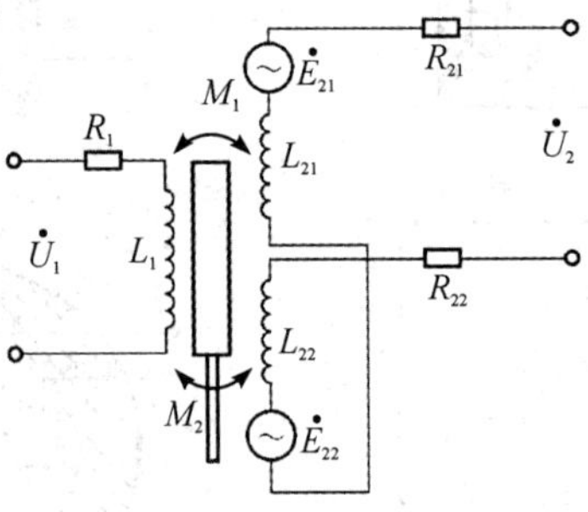

图 4－11　螺线管型差动变压器等效电路

根据电磁感应定律，二次线圈中的感应电动势为

$$\dot{E}_{21} = -j\omega M_1 \dot{I}_1 \tag{4-13}$$

$$\dot{E}_{22} = -j\omega M_2 \dot{I}_1 \tag{4-14}$$

式中，M_1 和 M_2 分别为两个二次线圈对一次线圈的互感。

两个二次线圈反向串联，且考虑到二次侧开路，则

$$\dot{U}_2 = -j\omega(M_1 - M_2)\frac{\dot{U}_1}{R_1 + j\omega L_1} \tag{4-15}$$

输出电压有效值为

$$U_2 = \frac{\omega(M_1 - M_2)U_1}{\sqrt{R_1^2 + (\omega L_1)^2}} \tag{4-16}$$

输出阻抗为

$$Z = R_{21} + R_{22} + j\omega L_{21} + j\omega L_{22} \tag{4-17}$$

当衔铁处于中间位置时，两个二次线圈互感相同，即 $M_1 = M_2 = M$，则输出电压 $\dot{U}_2 =$

0。由式(4－15)可知：若衔铁移动则输出不为零，而且移动的位移越大，则输出越大。通过差动变压器输出电压的大小和方向可以知道衔铁的位移量的大小和方向。

三段式螺线管型差动变压器输出电压特性曲线如图 4－12 所示。该图给出了螺线管型差动变压器输出电压 U_o 与衔铁位移 x 的关系曲线。

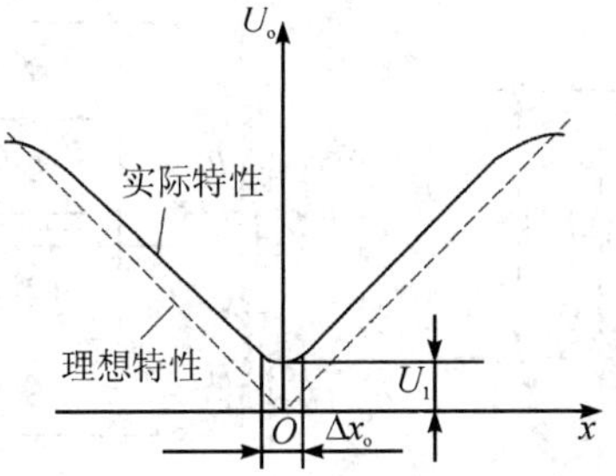

图 4－12　螺线管型差动变压器输出电压特性曲线

当铁芯移动时，U_o 就随着铁芯位移 x 成线性增加，其特性如图 4－12 所示，形成 V 形特性。如果以适当方法测量 U_o，就可以得到与 x 成正比的线性读数。从图 4－12 中可看出，当铁芯位于中心位置时，输出电压 U_o 并不是零电位，这个电压就是零点残余电压 U_1，它的存在使传感器的输出特性曲线不经过零点，造成实际特性和理论特性不完全一致。

产生零点残余电压的原因有很多，不外乎是变压器的制作工艺和导磁体安装等问题，主要是由传感器的两次级绕组的电气参数与几何尺寸不对称，以及磁性材料的非线性等引起的，一般 U_1 在几十毫伏。在实际使用时，必须设法减小零点残余电压，否则将会影响传感器的测量结果。

4.2.2　互感式传感器的测量电路

差动变压器在使用时存在两个问题：一是差动变压器的输出是交流电压，它与衔铁位移成正比，但是其输出电压如用交流电压表来测量，只能反映衔铁位移的大小，而无法判别衔铁移动的方向；二是测量值中含有零点残余电压。为了达到能辨别移动方向和消除零点残余电压的目的，实际测量时，其测量电路常采用差动整流电路和相敏检波电路。

差动变压器最常用的测量电路是差动整流电路，几种典型差动整流电路如图 4－13 所示。差动整流电路把差动变压器的两个二次绕组的输出电压分别整流，然后再将整流的电压或电流的差值作为输出。这种电路比较简单，不需要参考电压，不需要考虑相位调整和零点残余电压影响，对感应和分布电容影响不敏感。信号经差动整流后变成直流输出便于远距离输送。图 4－13(a)和(b)为电压输出型，用于连接高阻抗负载电路，图中的电位器 R_0 用于调整零点残余电压。图 4－13(c)和(d)为电流输出型，用于连接低阻抗负载电路。

我们以图 4－13(b)为例来分析差动整流电路的工作原理。图 4－13(b)是全波电压输出差动整流电路。差动整流电路根据半导体二极管单向导通原理进行解调。对图 4－13(b)中电路结构进行分析，不论两个二次线圈的输出瞬时电压极性如何，流经电容 C_1 的电流方向总是从 2 到 4，流经电容 C_2 的电流方向总是从 6 到 8，可得整流电路的输出电压 U_2 的表达式仍为

$$U_2 = U_{24} - U_{68} \tag{4-18}$$

当铁芯在中间位置时，$U_{24}=U_{68}$，所以$U_2=0$；当铁芯在零位以上时，因为$U_{24}>U_{68}$，所以$U_2>0$；当铁芯在零位以下时，因为$U_{24}<U_{68}$，所以$U_2<0$。铁芯在零位以上或以下时，输出电压的极性相反，于是零点残余电压会自动抵消。由此可见，差动整流电路可以不考虑相位调整和零点残余电压的影响。

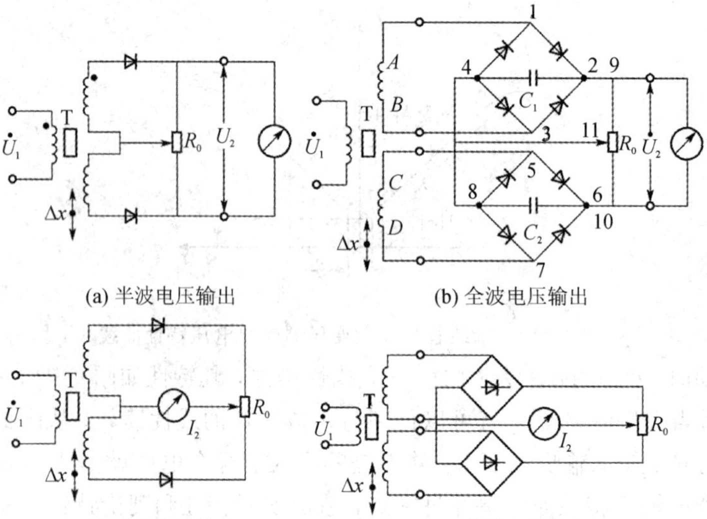

(a) 半波电压输出　(b) 全波电压输出

(c) 半波电流输出　(d) 全波电流输出

图 4-13　几种典型的差动整流电路

4.2.3　互感式传感器的典型应用

差动变压器可以直接用于位移测量，也可测量与位移有关的任何机械量，如力、力矩、压力、压差、振动、加速度、应变、液位等。

1. 差动变压器式加速度传感器

差动变压器式加速度传感器的结构如图 4-14 所示。测量时，将弹性支撑的底座和差动变压器的线圈骨架固定，而将衔铁的一端与被测物体相连。这样当被测物体带动衔铁振动时，导致差动变压器的输出电压也按相同规律变化。用于测定振动物体的频率和振幅时其激

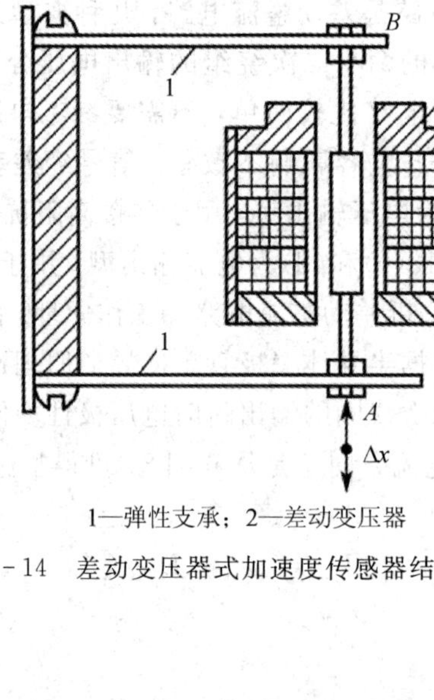

1—弹性支承；2—差动变压器

图 4-14　差动变压器式加速度传感器结构示意图

励频率必须是振动频率的十倍以上，才能得到精确的测量结果。可测量的振幅为 0.1～5 mm，振动频率为 0～150 Hz。

2. 差动变压器压力变送器

差动变压器压力变送器的结构如图 4－15 所示。

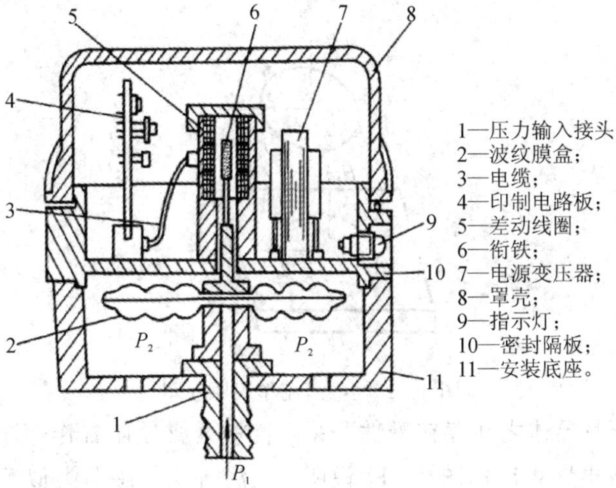

图 4－15　差动变压器压力变送器的结构示意图

测量过程：膜盒由两片波纹膜片焊接而成。所谓波纹膜片，是一种压有同心波纹的圆形薄膜。当膜片四周固定，两侧面存在压差时，膜片将弯向压力低的一侧，因此能够将压力变换为直线位移。其适用于各种生产流程中液体、水蒸气及气体压力的测量。被测气体未导入，膜盒 2 无位移，活动衔铁在差动线圈的中间位置，因而输出电压为零。被测压力从压力输入接头 1 到膜盒 2，自由端产生一个正比于被测压力的位移，测杆使衔铁向上移动，在差动变压器二次线圈产生的感应电动势发生变化，从而有电压输出，此电压通过半波差动整流电路整流、滤波后，作为变送器的输出信号，接入二次仪表显示。半波差动整流电路和滤波电路安装在印制电路板 4 上。

4.3　电涡流式传感器

电涡流式传感器是 20 世纪 70 年代后得到迅速发展的一种传感器，它是基于电涡流效应原理制成的。由于它结构简单、灵敏度高、频响范围宽、不受油污等介质影响，并能进行非接触测量，因此这种传感器已广泛应用在工业生产和科学研究的各个领域，用来测量位移、振动、厚度等参数，以及应用于无损探伤。

4.3.1　电涡流式传感器的工作原理

电涡流式传感器

根据法拉第电磁感应原理，块状金属导体置于变化的磁场中，导体内将产生呈涡旋状的感应电流，称为电涡流或涡流，这种现象称为涡流效应。电涡流式传感器就是利用电涡流效应制成的，它将位移、温度等非电量转换为阻抗的变化或电感的变化，从而进行非电量的测量。

如图 4-16 所示，将块状金属导体置于通有交变电流的传感器线圈磁场中。根据法拉第电磁感应原理，由于电流的变化，在线圈周围产生一个交变磁场，当被测导体被置于该磁场范围之内，被测导体内便产生电涡流，电涡流也将产生一个新磁场，和原磁场方向相反，抵消部分原磁场，从而导致线圈的电感量、阻抗和品质因数发生变化。

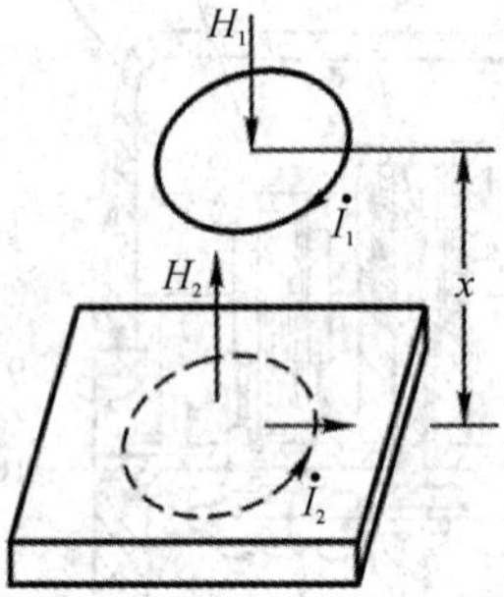

图 4-16　电涡流作用原理图

可见，线圈与金属导体之间存在磁性联系。若将金属导体看作一个短路线圈，那么电涡流式传感器的等效电路可以用图 4-17 说明。电涡流式传感器类似于次级短路的空心变压器，可把传感器空心线圈看作变压器初级，线圈电阻为 R_1，电感为 L_1；金属导体中的涡流回路看作变压器次级，回路电流为 I_2，回路电阻为 R_2，电感为 L_2；电涡流产生的磁场对传感器线圈产生的磁场的"反射作用"，可理解为传感器线圈与此环状电涡流之间存在着互感 M，其大小取决于金属导体和线圈的靠近程度，M 随着线圈与金属导体之间的距离 x 的减小而增大。

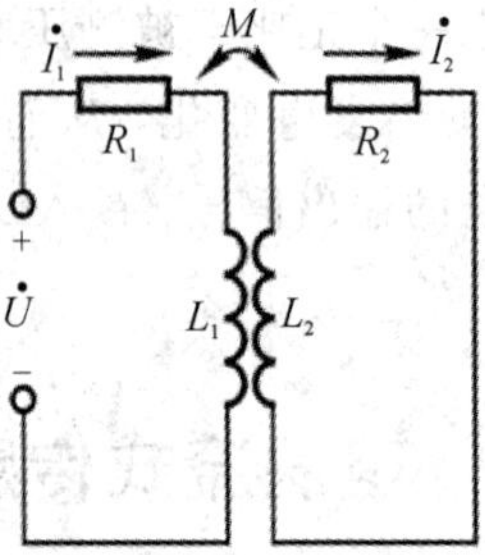

图 4-17　电涡流式传感器的等效电路

根据等效电路列出电路方程组为

$$\begin{cases} R_2\dot{I}_2 + j\omega L_2\dot{I}_2 - j\omega M\dot{I}_1 = 0 \\ R_1\dot{I}_1 + j\omega L_1\dot{I}_1 - j\omega M\dot{I}_2 = \dot{U} \end{cases} \tag{4-19}$$

可得传感器的等效阻抗为

$$Z = \left[R_1 + \frac{\omega^2 M^2}{R_2^2 + (\omega L_2)^2}R_2\right] + j\left[\omega L_1 - \frac{\omega^2 M^2}{R_2^2 + (\omega L_2)^2}\omega L_2\right] \tag{4-20}$$

传感器的等效电感为

$$L = L_1 - L_2 \frac{\omega^2 M^2}{R_2^2 + (\omega L_2)^2} \tag{4-21}$$

线圈的品质因数为

$$Q = \frac{\omega L}{R} = \frac{\omega L_1}{R_1} \cdot \frac{1 - \frac{L_2}{L_1} \cdot \frac{\omega^2 M^2}{R_2^2 + \omega^2 L_2^2}}{1 + \frac{R_2}{R_1} \cdot \frac{\omega^2 M^2}{R_2^2 + \omega^2 L_2^2}} \tag{4-22}$$

由式(4-20)至式(4-22)可见，线圈金属导体系统的阻抗、电感和品质因数都是该系统互感系数平方的函数。而互感系数又是距离 x 的非线性函数，因此，Z、L、Q 都是距离 x 的非线性函数。但在一定范围内可以将这些函数近似地用线性函数来表示，于是在线性变化范围内可以通过测量 Z、L、Q 的变化来检测位移的变化。

4.3.2 电涡流式传感器的结构

电涡流式传感器结构比较简单，主要由一个安置在探头壳体中的扁平圆形线圈构成。电涡流式传感器的内部结构示意图和实物图分别如图 4-18 和图 4-19 所示。这种传感器的线圈与被测金属之间是磁性耦合的，并利用耦合程度的变化作为测量值，因此被测物体的物理性质、尺寸以及形状都与测量装置的特性有关。所以，作为传感器的线圈装置仅仅为实际传感器的一半，另一半为被测物体。因此，在电涡流式传感器的设计和使用中，必须同时考虑被测物体的物理性质和几何形状等。

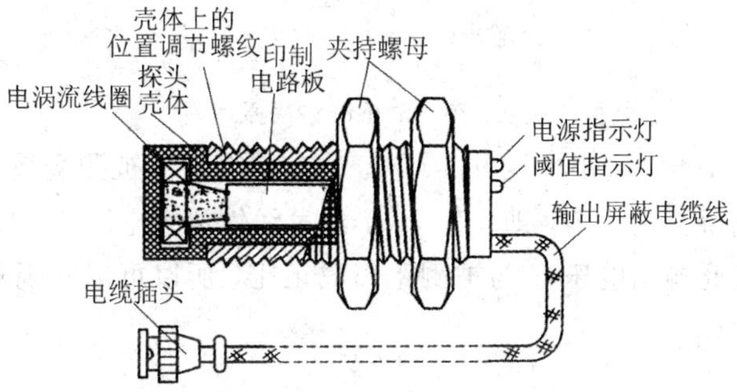

图 4-18　电涡流式传感器的内部结构示意图

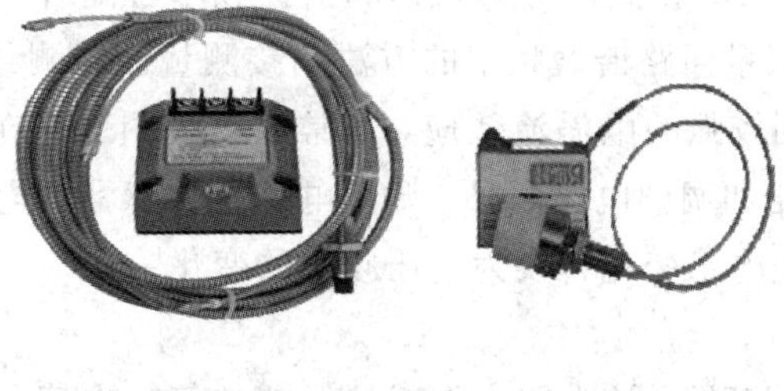

图 4-19　电涡流式传感器实物图

4.3.3 电涡流式传感器的测量电路

根据电涡流式传感器的基本原理和等效电路，传感器线圈与被测金属导体间距离的变化可以转化为传感器线圈的等效阻抗 Z、等效电感 L 以及品质因数 Q 的变化。测量电路的任务是把这些参数的变化转换为电压或电流输出，所以可以用三种类型的测量电路：① 电桥电路；② 谐振电路；③ Q 值测量电路。由于实际中 Q 值测量电路很少采用，所以下面着重介绍电桥电路和谐振电路。

利用 Z 的测量电路一般用电桥电路，属于调幅电路。利用 L 的测量电路一般用谐振电路，根据输出是电压幅值还是电压频率，谐振电路又分为调幅和调频两种。

1. 电桥电路法

这种电路结构简单，主要用于差动电涡流式传感器。图 4-20 中 L_1 和 L_2 为差动电涡流式传感器的两个线圈，分别与电容 C_1 和 C_2 并联组成相邻的两个桥臂，电阻 R_1 和 R_2 组成另外两个桥臂，交流电源由振荡器供给，振荡频率根据电涡流式传感器的需求选择。这种测量电路里，线圈阻抗的变化将被转换成电压幅值的变化。

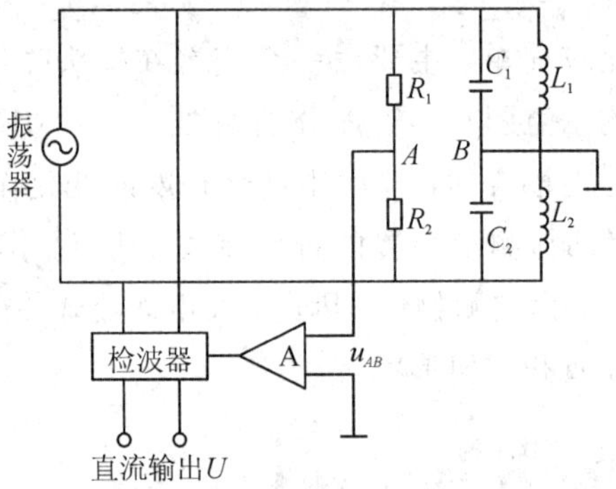

图 4-20　电桥电路法原理图

在静态时，电桥平衡，输出电压 $u_{AB}=0$。当传感器接近被测金属导体时，传感器线圈的阻抗发生变化，电桥失去平衡，即 $u_{AB}\neq 0$，经过线性放大电路 A 和检波器电路检波后输出直流电压 U，并且此输出电压 U 与被测距离成正比，所以可以实现对位移量的大小和方向的测量。

2. 谐振电路法

将传感器线圈与电容并联组成 LC 并联谐振电路，当传感器接近被测金属导体时，线圈电感 L 发生变化，整个 LC 回路的等效阻抗和谐振频率将随着 L 的变化而变化，因此可以利用测量回路阻抗或测量回路谐振频率的方法间接测量出被测量。利用电涡流式变换元件进行测量时，为了得到较强的电涡流效应，通常激磁线圈工作在较高频率下，所以测量转换电路主要有调幅电路和调频电路两种。调幅电路把传感器的电感变化转换为电压幅值的变化，而调频电路则把电感变化转换为电压频率的变化。

(1) 调幅法。

图 4-21 为调幅法原理图。该电路由传感器线圈的等效电感和一个固定电容组成并联谐振回路，由频率稳定的振荡器(如石英晶体振荡器)提供高频激励信号。图 4-21 中 R 为耦合电阻，可用来降低传感器对振荡器工作的影响，其电阻数值大小将影响测量电路的灵敏度，耦合电阻的选择应考虑振荡器的输出阻抗和传感器线圈的品质因数。

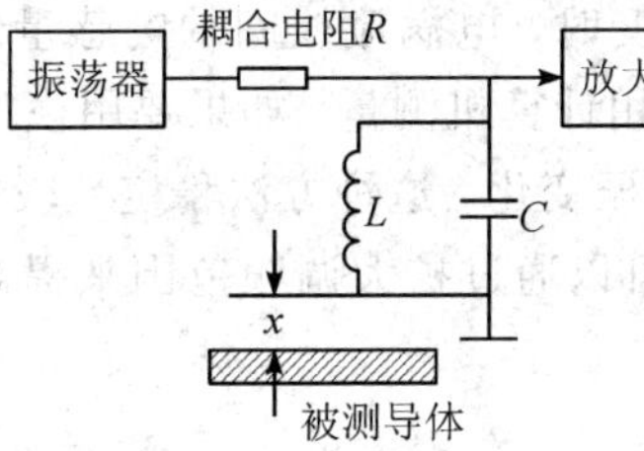

图 4－21　调幅法原理图

电路的输出电压为

$$u = i_0 Z \tag{4-23}$$

式中，i_0——高频激磁电流；

Z——LC 回路的阻抗。

在初态时，传感器远离被测体，调整 LC 回路的并联谐振频率为

$$f_0 = \frac{1}{2\pi \sqrt{LC}} \tag{4-24}$$

此时，f_0 等于石英晶体振荡器频率，此时 LC 回路的阻抗最大，由式(4－23)知，输出电压的幅值也最大。

工作时，当传感器线圈接近被测金属导体时，线圈与被测金属导体之间的距离 x 变化，导致线圈的等效电感 L 发生变化，谐振回路的谐振频率和等效阻抗也跟着发生变化，致使回路失谐而偏离激励频率，谐振峰将向左或右移动，如图 4－22 所示。

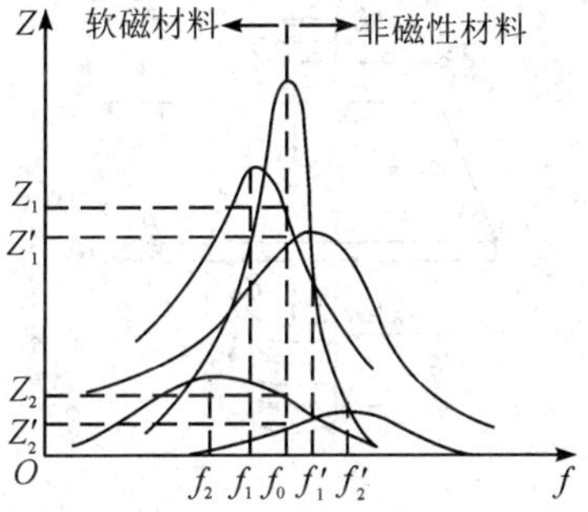

图 4－22　谐振调幅电路特性

由图 4－22 可见，若被测金属导体为非磁性材料，由于磁导率 μ 减小，传感器线圈的等效电感 L 减小，LC 回路的谐振频率提高，谐振曲线右移，回路等效阻抗减小，输出电压减小。若被测材料为磁性材料，由于磁导率 μ 增加，传感器线圈的等效电感 L 增大，LC 回路的谐振频率降低，谐振曲线左移，回路等效阻抗减小，输出电压减小。因此，可以由输出电压的变化来表示传感器与被测金属导体间距离 x 的变化，从而实现对位移量的测量。

(2) 调频法。

调频法原理图如图 4－23 所示。

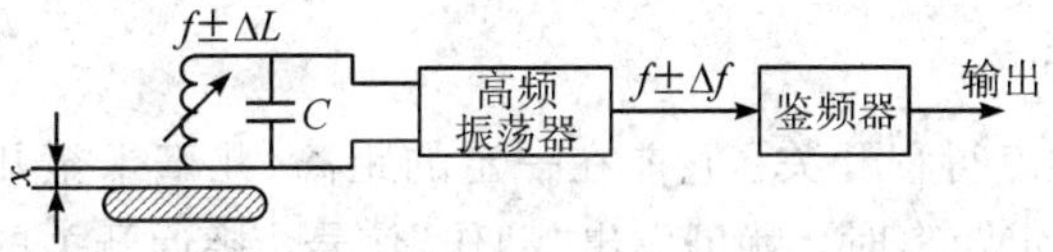

图 4－23　调频法原理图

当电涡流线圈与被测金属导体的距离 x 改变时，电涡流线圈的电感量 L 也随之改变，引起LC振荡器的输出频率变化，此频率可直接用计算机测量。如果要用模拟仪表进行显示或记录，必须使用鉴频器，将频率变化转换为电压变化。这种方法稳定性较差，因为LC振荡器的频率稳定性最高只有 10^{-5} 数量级，虽然可以通过扩大调频范围来提高稳定性，但调频的范围不能无限制扩大。

4.3.4　电涡流式传感器的典型应用

电涡流式传感器具有测量范围大、灵敏度高、结构简单、抗干扰能力强和可以非接触测量等优点，被广泛应用于工业生产和科学研究的各个领域中，可以用来测量位移、振幅、尺寸、厚度、热膨胀系数、轴心轨迹和金属件探伤等。利用位移 x 作为变换量，可以做成测量位移、振幅、振摆、转速等的传感器，也可做成接近开关、计数器等；利用材料电阻率 ρ 作为变换量，可以做成测量温度、材质判别等的传感器；利用磁导率 μ 作为变换量，可以做成测量应力、硬度等的传感器；利用变换量 x、ρ、μ 等的综合影响，可以做成探伤装置等。

1. 低频透射电涡流测厚仪

前面讨论的电涡流式传感器是高频反射式的，其工作原理示意图如图 4－24 所示，反磁场要“反射”回去，改变激励线圈阻抗。要保证反射效果好，要求激励频率高，贯穿深度小。而另外一种低频透射式的电涡流式传感器工作条件为激励频率低，涡流的贯穿深度加厚。

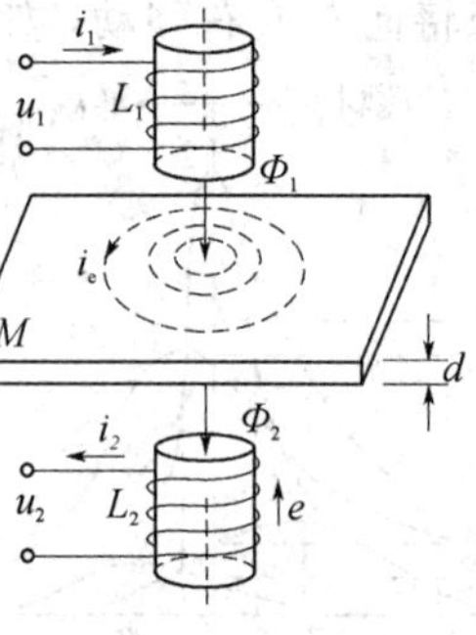

图 4－24　低频透射电涡流测厚仪工作原理示意图

测厚仪的工作原理：发射线圈 L_1 和接收线圈 L_2 分别位于被测物体的上下方。若在 L_1 上加低频电压 u_1，线圈中流过一个相同频率的交变电流，并在其周围产生交变磁场。若两线圈之间无被测物体，则 L_1 的磁场就能直接贯穿 L_2，于是 L_2 的两端就会感生交变电势 e，e 的大小与 u_1 的幅值和频率、L_1 及 L_2 的匝数和结构以及两线圈的相对位置有关。若在 L_1 及 L_2 之间放置金属板 M 后，L_1 产生的磁力线必然透过 M 并在其中产生涡流，涡流损耗了部分磁场能量，达到 L_2 上的磁力线减少，使 u_2 下降。M 的厚度 d 越大，涡流产生的损耗就越大，u_2 就越小。由此可知 u_2 的大小间接反映了 M 的厚度。

低频透射式电涡流式传感器的检测范围可达 1～100 mm，分辨率为 0.1。

2. 电涡流式接近开关

接近开关又称无触点行程开关。它能在一定的距离(几毫米至几十毫米)内检测有无物体靠近。当物体到达设定距离时，就可发出“动作”信号。接近开关的核心部分是“感辨头”，它对正在接近的物体有很高的感辨能力。不过需要注意的是，这种接近开关只能检测金属。

电涡流式接近开关的原理框图、实物图和外部接线示意图分别如图 4-25、图 4-26 和图 4-27 所示。

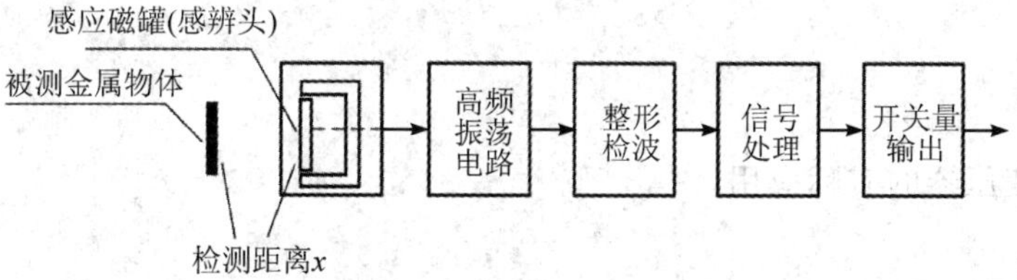

图 4-25　电涡流式接近开关的原理框图

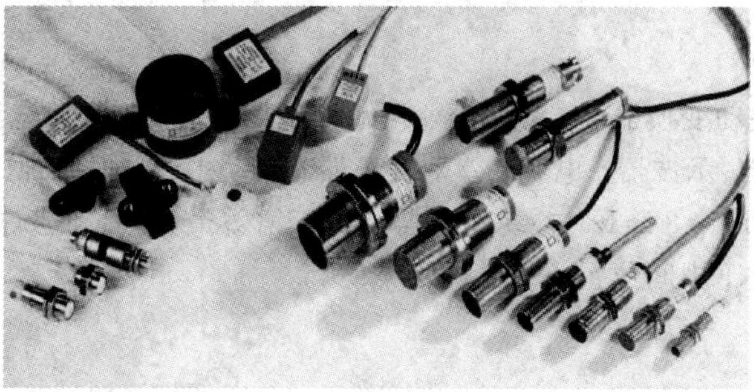

图 4-26　电涡流式接近开关的实物图

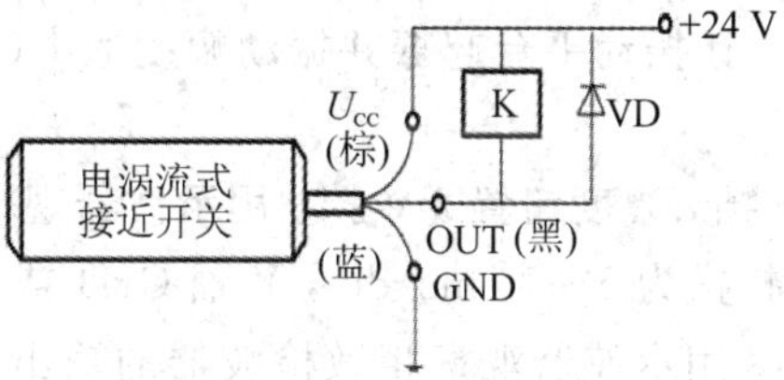

图 4-27　电涡流式接近开关的外部接线示意图

思考与练习

4-1　试述自感式传感器的工作原理。

4-2　电涡流式传感器的灵敏度主要受哪些因素影响？它的主要优点是什么？

4-3　什么是零点残余电压？有哪些方法可以进行零点残余电压补偿？

4-4　用差动变压器进行位移测量时采用哪种电路形式可以直接由输出电压区别位移的大小和方向？

4-5　什么是电涡流效应？电涡流式传感器可以进行哪些非电量参数测量？电涡流式传感器可将哪些物理量转换为电量进行输出？

4-6　试述电感式传感器有哪些种类及其工作原理。

4-7　分析电感式传感器出现非线性的原因，并说明如何改善。

实验六　差动变压器的应用——振动测量

一、实验目的

了解差动变压器的实际应用。

差动变压器的振幅测量

二、实验原理

利用差动变压器测量动态参数与测位移量的原理相同。

三、实验器材

音频振荡器、差动变换器Ⅱ、移相器、相敏检波器、电桥、低通滤波器、转速/频率表、低频振荡器、激振器、示波器、电源、差动变压器、振动平台、振动源。

音频振荡范围为4～8 kHz，差动变换器Ⅱ置于增益最大挡，低频振荡器频率旋钮置于最小挡，幅值旋钮置于中间位置。

四、实验步骤

1. 差动变换器Ⅱ调零，调节测微头远离振动台(不用测微头)，将低频振荡器与振动源相连，并将低频振荡器与转速/频率表相连，开启电源，调节低频振荡器幅度旋钮置于中间位置，频率从最小慢慢调大，让振动平台起振并振动幅度适中(如振动幅度太小可调大幅度旋钮)。

2. 将音频钮置于5 kHz挡，幅度钮置2 V挡。用示波器观察各单元，即差放、检波、低通输出的波形(示波器 X 轴扫描为5～10 ms/div，Y 轴CH1或CH2旋钮0.2～2 V)。调节移相器和相敏检波器的时候，用示波器观察相敏检波器的输出信号，使得输出的信号为一个类似于全波整流的波形就可以。

3. 保持低频振荡器的幅度不变，调节低频振荡器的频率，接线如图S6.1所示，用示波器观察低通滤波器的输出，读出峰-峰电压值，记录数据的时候，在频率超过20 Hz的时候，由于振幅很小，不利于记录数据，我们可以记录更多的在7 Hz左右的数据。实验数据填入表S6-1。

表S6.1　数据记录表

F/Hz	3	4	5	6	7	8	10	12	20	25
U_{pp}/V										

4. 根据实验结果作出梁的振幅-频率(幅频)特性曲线，指出振动平台自振频率(谐振频率)的大致值。

5. 实验完毕，关闭电源。

五、注意事项

适当选择低频激振电压，以免振动平台在自振频率附近振幅过大。

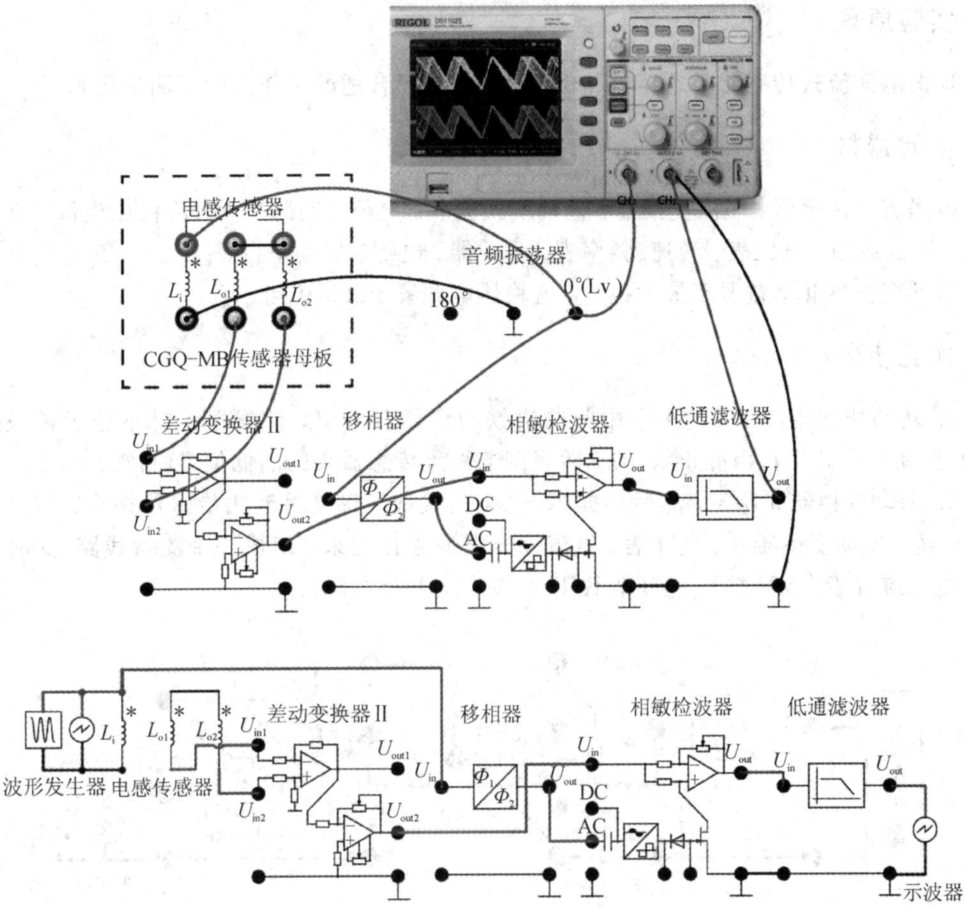

图 S6.1　接线参考图

六、问题

如果用直流电压表来读数，需增加哪些测量单元？测量线路该如何？

实验七　电涡流式传感器的应用——振幅测量

一、实验目的

了解电涡流式传感器测量振动的原理和方法。

电涡流式传感器的静态测定

电涡流式传感器对不同材料的测量

电涡流式传感器的振幅测量

电涡流式传感器电子秤

二、实验原理

根据电涡流式传感器动态特性和位移特性，选择合适的工作点即可测量振幅。

三、实验器材

电涡流式传感器、涡流变换器、差动变换器Ⅱ、电桥、铝测片、直流稳压电源、低频振荡器、激振线圈、电压表、转速/频率表、示波器、电源、振动平台。

差动变换器Ⅱ增益置于最大挡，直流稳压电源置于±5 V 挡。

四、实验步骤

1. 转动测微器，将振动平台中间的磁铁与测微头分离，使梁振动时不至于再被吸住(这时振动平台处于自由静止状态)，适当调节涡流传感器头的高低位置(目测)。

2. 差动变换器Ⅱ调零，然后根据图 S7.1 的接线，将电涡流式传感器探头、涡流变换器、电桥、差动变换器Ⅱ、电压表、直流稳压电源连接起来，组成一个测量线路(这时直流稳压电源应置于±5 V 挡)，电压表置于 20 V 挡，开启电源。

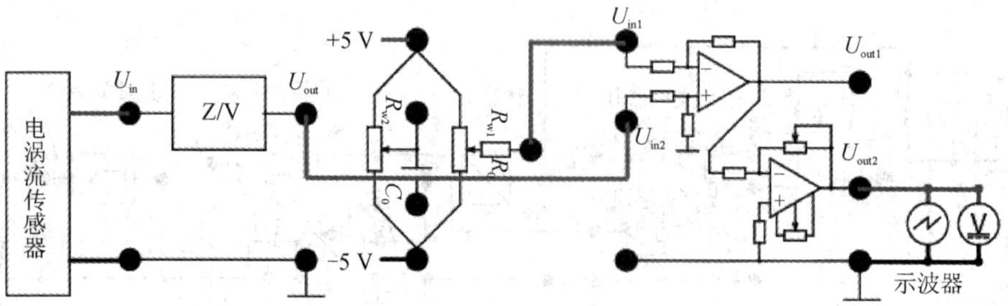

图 S7.1　接线参考图

3. 调节 R_{W1}，使电压表读数为零。

4. 去除差动变换器Ⅱ与电压表连线，将差动变换器的 U_{out2} 与示波器连起来，将转速/频率表置于频率挡，将低频振荡器与转速/频率表和振动源相连。

5. 固定低频振荡器的幅度旋钮至某一位置(以振动平台振动时不碰撞其他部件为好)，调节频率旋钮，调节时用频率表监测频率变化，用示波器读出峰-峰值填入表 S7.1 中，关闭电源。

表 S7.1　数据记录表

F/Hz	3	4	…	25
U_{PP}/V				

五、思考

1. 根据实验结果，是否可以知道振动平台的自振频率大致为多少？

2. 如果已知被测梁振幅为 0.2 mm，传感器是否一定要安装在最佳工作点？

3. 如果此传感器仅用来测量振动频率，工作点问题是否仍十分重要？

第 5 章　霍尔传感器与位移检测

霍尔传感器是一种磁传感器。用它可以检测磁场及其变化，可在各种与磁场有关的场合中使用。霍尔传感器以霍尔效应为工作基础，利用霍尔元件将一些被测物理量如电流、磁场、位移、压力等，转换成电压信号。虽然霍尔传感器转换效率较低，受温度影响大，要求转换精度较高时必须进行温度补偿，但由于它具有结构简单、体积小、坚固、灵敏度高、线性度好、稳定性高、频率响应宽、输出动态范围大、非接触、可靠性高、耐高温、易集成等优点，因此它在测量技术、自动化技术、计算机装置和信息处理等方面得到了广泛应用。

5.1　霍尔传感器的工作原理

5.1.1　霍尔效应

霍尔传感器是以霍尔元件作为敏感和转换元件的传感器，而霍尔元件则是利用某些半导体材料的霍尔效应原理制成的。

霍尔传感器

如图 5-1 所示，一块长度为 L，宽度为 l，厚度为 d 半导体薄片，当它被置于磁感应强度大小为 B 的磁场中时，如果在它的相对两边通以控制电流 I，且磁场方向与电流方向正交，则在半导体的另外两边将会产生一个大小与控制电流 I 和磁感应强度 B 的乘积成正比的电势 U_H，即 $U_H = K_H IB$，其中 K_H 为霍尔元件的灵敏度，它的大小与半导体薄片的材质有关。这一现象就是霍尔效应，该电势称为霍尔电势，半导体薄片就是霍尔元件。

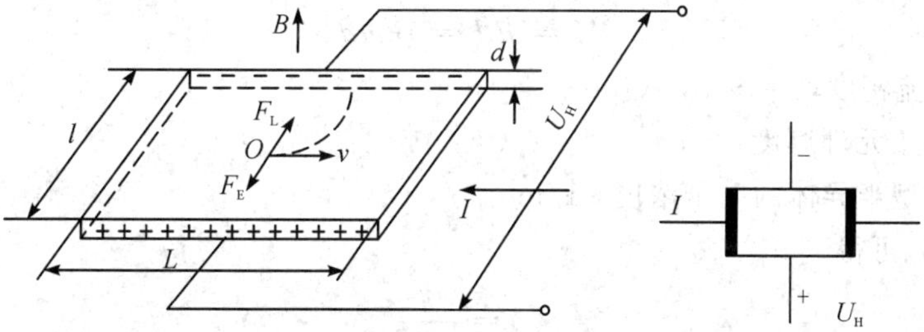

图 5-1　霍尔效应原理图及霍尔元件符号

5.1.2　霍尔元件的基本原理

霍尔效应是半导体中的自由电荷受到磁场中的洛仑兹力作用而产生的。图 5-1 所示是一个 N 型半导体，N 型半导体的导电机制是自由电子沿着与电流 I 相反的方向运动，在磁场中自由电子将受到洛仑兹力 F_L 的作用，受力方向可由左手定则判定。由于洛仑兹力的作用，自由电子会向一侧偏转(如图 5-1 中虚线所示)，半导体薄片在该侧形成了自由电子的累积，而另一侧缺少电子，所以形成了电场。该电场对自由电子产生电场力 F_E，阻止自由电子继续偏转。当电场力与洛仑兹力相等时，自由电子的积累便达到了动态平衡。同时，由于电荷的积聚，产生了静电场，该静电场称为霍尔电场。霍尔电场两端之间形成一个稳定的电势，这就是霍尔电势 U_H。

假设自由电子以匀速按图 5-1 所示方向运动，在磁感应强度 B 的作用下，电子所受洛仑兹力为

$$F_L = evB \tag{5-1}$$

式中，F_L——洛仑兹力，N；

e——电子电量，$e=1.602\times10^{-19}$ C；

v——电子速度，m/s；

B——磁感应强度，Wb/m²。

霍尔静电场对电子的作用力 F_E 与洛仑兹力 F_L 的方向相反，将阻止电子继续偏转，电子所受电场力为

$$F_E = eE_H = e\frac{U_H}{l} \tag{5-2}$$

式中，F_E——电场力，N；

E_H——霍尔电场强度，V/m；

U_H——霍尔电势，V；

l——霍尔元件宽度，m。

当静电场作用于电子上的电场力 F_E 与洛仑兹力 F_L 相等时，自由电子积累达到动态平衡，即

$$e\frac{U_H}{l} = evB \tag{5-3}$$

得

$$U_H = vBl \tag{5-4}$$

对于 N 型半导体，通入霍尔元件的电流 I 为

$$I = jld = nevld \tag{5-5}$$

式中，j——电流密度，$j=nev$，A/m²；

d——霍尔元件厚度，m；

n——N 型半导体的电子浓度，1/m³。

由式(5-5)可得

$$v = \frac{I}{neld} \tag{5-6}$$

将式(5-6)代入式(5-4)可得

$$U_H = \frac{IB}{ned} = K_H IB = R_H\frac{IB}{d} \tag{5-7}$$

式中，$R_H=1/ne$，为霍尔传感器的霍尔系数；$K_H=R_H/d=1/ned$，为霍尔元件的灵敏度。

式(5-7)中，当 I、B 大小一定时，K_H 越大，则霍尔元件的输出电势越大，因此一般情况都希望 K_H 越大越好。

由于材料电阻率 ρ 与载流子浓度和迁移率 μ 有关，可得到载流体的电阻率与霍尔系数

和载流子迁移率之间的关系为

$$\rho=\frac{R_H}{\mu} \tag{5-8}$$

将式(5-7)代入式(5-8)得霍尔电势U_H为

$$U_H=\frac{\rho\mu}{d}IB \tag{5-9}$$

由此可见，若想得到较大的霍尔电势，则半导体材料的电阻率必须要高，且迁移率也要大。虽然金属导体的载流子迁移率很大，但其电阻率低；绝缘体的电阻率很高，但其载流子迁移率低。因此，最佳的霍尔传感器的材料只有半导体材料。一些霍尔元件材料的特性见表 5-1。

表 5-1　一些霍尔元件材料的特性

材料	迁移率 $\mu/(cm^2\cdot V^{-1}\cdot s^{-1})$		霍尔系数 $R_H/(cm^3\cdot C^{-1})$	禁带宽度 E_g/eV	霍尔系数温度特性/(%·℃$^{-1}$)
	电子	空穴			
Ge1	3600	1800	4250	0.60	0.01
Ge2	3600	1800	1200	0.80	0.01
Si	1500	425	2250	1.11	0.11
InAs	28 000	200	570	0.36	−0.1
InSb	75 000	750	380	0.18	−2.0
GaAs	10 000	450	1700	1.40	0.02

霍尔元件的灵敏度$K_H=\frac{1}{ned}$，与n、e、d呈反比关系，因此霍尔元件的灵敏度除了与本身的材质有关外，还取决于霍尔元件的厚度d，厚度越小，则灵敏度越高。一般希望霍尔元件的灵敏度越高越好，但厚度太小，会使霍尔元件的输入、输出电阻增加，因此，霍尔元件也不能做得太薄。

5.1.3　霍尔元件的基本结构及主要技术指标

1. 基本结构

霍尔元件结构简单，它由霍尔片、四根引线和壳体组成(图 5-2)。霍尔片是矩形半导体单晶薄片。在霍尔元件的长度方向的两个端面上焊有 a、b 两根控制电流端引线，通常用红色导线，其焊接处称为控制电极(或称激励电极)；在霍尔元件的另两侧端面的中间以点

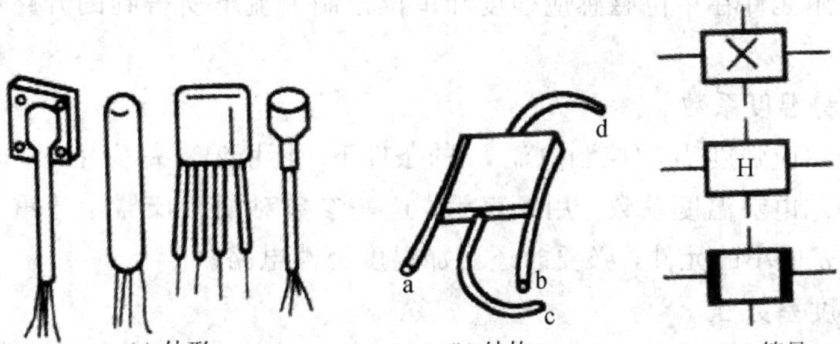

(a) 外形　(b) 结构　(c) 符号

图 5-2　霍尔元件

的形式对称地焊接 c、d 两根霍尔端输出引线，通常用绿色导线，其焊接处称为霍尔电极。霍尔元件的壳体采用非导磁金属、陶瓷或环氧树脂封装，其外形如图 5－2(a)所示。

霍尔元件在电路中可用图 5－2(c)所示的三种符号表示。标注时国产元件常用 H 代表霍尔元件，后面的汉语拼音字母代表霍尔元件的材料，阿拉伯数字代表产品序号。例如 HS－1，表示用砷化铟制作的霍尔元件。国产霍尔元件型号的命名方法如下：

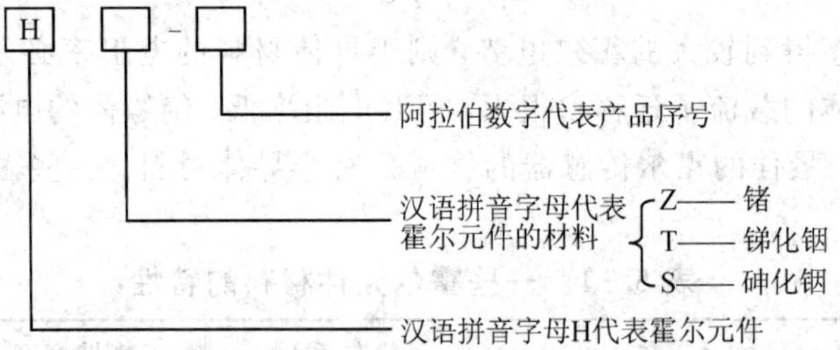

霍尔元件常采用 N 型硅(Si)、N 型锗(Ge)、砷化镓(GaAs)、砷化铟(InAs)及锑化铟(InSb)等半导体制作。用锑化铟半导体制成的霍尔元件灵敏度最高，但受温度的影响较大。用锗半导体制成的霍尔元件，虽然灵敏度较低，但它的温度特性及线性度较好。目前使用锑化铟霍尔元件的场合较多。

2. 主要技术指标

(1) 输入电阻 R_i 和输出电阻 R_o。

输入电阻 R_i 是指霍尔激励电极间的电阻值，输出电阻 R_o 是指霍尔输出电极间的电阻值。输入、输出电阻都可以在无磁场时，用欧姆表来测量。输入电阻和输出电阻一般为 100～2000 Ω，而且输入电阻大于输出电阻，但相差不太大，使用时应注意。

(2) 额定控制电流 I_c。

额定控制电流 I_c 为当霍尔元件自身温升 10℃时所流过的激励电流，I_c 的大小与霍尔元件的尺寸有关：尺寸越小，I_c 越小。I_c 一般为几毫安至几十毫安。

(3) 不等位电势 U_0。

霍尔元件在额定控制电流 I_c 作用下，不外加磁场时，在输出端空载测得的霍尔电势差称为不等位电势(也称为不平衡电势)，单位是 mV。它主要是由两个电极不在同一等位面上以及材料电阻率不均匀等因素引起的，一般 $U_0 \leqslant 10$ mV。不等位电势和额定控制电流 I_c 之比为不等位电阻 R_0。

(4) 灵敏度 K_H。

灵敏度是霍尔元件在单位磁感应强度和单位控制电流下所得到的开路霍尔电压，又称霍尔乘积灵敏度。

(5) 霍尔电势温度系数 α。

在一定的磁感应强度 B 和控制电流 I_c 的条件下，环境温度每变化 1℃时霍尔电势变化的百分率称为霍尔电势温度系数，用 α 表示。这一参数对测量仪器十分重要。若仪器要求精度高，要选择 α 值小的元件，必要时还要加温度补偿电路。

(6) 电阻温度系数 β。

电阻温度系数 β 为温度每变化 1℃时霍尔元件材料的电阻变化的百分率。

表 5－2 为几种霍尔元件的主要技术指标。

表 5-2　几种霍尔元件的主要技术指标

型号	额定控制电流	空载霍尔电压	输入电阻	输出电阻	灵敏度	不等位电势	霍尔电势温度系数	电阻温度系数	材料
	I_c/mA	U_H/mV (B=0.1T)	R_i/Ω	R_o/Ω	K_H/(mV/mA)	U_0/mV	α/(%/℃)	β/(%/℃)	
EA218	100	>8.5	约 3	约 1.5	>0.35	<0.5	约−0.1	约 0.2	InAs
FA24	100	>13	约 6.5	约 2.4	>0.75	<0.15	约 0.07	约 0.2	InAsP
KH-400A	5	250～550	240～550	50～1100	50～1100	10	−0.1～−1.3	−1.0～1.3	InSb
VHG-110	5	15～110	200～800	200～800	30～220	U_H 的 20%之内	−0.05	0.5	GaAs
AG1	20(max)	>5	40	30	>2.5	—	−0.02	—	Ge
HZ-1	20		110±20%	100±20%	15±20%	0.1	0.03	0.5	Ge
6SH	1～5		200～1000	200～1000	20～150	1	0.4	0.3	GaAs
	5～10		170～350	小于输入	10～20	0.8	0.4		Si
KH400A	5		240～550	50～1100	50～1100	10	−0.1～1.3	−0.1～1.3	InSb

5.1.4　霍尔元件的基本误差及其补偿

霍尔元件在实际应用时，存在多种因素影响其测量精度，造成测量误差的主要因素有两类：一是半导体固有特性；二是半导体制造工艺的缺陷。其主要表现为零位误差和温度误差。

1. 不等位电势及其补偿

霍尔元件的零位误差包括不等位电势、寄生直流电势和感应零电势，其中不等位电势 U_0 是最主要的零位误差。要降低 U_0 除了要在工艺上采取措施以外，还需采用补偿电路加以补偿。

霍尔元件是四端元件，可以等效为一个四臂电桥，其等效电路如图 5-3 所示。控制电极 A、B 和霍尔电极 C、D 可看作电桥的电阻连接点，它们之间的分布电阻 R_1、R_2、R_3、R_4 构成四个桥臂，控制电压可视为电桥的工作电压。理想情况下不等位电势 $U_0=0$，对应于

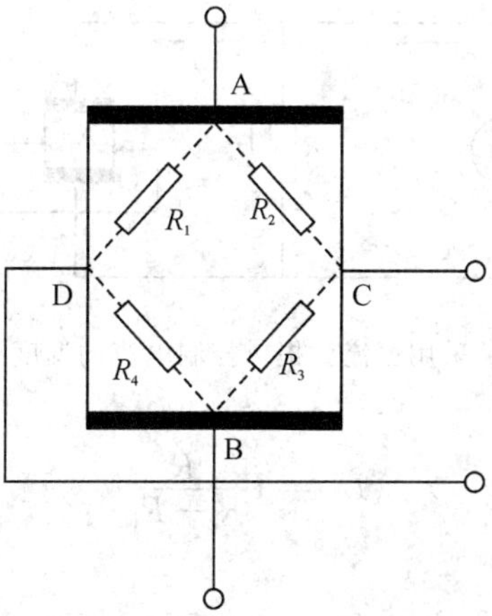

图 5-3　霍尔元件等效电路

电桥的平衡状态，此时 $R_1=R_2=R_3=R_4$。如果由于霍尔元件的某种结构原因造成 $U_0\neq 0$，则电桥就处于不平衡状态，此时 R_1、R_2、R_3、R_4 的阻值有差异，U_0 就是电桥的不平衡输出电压。产生 U_0 的原因为等效电桥的四个桥臂电阻的不相等，所以所有能使电桥达到平衡的方法都可用于补偿不等位电势。

几种不等位电势补偿电路如图 5-4 所示，图 5-4(a)是不对称补偿电路，这种电路结构简单易调整，但工作温度变化后原补偿关系会遭到破坏；图 5-4(b)、(c)、(d)是对称电路，因而在温度变化时补偿的稳定性要好些，但这种电路减小了霍尔元件的输入电阻，增大了输入功率，降低了霍尔电势的输出。

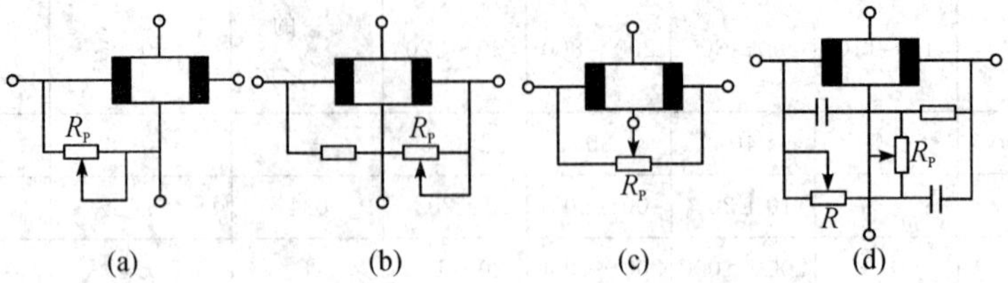

图 5-4　几种不等位电势补偿电路

2. 温度误差及其补偿

霍尔元件与一般半导体器件一样，对温度的变化是很敏感的，这是因为半导体材料的电阻率、载流子浓度等都随温度变化而变化。因此，霍尔元件的输入电阻、输出电阻、灵敏度等也将受到温度变化的影响，给测量带来较大的误差。为了减小由温度带来的测量误差，除了选用温度系数小的霍尔元件，或采取一些恒温措施外，还可以采用以下的方法进行补偿。

1）采用恒流源提供控制电流

采用恒流源提供恒定的控制电流可以减小温度误差，但霍尔元件的灵敏度 K_H 也是温度的系数，对于具有正温度系数的霍尔元件，可在控制极并联分流电阻 R 来提高 U_H 的温度稳定性。采用恒流源提供控制电流的温度补偿电路如图 5-5 所示，令在初始温度 T_0 时，霍尔元件灵敏度系数为 K_{H0}、输入电阻为 R_{i0}，当温度由 T_0 变化到 T，即有 $\Delta T=T-T_0$ 时，各参数变化为：$R_i=R_{i0}(1+\beta\Delta T)$，$K_H=K_{H0}(1+\alpha\Delta T)$，其中，$\beta$ 为霍尔元件输入电阻 R_i 的温度系数，α 为灵敏度 K_H 的温度系数。

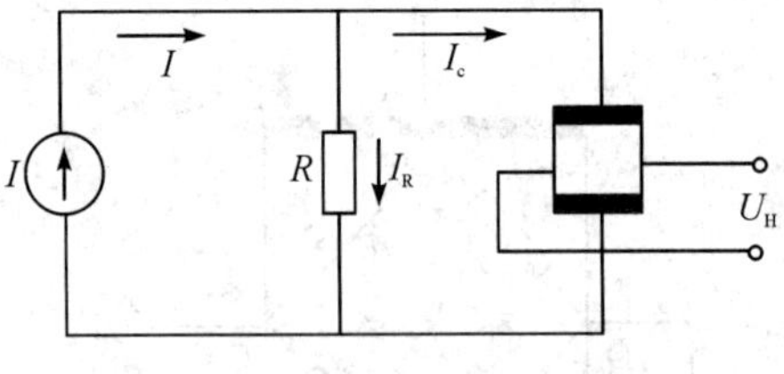

图 5-5　采用恒流源提供控制电流的温度补偿电路

由于温度为 T_0 时有

$$I_{c0}=I\frac{R}{R+R_{i0}} \tag{5-10}$$

在温度为 T 时有

$$I_c=I\frac{R}{R+R_{i0}(1+\beta\Delta T)} \tag{5-11}$$

要使霍尔电势不随温度而变化，必须保证在磁感应强度 B 和电流 I 的值为常数，温度为 T_0 和 T 时有

$$U_{H0}=U_H \tag{5-12}$$

即有

$$K_{H0}I_{c0}B=K_HI_cB \tag{5-13}$$

那么

$$K_{H0}I\frac{R}{R+R_{i0}}=K_{H0}(1+\alpha\Delta T)I\frac{R}{R+R_{i0}(1+\beta\Delta T)} \tag{5-14}$$

整理得

$$R=\frac{\beta-\alpha}{\alpha}R_{i0} \tag{5-15}$$

当霍尔元件选定以后，R_{i0}、α、β 为定值，其值可在产品说明书中查到，由式(5-15)选择适合的分流电阻 R，即可使由温度引起的误差降至极小。

2）采用热敏元件

由温度系数较大的半导体材料（如锑化铟）制成的霍尔元件常采用图 5-6 所示的温度补偿电路，图中 R_t 是热敏元件。图 5-6(a)是在输入回路中串联了一个负温度系数的热敏电阻 R_t，当温度升高时阻值减小，控制电流增大，用控制电流的变化来抵消霍尔元件的灵敏度 K_H 和输入电阻 R_i 的变化对霍尔电势 U_H 的影响，从而使温度误差得到补偿；图 5-6(b)是在输出回路中进行补偿，即当温度变化时，用 R_t 的变化来抵消霍尔电势 U_H 和输出电阻 R_o 的变化对负载电阻 R_L 上的电压的影响。

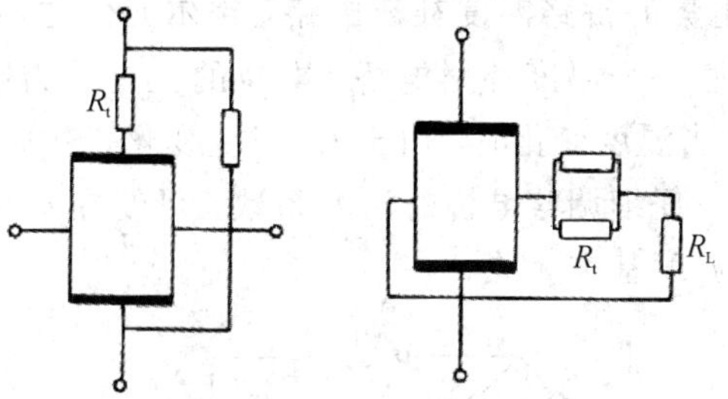

(a) 在输入回路中进行补偿　(b) 在输出回路中进行补偿

图 5-6　采用热敏元件的温度补偿电路

在安装测量电路时，热敏元件最好和霍尔元件封装在一起或尽量靠近，以使二者的温度变化一致。

3）合理选择负载电阻

图 5-7 所示的电路为霍尔元件的基本测量电路，电路中霍尔电势输出端接负载电阻 R_L，控制电流 I 由电源 U_{CC} 供给，电位器 R_P 用来调节控制电流 I 的大小。

已知霍尔元件的输出电阻 R_o 和霍尔电势 U_H 都是温度的函数（设 R_o 和 U_H 都是正温度系数），则在 R_L 上的电压为

$$U_L=\frac{U_{H0}(1+\alpha\Delta T)}{R_L+R_{o0}(1+\beta\Delta T)} \tag{5-16}$$

式中，α——霍尔元件灵敏度温度系数；

β——霍尔元件电阻温度系数；

R_{o0}——温度为 T_0 时元件输出电阻；

U_{H0}——温度为 T_0 时元件霍尔电势。

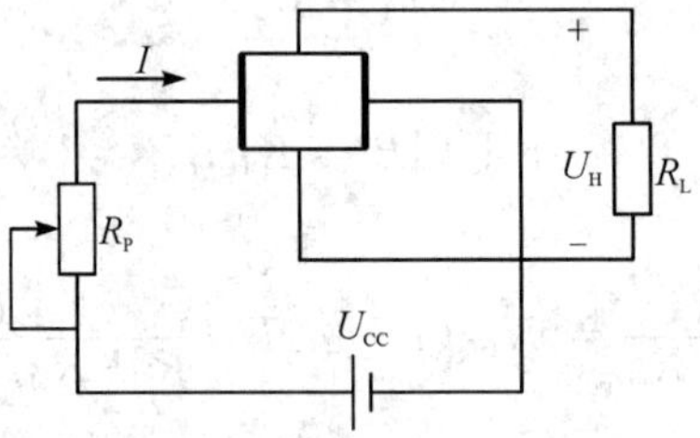

图 5-7　霍尔元件的基本测量电路

要使负载上电压不随温度变化，则应满足：

$$\frac{\mathrm{d}U_L}{\mathrm{d}(\Delta T)} = 0 \tag{5-17}$$

得到

$$R_L = R_{o0}\frac{\beta - \alpha}{\alpha} \tag{5-18}$$

当霍尔元件选定以后，R_{o0}、α、β 为定值，其值可在产品说明书中查到，因此，只要使负载电阻 R_L 满足式(5-18)，就可在输出回路中实现对温度误差的补偿了。虽然 R_L 通常是放大器的输入电阻或表头内阻，其值是一定的，但可通过串、并联电阻来调整 R_L 的值。

4) 采用桥路温度补偿电路

图 5-8 所示是霍尔电势的桥路温度补偿电路，霍尔元件的不等位电势 U_0 用 R_p 来补偿，在霍尔输出电极上串联一个温度补偿电桥，电桥的三个臂为锰铜电阻，其中一臂为锰铜电阻并联热敏电阻 R_x，当温度变化时，由于 R_x 发生变化，电桥的输出发生变化，从而使整个回路的输出得到补偿。仔细调整电桥的温度系数，可使在－40℃～＋40℃的温度变化范围内，传感器的输出与温度基本无关。

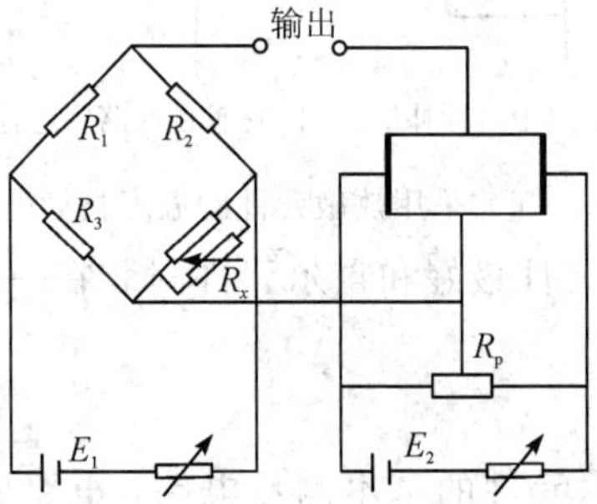

图 5-8　霍尔电势的桥路温度补偿电路

5.2　集成霍尔传感器

霍尔传感器
直流激励

随着集成技术的发展，用集成电路工艺把硅霍尔元件和相关的信号处理部件集成在一个硅单片上制成的单片集成霍尔元件出现了，称为硅集成霍尔元件，也称硅集成霍尔器件或集成霍尔传感器。集成霍尔元件与分立元件相比，具有可靠性高、体积小、质量轻、功耗低等优点。集成霍尔传感器的输出是经过处理的霍尔输出信号，按照输出信号的形式，它可分为开关型集成霍尔传感器和线性型集成霍尔传感器两种。

5.2.1　开关型集成霍尔传感器

开关型集成霍尔传感器把霍尔元件的输出经过处理后输出一个高电平或低电平的数字信号。这种集成传感器将霍尔元件、稳压电路、差分放大器、施密特触发器(具有回差特性)、OC 门(集电极开路输出门)等电路做在同一个芯片上，如图 5-9 所示。当外加磁场强度超过规定的工作点时，霍尔元件将输出霍尔电势 U_H，该电势再经差分放大器放大后，送到施密特触发器，当放大后的 U_H 大于施密特触发器的开启阈值时，施密特触发器翻转，输出高电平，使 OC 门由高阻态变为导通状态，输出变为低电平；当外加磁场强度低于释放点时，霍尔元件输出的霍尔电势 U_H 很小，即使经过差分放大器放大，其输出值还小于施密特触发器的关闭阈值，施密特触发器会再次翻转，输出低电平，使 OC 门重新变为高阻态，其输出只有低电平和高电平两种状态。这类器件中较典型的有 UGN3020、3022 系列等。该集成电路的输出开关信号可直接用于驱动继电器、三端双向可控硅、LED 等负载。

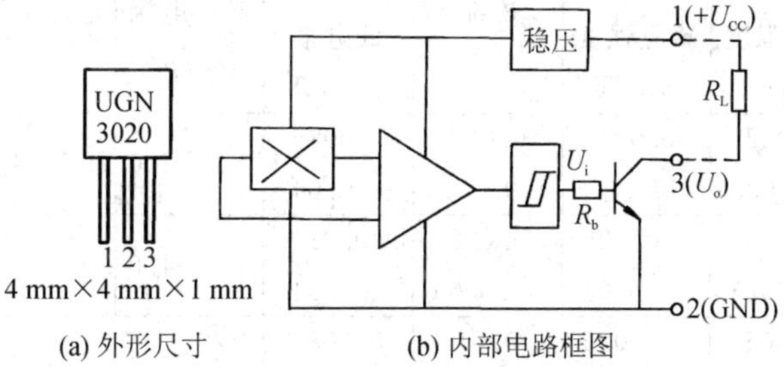

图 5-9　开关型集成霍尔传感器电路

开关型集成霍尔传感器电路的工作特性曲线如图 5-10 所示。由该工作特性曲线可以看出，工作过程中有一定的磁滞 B_H，这对提高开关动作的可靠性非常有利。图 5-10 中的 B_{OP}为工作点“开”的磁感应强度，B_{KP}为释放点“关”的磁感应强度。

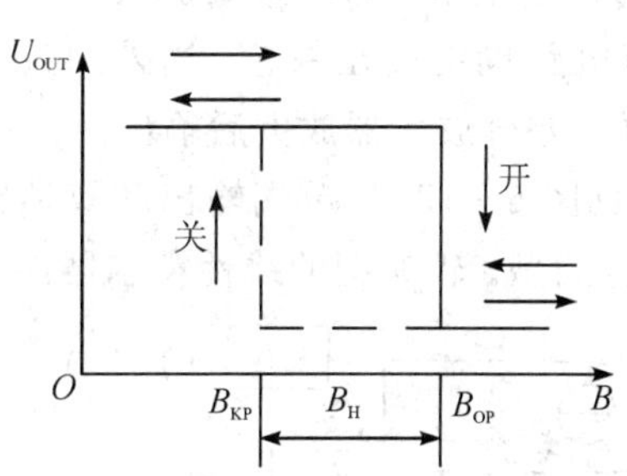

图 5-10　开关型集成霍尔传感器电路的工作特性曲线

开关型集成霍尔传感器电路的工作特性曲线反映了外加磁场与传感器输出电平的关系。当外加磁感应强度大于 B_{OP}时，输出由高电平变为低电平，传感器处于开状态；当外加磁感应强度小于 B_{KP}时，输出由低电平变为高电平，传感器处于关状态。

开关型集成霍尔传感器中还包含一种双稳态开关型集成霍尔传感器，这种霍尔传感器也被称为锁键型传感器，如 UGN3075，它的工作特性曲线如图 5-11 所示。当外加磁感应强度超过工作点 B_{OP}时，其输出为导通状态。当磁场撤销后，输出仍保持不变，必须施加反向磁场并使之超过释放点 B_{KP}时，其输出才为关断状态。

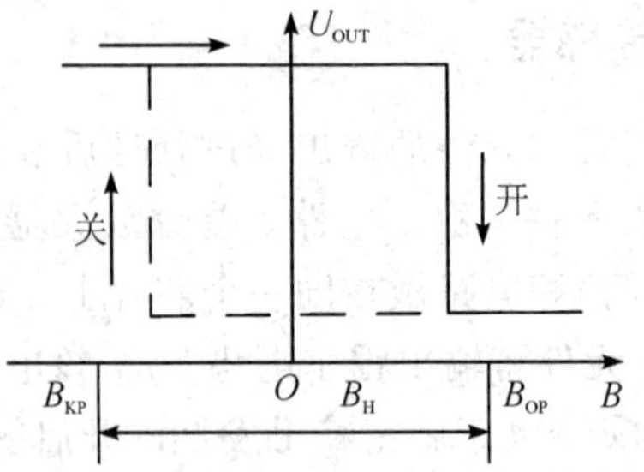

图 5-11　双稳态开关型集成霍尔传感器的工作特性曲线

常用的霍尔开关集成传感器有 UGN3000 系列，此系列的霍尔开关集成传感器的电参数见表 5-3。国产 CS3000 系列霍尔集成开关器件与 UGN3000 系列性能相当，可以选用。

表 5-3　UGN3000 系列霍尔开关集成传感器的电参数

型号	工作点磁感应强度 B_{OP}/T	释放点磁感应强度 B_{KP}/T	磁滞 B_H/T	输出低电平 U_{OL}/mV	输出电流 I_{OH}/μA	电源电流 I_{OC}/mA	输出上升时间 t_r/ns	输出下降时间 t_f/ns
UGN-3020	0.022～0.035	0.005～0.0165	0.002～0.0055	0.0085～0.04	0.1～2.0	5～9	15	100
UGN-3030	0.016～0.025	−0.025～−0.011	0.002～0.005	0.01～0.04	0.1～1.0	2.5～5	100	500
UGN-3075	0.005～0.025	−0.025～−0.005	0.01～0.02	0.0085～0.04	0.2～1.0	3～7	100	200

注：T_A =25℃；U_{CC}=4.5～24 V。

5.2.2　线性型集成霍尔传感器

线性型集成霍尔传感器通常由霍尔元件、差分放大器、射极跟随输出及稳压电路四部分组成，有的还把稳压和恒流电路也集成在一起。当外加磁场时，霍尔元件产生与磁场成线性比例变化的霍尔电压，再经差分放大器放大后输出。

线性型集成霍尔传感器(见图 5-12)有单端输出和双端输出(差动输出)两种。其外形结构有三端 T 型和八脚双列直插型。较典型的线性霍尔器件有 UGN3501 系列等。

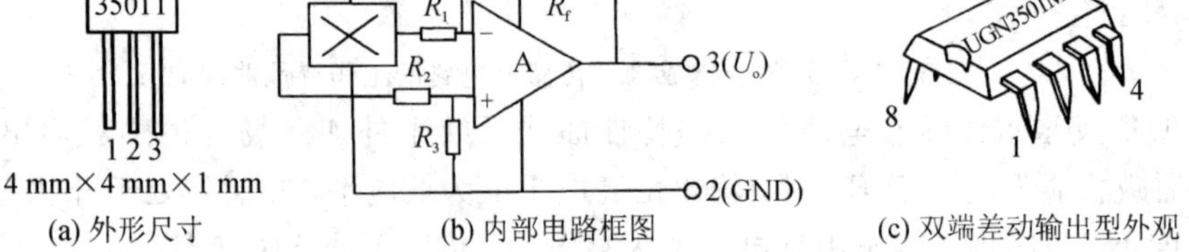

图 5-12　线性型集成霍尔电路

线性型集成霍尔传感器的输出电压与外加磁场强度呈线性比例关系，图 5－13 为 UGN3501T 型线性型集成霍尔传感器的输出特性。线性型集成霍尔传感器的技术参数见表 5－4。

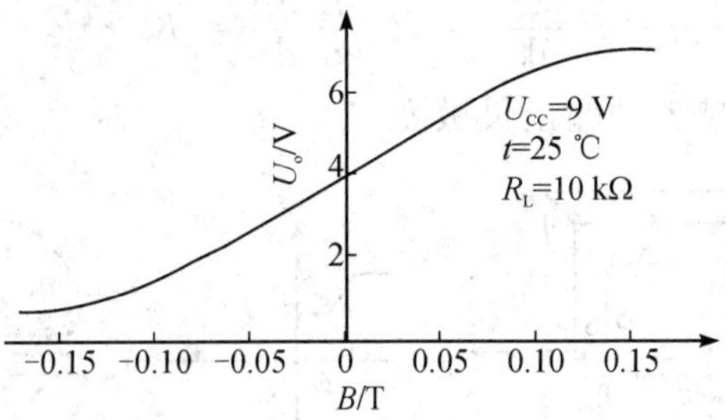

图 5－13　UGN3501T 型线性型集成霍尔传感器的输出特性

表 5－4　线性型集成霍尔传感器的技术参数

型号	电源电压 U_{CC}/V	电源电流 I_C/mA	静态输出 U_o	灵敏度 K_H/ ($mV·mA^{-1}·T^{-1}$)	带宽 BW/kHz	工作温度 /℃	线性范围 B_L/T	外形尺寸 /mm
UGN3501T	8～16	10～20	2.5～5 V	3.5～7.0	25	－10～＋70	±0.15	4.6×4.5×2.05
UGN3501M	8～16	10～18	100～400 mV	0.7～1.4	25	－10～＋70	0～0.3	8 脚 DIP

开关型集成霍尔传感器的输出只有低电平和高电平两种状态，而线性型集成霍尔传感器的输出却是对外加磁场的线性感应。因此，线性型集成霍尔传感器可广泛用于位置、力、质量、厚度、速度、磁场、电流等的测量或控制。

5.3　霍尔传感器的应用

霍尔传感器电子秤　　　　霍尔传感器交流激励

由于霍尔传感器具有在静态状态下感受磁场的独特能力，而且它具有结构简单、体积小、质量轻、频带宽(从直流到微波)、动态特性好和寿命长、无触点等许多优点，因此其在测量技术、自动化技术和信息处理等方面有着广泛应用。按被检测对象的性质可将其应用分为直接应用和间接应用。前者是直接检测受检对象本身的磁场或磁特性，后者是检测受检对象上人为设置的磁场，这个磁场是被检测的信息的载体，通过它可将许多非电、非磁的物理量，例如位移、速度、加速度、角度、角速度、压力、功率、转数、转速以及工作状态发生变化的时间等，转变成电学量来进行检测和控制。

5.3.1　霍尔式位移传感器

霍尔式位移传感器可制成如图 5－14(a)所示的结构，在极性相反、磁场强度相同的两个磁钢的气隙间放置一个霍尔元件，当控制电流 I_c 恒定不变时，霍尔电压 U_H 与外加磁场

强度 B 成正比；若磁场在一定范围内沿 x 方向的变化梯度 $\frac{dB}{dx}$ 为一常数(即均匀梯度的磁场中)，如图 5-14(b)所示，则当霍尔元件沿 x 方向移动时，霍尔电压变化为

$$\frac{dU_H}{dx} = R_H \frac{I_c}{d} \frac{dB}{dx} = K \tag{5-19}$$

式中，K 为霍尔式位移传感器的输出灵敏度。

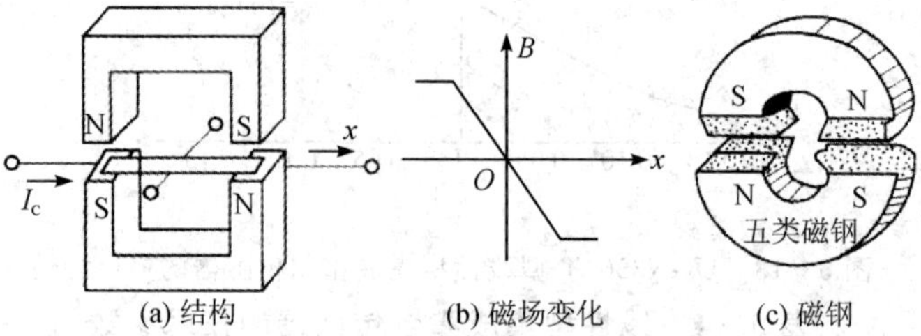

(a) 结构　(b) 磁场变化　(c) 磁钢

图 5-14　霍尔式位移传感器

对式(5-19)积分后，得

$$U_H = Kx \tag{5-20}$$

由式(5-20)可见，霍尔电压与位移 x 呈线性关系，其输出电压的极性反映了霍尔元件位移的方向，磁场梯度越大，灵敏度越高，磁场梯度越均匀，输出线性度越好。当 $x=0$ 时，则霍尔元件置于磁场中心位置，$U_H=0$。为了获得均匀的磁场梯度，往往将磁钢的磁极片设计成一种特殊形状，如图 5-14(c)所示，霍尔式位移传感器可用来测量小至 0.5 mm 的位移，其特点是惯性小、速度响应快、无触点测量，特别适用于微位移、机械振动等的测量。利用这一原理可以测量相关的非电量，如力、加速度、液位、压差等。若霍尔元件在均匀磁场内转动，则会产生与转角的正弦函数成比例的霍尔电压，可用来测量角位移。

5.3.2　霍尔式电流传感器

霍尔式电流传感器能够测量直流电流，弱电回路与主回路隔离，能够输出与被测电流波形相同的“跟随电压”，容易与计算机及二次仪表连接，准确度高、线性度好、响应时间快、频带宽，不会产生过电压等。

霍尔式电流传感器的基本原理如图 5-15(a)所示，用一环形(有时也可以是方形)导磁材料做成铁芯，套在被测电流流过的导线(也称被测电流母线)上，将导线中电流感生的磁

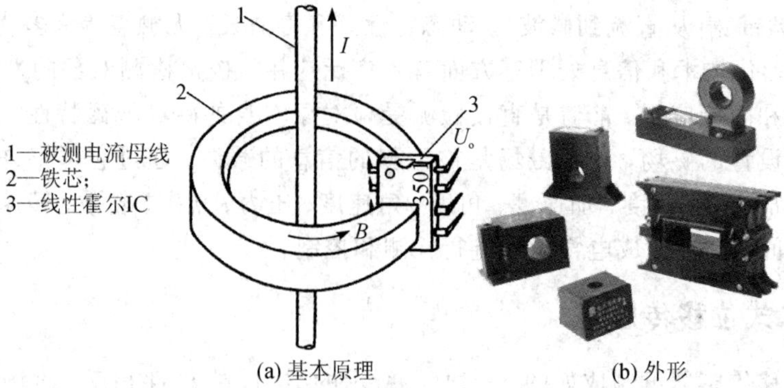

(a) 基本原理　(b) 外形

图 5-15　霍尔式电流传感器

场聚集在铁芯中。在铁芯上开一与霍尔传感器厚度相等的气隙，将霍尔线性 IC 紧紧地夹在气隙中央。被测电流母线通电后，磁力线就集中通过铁芯中的霍尔线性 IC，霍尔线性 IC 就输出与被测电流成正比的输出电压或电流。

5.3.3　霍尔式压力传感器

霍尔式压力传感器是一种将非电量转换成位移量的传感器，其基本原理如图 5－16(a) 所示。霍尔式压力传感器一般由两部分组成：一部分是弹性元件，用来感受压力，并将压力转换为位移量；另一部分是霍尔元件和磁系统。它通常是先用弹性元件将被测压力变换成位移，由于霍尔元件固定在弹性元件的自由端上，故弹性元件产生位移时会带动霍尔元件使它在线性变化的磁场中移动，从而输出霍尔电势。弹性元件可以是波登管也可以是膜盒，图 5－16(a)中弹性元件波登管一端固定，另一端为自由端，安装在霍尔元件之中。当输入压力增加时，波登管伸长，使霍尔元件在均匀梯度磁场中产生相应的位移，输出与压力成正比的霍尔电势。

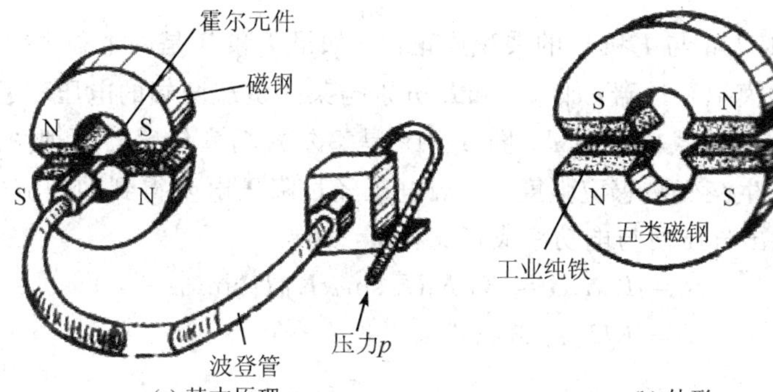

(a) 基本原理　　(b) 外形

图 5－16　霍尔式压力传感器

5.3.4　霍尔式转速传感器

在恒定的电流作用下，霍尔元件所感受的磁场强度发生变化时，其输出的霍尔电势的值也发生相应的变化，霍尔式转速传感器就是根据这个原理工作的。

利用霍尔元件的开关特性可对转速进行测量。如图 5－17 所示，在被测转速的轴上安装一齿轮状的磁导体，对着齿轮，固定着一个马蹄状的永久磁铁，霍尔元件粘贴在永久磁铁表面，即安放在齿轮和永久磁铁中间，并通以恒定电流。当齿轮转动时，作用在霍尔元件上的磁通量发生变化，齿轮的齿对准磁极时，磁阻减小，磁通量增大；齿间隙对准磁极时，磁阻增大，磁通量减小。随着磁通量周期性变化，霍尔元件输出一系列脉冲信号。旋转一周的脉冲数，等于齿轮的齿数，因此通过对脉冲信号的频率测量即可测得旋转齿轮的转速。其测速范围很宽，为 $1\sim10^4$ r/s。

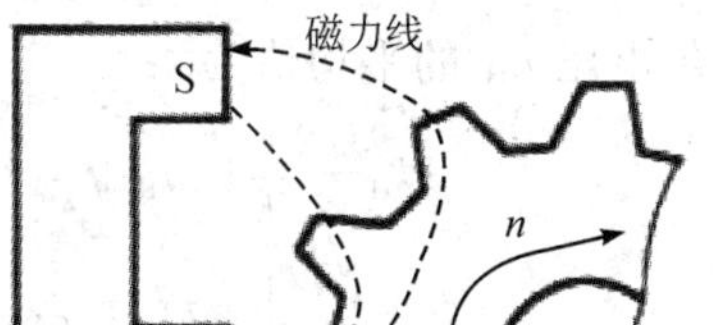

1—永久磁铁；2—霍尔元件；3—齿轮

图 5－17　转速测量原理图

图 5－18 是几种不同结构的霍尔式转速传感器。转盘的输入轴与被测转轴相连，当被测转轴转

动时，转盘随之转动，固定在转盘附近的霍尔传感器便可在每一个小磁铁通过时产生一个相应的脉冲，检测单位时间的脉冲数，便可知被测转速。根据磁性转盘上小磁铁数目多少就可确定传感器测量转速的分辨力。

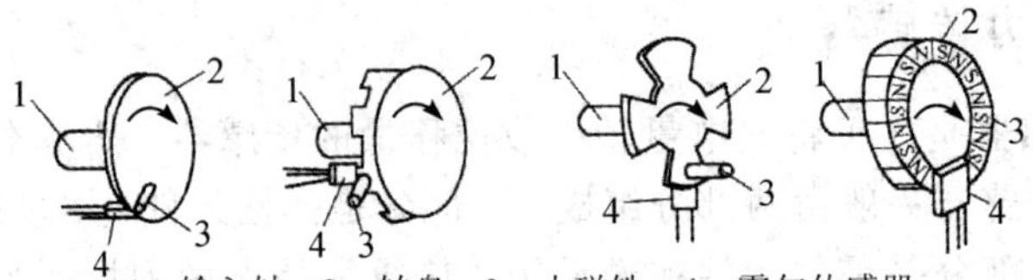

1—输入轴；2—转盘；3—小磁铁；4—霍尔传感器

图 5－18　几种不同结构的霍尔式转速传感器

以上几种霍尔式转速传感器，配以适当的电路即可构成数字式或模拟式非接触式转速表。这种转速表对被测轴影响小，输出信号的幅值又与转速无关，因此测量精度高。

5.3.5　霍尔式功率传感器

由式(5－7)知，U_H 与 I 和 B 的乘积成正比，如果 I 和 B 是两个独立变量，霍尔器件就是一个简单实用的模拟乘法器；如果 I 和 B 分别与某一负载两端的电压和通过的电流有关，则霍尔器件便可用于负载功率测量。图 5－19 是霍尔式功率传感器原理图。负载所取电流流过铁芯线圈以产生交变磁感应强度，电源电压经过降压电阻得到的交流电流流过霍尔器件，则霍尔器件输出电压便与电功率成正比，即

$$\begin{aligned} u_H &= K_H i_c B = K_H K_i U_m \sin\omega t K_B I_m \sin(\omega t + \varphi) \\ &= K U_m I_m \sin\omega t \sin(\omega t + \varphi) \end{aligned} \tag{5-21}$$

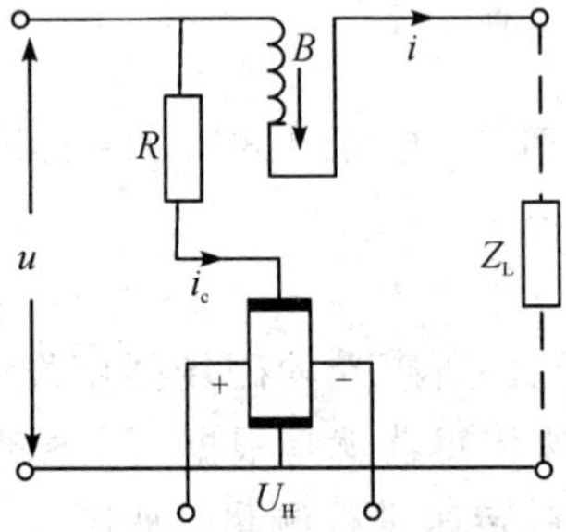

图 5－19　霍尔式功率传感器原理图

则霍尔电压 u_H 的平均值为

$$\begin{aligned} U_H &= \frac{1}{T}\int_0^T u_H \mathrm{d}t = \frac{1}{T}\int_0^T K U_m I_m \frac{1}{2}[\cos\varphi - \cos(2\omega t + \varphi)]\mathrm{d}t \\ &= \frac{1}{2} K U_m I_m \cos\varphi = K_P U I \cos\varphi = K_P P \end{aligned} \tag{5-22}$$

式中，K_H——霍尔灵敏度；

K_i——与降压电阻有关的系数；

K_B——与线圈有关的系数；

K_P——总系数；

U_m、I_m——电源电压与负载电流幅值；

φ——与负载有关的功率角；

P——有功功率，$P = UI\cos\varphi$。

通过以上分析可知，霍尔器件输出电压与电功率成正比，因此可以通过测量霍尔器件的输出电压来测定电功率。

思考与练习

5-1　试述霍尔电势建立的过程。霍尔电势的大小和方向与哪些因素有关？

5-2　霍尔元件存在不等位电势的主要原因有哪些？如何补偿？补偿的原理是什么？

5-3　最佳的霍尔传感器的材料是什么材料？为什么？

5-4　集成霍尔传感器分为哪些类型，各有什么特点？

5-5　若一个霍尔器件的灵敏度 $K_H = 4$ mV/(mA · T)，控制电流 $I = 3$ mA，将它置于 1～5 T 变化的磁场中，它输出的霍尔电势范围多大？设计一个 20 倍的比例放大器来放大该霍尔电势。

实验八　霍尔式位移传感器检测

一、实验目的

1. 掌握霍尔传感器工作原理与应用；
2. 通过静态位移量输入了解霍尔传感器工作特性。

霍尔传感器振幅测量

二、实验器材

霍尔传感器模块、霍尔传感器、测微头、直流电源、数显电压表。

三、实验原理

霍尔元件置于磁场强度为 B 的磁场中，在垂直于磁场方向通以电流 I，则与这二者垂直的方向上将产生霍尔电势 $U_H = KIB$，式中 K 为霍尔元件的灵敏度。如果保持霍尔元件的电流 I 不变，而使其在一个均匀梯度的磁场中移动，则输出的霍尔电势变化量为

$$\Delta U_H = KI\frac{dB}{dZ}\Delta Z \tag{5-23}$$

式中，ΔZ 为位移量，此式说明若 $\frac{dB}{dZ}$ 为常数，ΔU_H 与 ΔZ 成正比。

为实现均匀梯度的磁场，如图 S8.1 所示，两块相同的磁铁(磁铁截面积及表面磁感应强度相同)相对放置，即 N 极与 N 极相对，两磁铁之间留一等间距间隙，霍尔元件平行于磁铁放在该间隙的中轴上。间隙大小要根据测量范围和测量灵敏度要求而定，间隙越小，磁场梯度就越大，灵敏度就越高。磁铁截面要远大于霍尔元件，以尽可能地减小边缘效应影响，提高

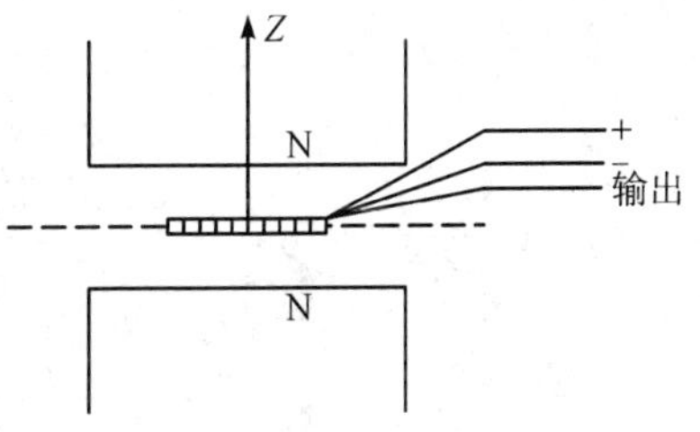

图 S8.1　均匀梯度磁场示意图

测量精确度。

若磁铁间隙内中心截面处的磁感应强度为零，霍尔元件处于该处时，输出的霍尔电势应该为零。当霍尔元件偏离中心沿 Z 轴发生位移时，由于磁感应强度不再为零，霍尔元件也就产生相应的电势差输出，其大小可以用数字电压表测量。由此可以将霍尔电势为零时元件所处的位置作为位移参考零点。

霍尔电势与位移之间存在一一对应关系，当位移较小(小于 2 mm)时，这种一一对应关系具有良好的线性。

四、实验内容与步骤

1. 在霍尔传感器模块上，按图 S8.2 接线。

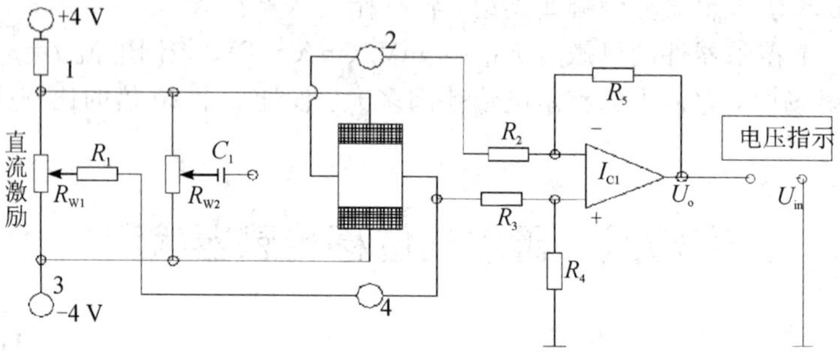

图 S8.2　霍尔传感器直流激励接线图

2. 开启电源，数显电压表选择"2 V"挡，将测微头的起始位置调到"1 cm"处，手动调节测微头的位置，先使霍尔片大概在磁钢的中间位置(数显表大致为 0)，固定测微头，再调节 R_{W1} 使数显表显示为零。

3. 分别向左、右不同方向旋动测微头，每隔 0.2 mm 记下一个读数，直到读数近似不变，将读数填入表 S8.1 中。

表 S8.1　数据记录表

X/mm														
U/mV														

五、数据处理

根据所得数据作出 $U-X$ 曲线，计算不同线性范围的灵敏度并定性给出结论。

第 6 章　压电式传感器与动态检测

压电式传感器是一种能量转换型传感器。它既可以将机械能转换为电能，又可以将电能转换为机械能。压电式传感器是以某些晶体受力后在其表面产生电荷的压电效应为转换原理的传感器。它可以测量最终能变换为力的各种物理量，例如力、压力、加速度等，是典型的有源传感器。压电式传感器具有体积小、质量轻、频带宽、灵敏度高等优点。近年来压电测试技术发展迅速，特别是电子技术的迅速发展，使压电式传感器的应用越来越广泛。

6.1　压 电 效 应

压电式传感器

6.1.1　正压电效应和逆压电效应

某些物质沿某一方向受到外力作用时，会产生变形，同时其内部产生极化现象，此时在这种材料的两个表面产生符号相反的电荷，当外力去掉后，它又重新恢复到不带电的状态；当作用力方向改变时，电荷极性也随之改变，这种现象被称为压电效应。这种机械能转化为电能的现象称为“正压电效应”或“顺压电效应”。反之，当在某些物质的极化方向上施加电场时，这些材料在某一方向上产生机械变形或机械压力；当外加电场撤去时，这些变形或应力也随之消失。这种电能转化为机械能的现象称为“逆压电效应”或“电致伸缩效应”。1880—1881 年，雅克(Jacques)和皮埃尔 · 居里(Piere Curie)发现了这两种效应。图 6 - 1、图 6 - 2 分别为正、逆压电效应示意图。压电效应具有可逆性，如图 6 - 3 所示。在自然界中大多数晶体具有压电效应，但压电效应十分微弱。随着对材料的深入研究，发现石英晶体、钛酸钡、锆钛酸铅等材料是性能优良的压电材料。

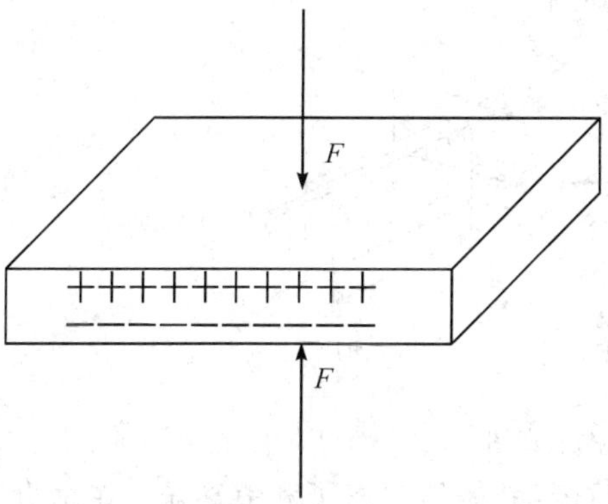

图 6 - 1　正压电效应示意图

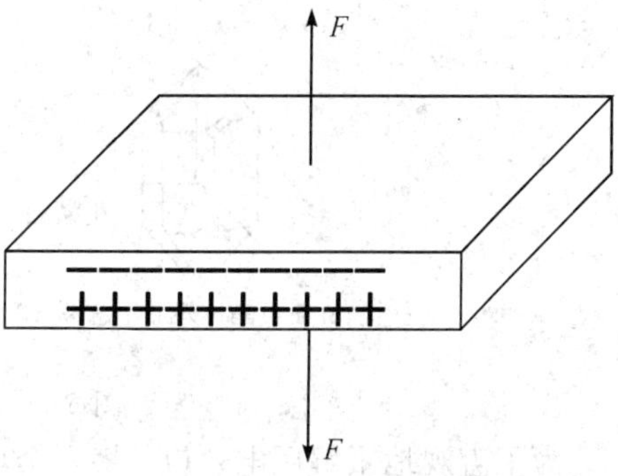

图 6 - 2　逆压电效应示意图

图 6-3　压电效应的可逆性

6.1.2　石英晶体的压电效应

由前所述我们知道具有压电效应的物质很多，如石英晶体、压电陶瓷、压电半导体等。它们都具有较大的压电常数，并具有机械性能良好、时间稳定性好、温度稳定性好等特性，所以是较理想的压电材料。由晶体学可知，无对称中心的晶体，通常具有压电性。具有压电性的单晶体统称为压电晶体。石英晶体是最典型而常用的压电晶体。

石英晶体俗称水晶，有天然和人工之分。目前传感器中使用的均是居里点为 573℃，晶体的结构为六角晶系的 α-石英。石英晶体化学成分为 SiO_2，是单晶体结构。它理想的几何形状为正六面体晶柱，其外形如图 6-4 所示，呈六角棱柱体。实际上其两端为晶锥形状。通过上下晶锥顶点的 z 轴称为光轴，光线沿 z 轴传播时将无折射，在此方向也不产生压电效应；经过正六面体(两相对)棱线且垂直于光轴的 x 轴称为电轴；与 x 轴和 z 轴同时垂直的 y 轴称为机械轴，如图 6-5 所示。通常把沿电轴方向的力作用下产生电荷的压电效应称为"纵向压电效应"，把沿机械轴方向的力作用下产生电荷的压电效应称为"横向压电效应"。作用力为剪切力时产生的压电效应称为"切向压电效应"。

图 6-4　石英晶体外形

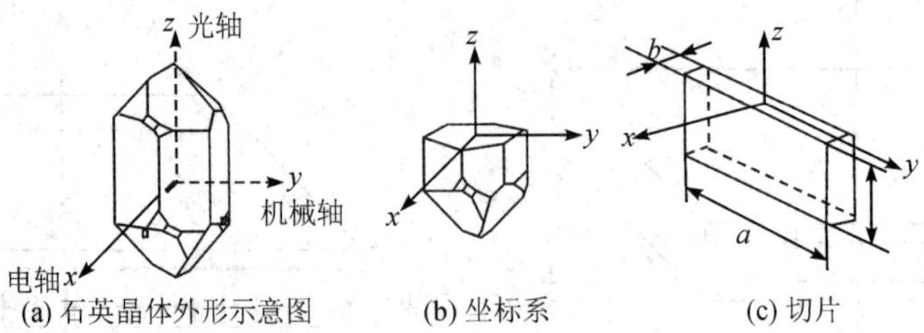

图 6-5　石英晶体结构示意图

为了直观地了解压电效应，将一个单元中构成石英晶体的硅离子和氧离子，在垂直于 z 轴的 xy 平面上投影，等效为图 6-6(a)中的正六边形排列。图 6-6 中"(+)"代表 Si^{4+}，"(−)"代表 O^{2-}。

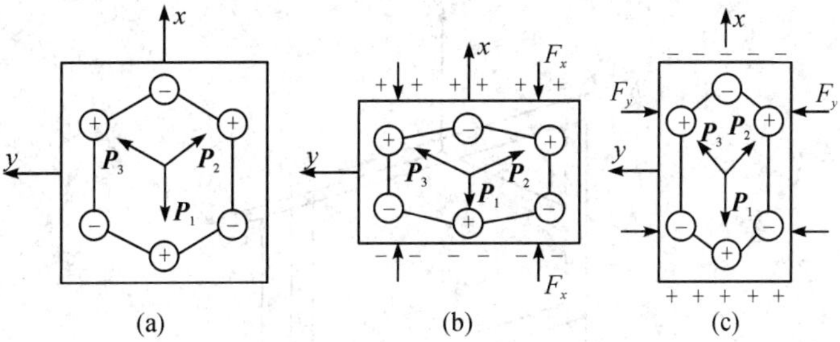

图 6-6　石英晶体压电效应示意图

当石英晶体未受外力时，正、负离子(即 Si^{4+} 和 O^{2-})正好分布在正六边形的顶角上，形成三个大小相等、互成 120°夹角的电偶极矩 $\boldsymbol{P}_1$、$\boldsymbol{P}_2$ 和 $\boldsymbol{P}_3$，如图 6-6(a)所示。$P=ql$，q 为电荷量，l 为正、负电荷之间的距离。电偶极矩方向为由负电荷指向正电荷。此时，正、负电荷中心重合，电偶极矩的矢量和等于零，即 $\boldsymbol{P}_1+\boldsymbol{P}_2+\boldsymbol{P}_3=0$。这时晶体表面不产生电荷，整体上说它呈电中性。

当石英晶体受到沿 x 方向的压力 F_x 作用时，将产生压缩变形，正、负离子的相对位置随之变动，正、负电荷中心不再重合，如图 6-6(b)所示。电偶极矩在 x 方向的分量为 $(\boldsymbol{P}_1+\boldsymbol{P}_2+\boldsymbol{P}_3)_x>0$，在 x 轴的正方向的晶体表面上出现正电荷。而在 y 轴和 z 轴方向的分量均为零，即 $(\boldsymbol{P}_1+\boldsymbol{P}_2+\boldsymbol{P}_3)_y=0$，$(\boldsymbol{P}_1+\boldsymbol{P}_2+\boldsymbol{P}_3)_z=0$，在垂直于 y 轴和 z 轴的晶体表面上不出现电荷。这种沿 x 轴施加压力 F_x，而在垂直于 x 轴晶面上产生电荷的现象，称为“纵向压电效应”。

当石英晶体受到沿 y 轴方向的压力 F_y 作用时，晶体如图 6-6(c)所示变形。电偶极矩在 x 轴方向上的分量 $(\boldsymbol{P}_1+\boldsymbol{P}_2+\boldsymbol{P}_3)_x<0$，在 x 轴的正方向的晶体表面上出现负电荷。同样，在垂直于 y 轴和 z 轴的晶面上不出现电荷。这种沿 y 轴施加压力 F_y，而在垂直于 x 轴晶面上产生电荷的现象，称为“横向压电效应”。

当晶体受到沿 z 轴方向的力(无论是压力或拉力)作用时，因为晶体在 x 方向和 y 轴方向的变形相同，正、负电荷中心始终保持重合，电偶极矩在 x 轴方向和 y 轴方向的分量等于零。所以，沿光轴方向施加力，石英晶体不会产生压电效应。需要指出的是，上述讨论均假设晶体沿 x 轴和 y 轴方向受到了压力，当晶体沿 x 轴和 y 轴方向受到拉力作用时，同样有压电效应，只是电荷的极性将随之改变。

下面定量分析石英晶体的压电效应。若从晶体上沿 y 方向切下一块如图 6-7 所示的晶片，当沿电轴 x 轴方向施加压力 F_x 时，晶片将产生厚度变形，并发生极化现象。产生的电荷与压力 F_x 成正比：

$$q_{11}=d_{11}F_x \tag{6-1}$$

式中，d_{11} 为压电系数。下标的意义为产生电荷的面的轴向及施加作用力的轴向。

若在同一切片上，沿机械轴 y 轴方向施加压力 F_y，则仍在与 x 轴垂直的平面上产生电荷 q_y，其大小为

$$q_{12}=d_{12}\frac{ac}{bc}F_y=d_{12}\frac{a}{b}F_y \tag{6-2}$$

式中，d_{12} 为 y 轴方向受力的压电系数。根据石英晶体轴对称条件 $d_{11}=-d_{12}$，有

$$q_{12}=-d_{11}\frac{a}{b}F_y \tag{6-3}$$

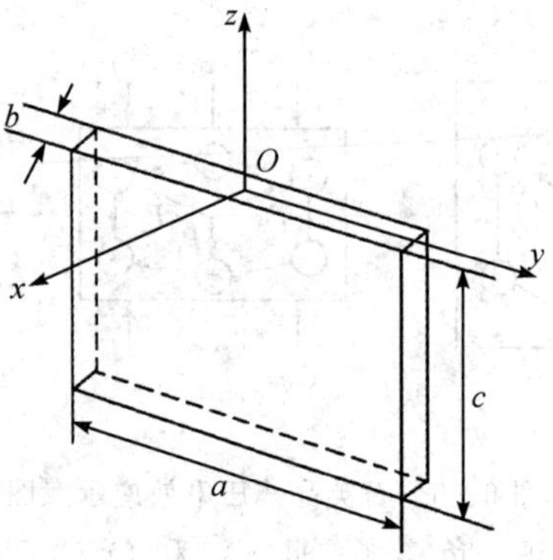

图 6－7　石英晶体切片

石英晶片受压力或拉力时，电荷的极性如图 6－8 所示。

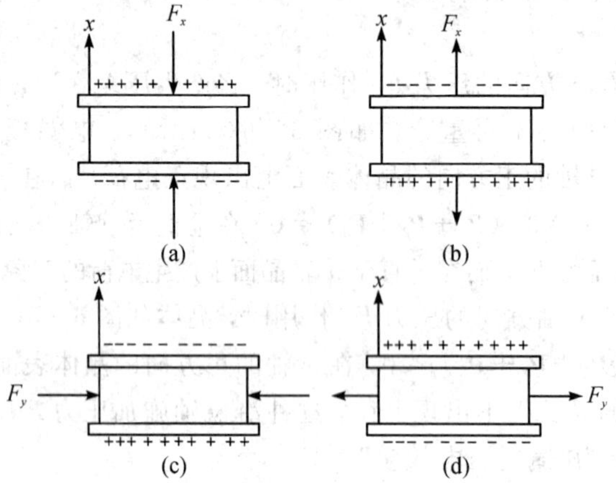

图 6－8　石英晶体受力方向与电荷极性示意图

石英晶体的压电效应的特点总结如下：

(1) 当晶片受到 x 轴方向的压力作用时，q_{11} 只与作用力 F_x 成正比，而与晶片的几何尺寸无关；

(2) 沿机械轴 y 轴方向向晶片施加压力时，产生的电荷是与几何尺寸有关的；

(3) 石英晶体不是在任何方向都存在压电效应的；

(4) 晶体在哪个方向上有正压电效应，则在此方向上一定存在逆压电效应；

(5) 无论是正还是逆压电效应，其作用力(或应变)与电荷(或电场强度)之间都呈线性关系。

6.1.3　压电陶瓷的压电效应

压电陶瓷是人工制造的多晶体压电材料。该材料内部的晶粒有许多自发极化的电畴，电畴是分子自发形成的极化方向相同的小区域，它有一定的极化方向，从而存在电场。在无外电场作用时，电畴在晶体中杂乱分布，它们各自的极化效应被相互抵消，压电陶瓷内极化强度为零。因此，原始的压电陶瓷呈中性，不具有压电性质。在陶瓷上施加外电场时，电畴的极化方向发生转动，趋向于按外电场方向的排列，从而使材料得到极化。外电场愈强，完全转向外电场方向的电畴就更多。外电场强度大到使材料的极化达到饱和的程度，即所有电畴极化方向都整齐地与外电场方向一致时，在极化电场去除后，电畴极化方向基本上保持不变，留下了很强的剩余极化，如图 6－9 所示。这时的材料才具有压电特性。

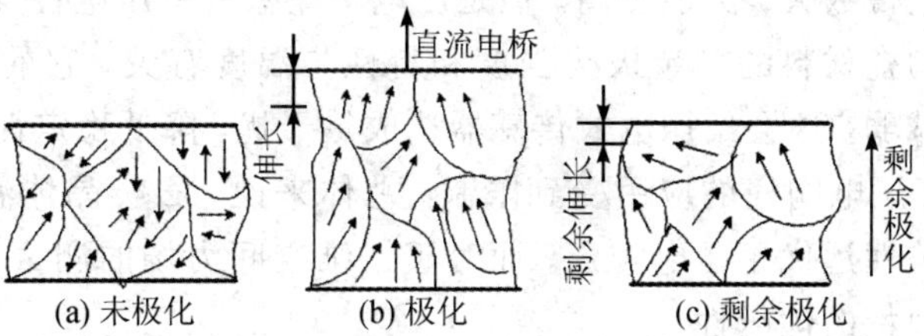

图 6－9　压电陶瓷的极化

陶瓷片内的极化强度总是以电偶极矩的形式表现出来，即在陶瓷的一端出现正束缚电荷，另一端出现负束缚电荷。由于束缚电荷的作用，在陶瓷片的电极面上吸附了一层来自外界的自由电荷。这些自由电荷与陶瓷片内的束缚电荷符号相反而数量相等，它屏蔽和抵消了陶瓷片内极化对外界的作用。如果在陶瓷片上加一个与极化方向平行的压力 F，陶瓷片将产生压缩形变。陶瓷片内的正、负束缚电荷之间的距离变小，极化强度也变小。释放部分吸附在电极上的自由电荷，而出现放电现象。当压力撤销后，陶瓷片恢复原状，极化强度也变大，因此电极上又吸附一部分自由电荷而出现充电现象。这就是压电陶瓷的正压电效应。

正是由于压电陶瓷具有压电效应，所以，当极化后的铁电体受到外力的作用时，其剩余极化强度将随之发生变化，在一定的表面分别产生正负电荷。压电陶瓷在极化方向上压电效应最明显，定义为 z 轴，垂直于 z 轴的任何直线都可作为 x 轴或 y 轴，这是和石英晶体的不同之处。当压电陶瓷沿极化方向受力时，则在垂直于 z 轴的上、下两表面上将会出现电荷，如图 6－10 所示，其电荷量 q 与作用力 F_z 成正比，即

$$q = d_{33} F_z \tag{6-4}$$

式中，d_{33}——压电陶瓷的压电系数；

F_z——作用力。

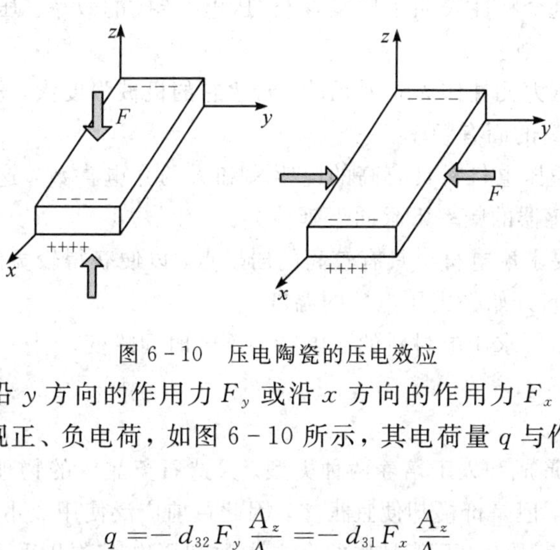

图 6－10　压电陶瓷的压电效应

压电陶瓷在受到沿 y 方向的作用力 F_y 或沿 x 方向的作用力 F_x 时，在垂直于 z 轴的上、下平面上分别出现正、负电荷，如图 6－10 所示，其电荷量 q 与作用力 F_y、F_x 也成正比，即

$$q = -d_{32} F_y \frac{A_z}{A_y} = -d_{31} F_x \frac{A_z}{A_x} \tag{6-5}$$

式中，A_z——极化面面积；

A_x、A_y——受力面面积；

d_{32}、d_{31}——压电陶瓷的横向压电系数。

压电陶瓷的压电常数大，灵敏度高。但是压电陶瓷除具有压电性外，还具有热释电性，极化处理后的压电陶瓷材料的剩余极化强度和特性与温度有关，它的参数也随时间变化，从而使其压电特性减弱。这会给压电式传感器造成热干扰，降低稳定性。所以，对要求传感器稳定性高的场合，压电陶瓷的应用受到限制。总体来说，石英晶体温度与时间的稳定性以及材料之间的一致性远优于压电陶瓷。而对于三维空间力场的测量，压电陶瓷的体积压缩压电效应显示了独特的优越性。

6.2 压电材料及其特性

具有压电效应的材料称为压电材料。压电材料的种类很多。从取材方面看，有天然的和人工合成的，有有机的和无机的。从晶体结构方面讲，有单晶的和多晶的。

压电材料的主要特性参数有以下几个：

(1) 压电常数。其是衡量材料压电效应强弱的参数，直接关系到压电输出灵敏度。

(2) 弹性常数。压电材料的弹性常数(刚度)决定着压电元件的固有频率和动态特性。

(3) 介电常数。对于一定形状、尺寸的压电元件，其固有电容与介电常数有关，而固有电容又影响着压电元件的频率下限。

(4) 机电耦合系数。它的定义为：在压电效应中，转换输出的能量(如电能)与输入的能量(如机械能)之比的平方根。它是衡量压电材料机电能量转换效率的一个重要参数。

(5) 电阻。压电材料的绝缘电阻可以减少电荷泄漏，从而改善压电式传感器的低频特性。

(6) 居里点。即压电材料开始丧失压电特性的温度。

压电式传感器中压电元件的材料选用，应考虑以下几方面的特性：

(1) 转换性能。这个特性表明了压电材料“压电”转换的效率。压电材料应具有较大的压电常数或机电耦合系数。

(2) 机械性能。压力元件作为受力元件，希望它的机械强度大，机械刚度大，以便获得较宽的线性范围和较高的固有频率。

(3) 电性能。希望压电材料具有高的电阻率和大的介电常数，这样才能减弱分布电容的影响，使压电式传感器的频率下限向下延伸。

(4) 温度性能。要求压电材料具有较高的居里点，以便获得较宽的工作温度范围，这是因为居里点是压电材料开始失去压电性的温度。

(5) 长期稳定性。要求压电材料的压电特性不随时间蜕变。

6.2.1 石英晶体

石英晶体有天然形成和人工培养两种类型。人造石英晶体的物理和化学性质几乎与天然石英晶体没有区别，但是价格却便宜很多，因此目前广泛使用成本较低的人造石英晶体。在几百摄氏度的温度范围内，石英晶体的介电常数和压电系数几乎不随温度而变化。但是当温度升高到 573℃时，石英晶体将完全丧去压电特性，这就是它的居里点。石英晶体有很高的机械强度和稳定的机械性能，没有热释电效应，但是灵敏度很低，介电常数小，因此正逐渐被其他新型的压电材料所代替。

石英晶体的突出优点是性能非常稳定，但价格昂贵，且压电系数比压电陶瓷低得多。因此，它们常用于精度和稳定性要求高的场合或用于制作标准传感器。石英是一种各向异性晶体，按不同方向切割的晶片，其物理性质(如弹性、压电效应、温度特性等)相差很大。在设计石英传感器时，应根据不同使用要求正确地选择石英片的切型，石英晶体切片外形如图 6－11 所示。

图 6－11　石英晶体切片外形

总体来说，石英晶体的主要性能特点如下：

(1) 压电系数小，但其时间和温度稳定性极好，常温下几乎不变。在 20～200℃范围内其温度变化率仅为－0.16%/℃。

(2) 机械强度和品质因数高，最大安全应力高达 95～100 MPa，且刚度大，固有频率高，动态特性好。

(3) 居里点为 573℃。

(4) 无热释电性，且绝缘性、重复性均好。

6.2.2　压电陶瓷

压电陶瓷是一种应用最普遍的压电材料，压电陶瓷具有烧制方便、耐湿、耐高温、易于成形等特点。压电陶瓷及换能器的外形如图 6－12 所示。1942 年，第一种压电陶瓷材料——钛酸钡先后在美国、苏联和日本制成。1947 年，钛酸钡拾音器——第一种压电陶瓷器件诞生了。20 世纪 50 年代初，又一种性能大大优于钛酸钡的压电陶瓷材料——锆钛酸铅研制成功。从此，压电陶瓷的发展进入了新的阶段。20 世纪 60 年代到 70 年代，压电陶瓷不断改进，日趋完美。用多种元素改进的锆钛酸铅二元系压电陶瓷，以锆钛酸铅为基础的三元系、四元系压电陶瓷也都应运而生。这些材料性能优异，制造简单，成本低廉，应用广泛。

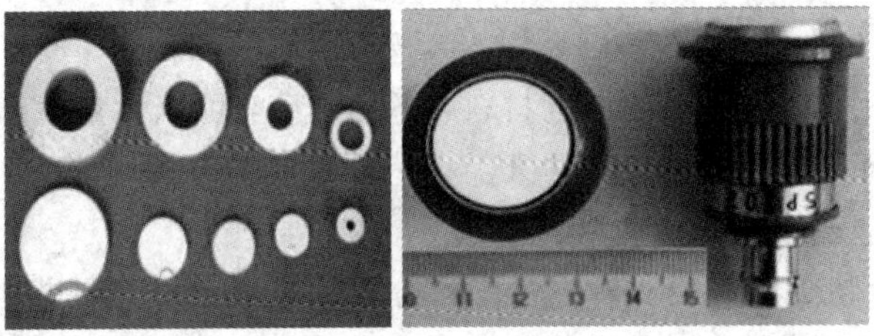

图 6－12　压电陶瓷及换能器的外形

常见的压电陶瓷主要有以下几种。

1. 钛酸钡压电陶瓷

钛酸钡($BaTiO_3$)是由碳酸钡($BaCO_3$)和二氧化钛(TiO_2)按 1∶1 分子比例在高温下合成的压电陶瓷，具有很大的介电常数和较大的压电系数(约为石英晶体的 50 倍)。其不足之处是居里点低(120℃)，使用温度较低，最高只有 70℃，温度稳定性和机械强度不如石英晶体。

2. 锆钛酸铅系压电陶瓷(PZT)

锆钛酸铅是由 $PbTiO_3$(钛酸铅)和 $PbZrO_3$(锆酸铅)组成的固溶体 $Pb(Zr、Ti)O_3$。它与钛酸钡相比，压电系数更大，居里点在 300℃以上，各项机电参数受温度影响小，时间稳定性好。此外，在锆钛酸铅中添加一种或两种其他微量元素(如铌、锑、锡、锰、钨等)还可以获得不同性能的 PZT 材料。和钛酸钡相比，锆钛酸铅有更高的压电系数和工作温度，因此锆钛酸铅系压电陶瓷是目前压电式传感器中应用最广泛的压电材料。

3. 铌酸盐系压电陶瓷

铌酸铅具有很高的居里点和较小的介电常数。铌酸钾的居里点为 435℃，常用于水声传感器中。

4. 铌镁酸铅压电陶瓷(PMN)

铌镁酸铅压电陶瓷是 20 世纪 60 年代发展起来的压电陶瓷。它是由铌镁酸铅 $Pb(Mg \cdot Nb)O_3$、锆酸铅 $PbZrO_3$ 和钛酸铅 $PbTiO_3$ 按不同比例配成的高性能的三元系压电陶瓷，它具有较高的压电系数和居里点，能够在较高的压力下工作，适合作为高温下的力传感器。

6.2.3 新型压电材料

新型压电材料主要有压电半导体和高分子压电材料两种。

1. 压电半导体

1968 年以后出现了很多新型的压电材料。压电半导体是其中重要的一大类。常见的压电半导体材料有硫化锌(ZnS)、碲化镉(CdTe)、氧化锌(ZnO)、硫化镉(CdS)、碲化锌(ZnTe)和砷化镓(GaAs)等。这些材料的显著特点是既具有压电特性，又具有半导体特性，因此既可利用其压电特性研制传感器，又可利用其半导体特性制作电子器件，也可以两者结合，集元件与线路于一体，研制成新型的集成压电式传感器系统。用压电半导体制成的力敏器件具有灵敏度高、响应时间短等优点。此外，用 ZnO 作为表面声波振荡器的压电材料，可进行力和温度的检测。

2. 高分子压电材料

高分子压电材料是一种柔软的压电材料，不易破碎，可以大量生产并制成较大的面积。目前市场上常见的高分子压电材料有两大类，一种是高分子聚合物压电薄膜，另一种是复合高分子压电薄膜。

(1) 高分子聚合物压电薄膜。某些合成高分子聚合物，经延展拉伸和电极化后成为具有压电性的高分子压电薄膜，如聚氟乙烯 PVF、聚偏氟乙烯 PVF2、聚氯乙烯 PVC、聚 r 甲基- L 谷氨酸脂 PMG 和尼龙等。这些材料的特点是质轻柔软，抗拉强度高，蠕变小，耐冲击，体电阻达 1012 kΩ · m，击穿强度为 150～200 kV/m，声阻抗近于水和生物体含水组织，热释电性和热稳定性好，且便于批量生产和大面积使用，可制成大面积阵列传感器乃至人工皮肤。

(2) 复合高分子压电薄膜。复合高分子压电薄膜是在高分子化合物中掺杂压电陶瓷 PZT 或 $BaTiO_3$ 粉末制成的高分子压电薄膜。这种复合压电材料既保持了高分子压电薄膜的柔软性，又具有较高的压电性和机电耦合系数。

由高分子压电材料制成的压电薄膜和电缆如图 6－13 所示。

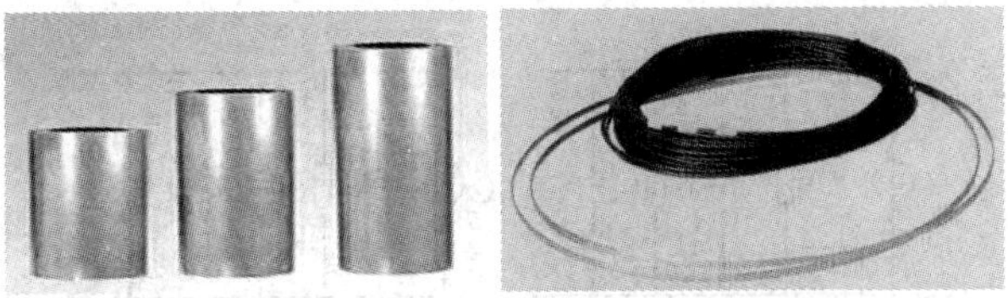

图 6－13 由高分子压电材料制成的压电薄膜和电缆

6.3 压电式传感器测量电路

6.3.1 压电式传感器等效电路

当压电式传感器的压电元件受到外力作用时，就会在纵向或横向受力表面上出现电荷，在一个极板上聚集正电荷，而在另一个极板上聚集等量的负电荷。因此压电式传感器可看作一个电荷发生器，如图 6－14(a)所示；也可把它视为两极板上聚集异性电荷，中间为绝缘体的电容器，如图 6－14(b)所示。其电容量为

$$C_a = \frac{\varepsilon A}{d} = \frac{\varepsilon_r \varepsilon_0 A}{d} \tag{6-6}$$

当两极板聚集异性电荷时，两极板呈现一定的电压，其大小为

$$U_a = \frac{q}{C_a} \tag{6-7}$$

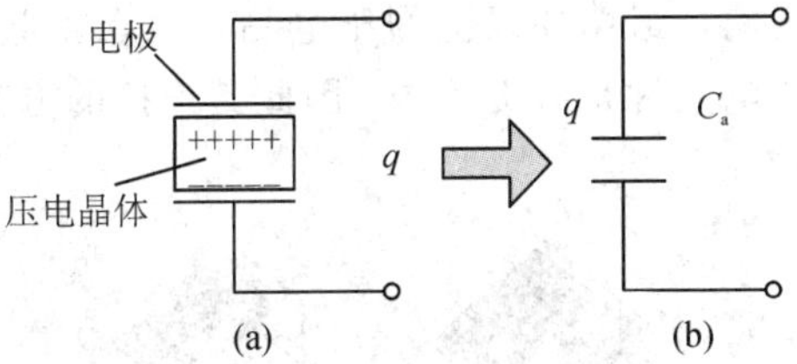

图 6－14 压电式传感器的等效电容

因此，压电式传感器既可以等效成一个电荷源与一个电容并联的形式，如图 6－15(a)所示；也可以等效为一个电容与一个电压源串联的形式，如图 6－15(b)所示。

实际使用时，压电式传感器通过导线与测量仪器相连接，连接导线的等效电容 C_c、前置放大器的输入电阻 R_i、输入电容 C_i 对电路的影响就必须一起考虑进去。当考虑了压电元件的泄漏电阻 R_a 以后，压电式传感器完整的等效电路可表示成图 6－16(a)所示的电压等

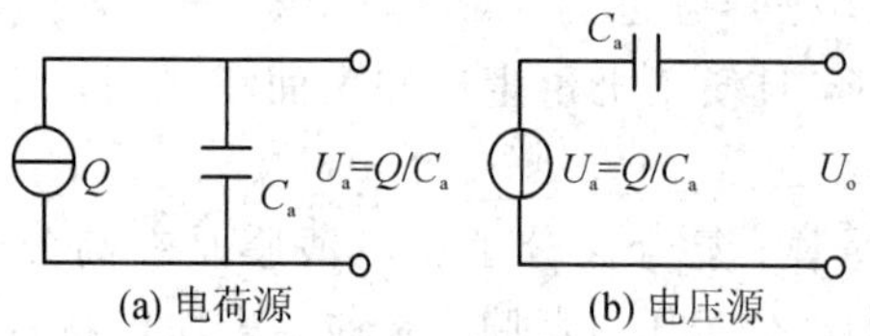

图 6-15 压电式传感器等效电路

效电路和图 6-16(b)所示的电荷等效电路。这两种等效电路是完全等效的。

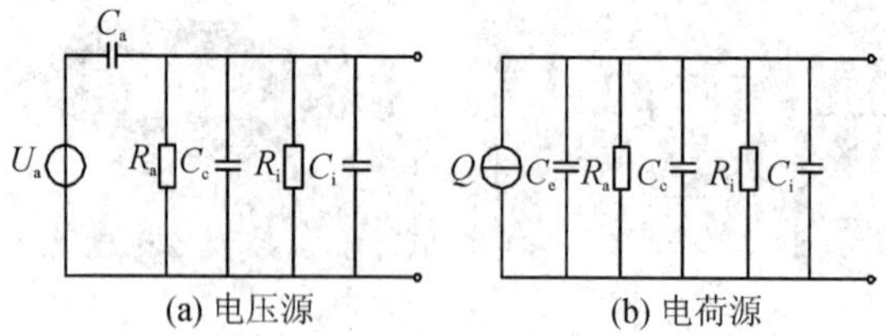

图 6-16 压电式传感器的完整等效电路

理论上，如果在传感器内部信号电荷无“漏损”，且外电路负载无穷大，压电式传感器受力后产生的电压或电荷才能长期保存；事实上，传感器内部不可能没有泄漏，外电路负载也不可能无穷大，因此，电路以某时间常数按指数规律放电。这对于静态测量以及低频准静态测量极为不利，必然带来误差。只有外力以较高频率不断地作用，传感器的电荷才能得以补充，因此，压电晶体只适合动态测量。

等效电路中，压电式传感器的泄漏电阻 R_a 与前置放大器的输入电阻 R_i 并联。为保证传感器和测试系统有一定的低频或准静态响应，要求相应的测量电路应有较大的时间常数，即前置放大器要有相当高的输入阻抗，压电式传感器泄漏电阻应保持在 10^{13} Ω 以上，才能使内部电荷泄漏减少到满足一般测试精度的要求，否则，传感器的信号电荷将会通过输入电路泄漏，产生测量误差。

6.3.2 压电元件的串联和并联

在实际应用中，由于单个压电元件的输出电荷很小，因此，组成压电式传感器的压电晶片往往不止一片，常常将两片或两片以上的压电晶片粘在一起，这样可以提高压电式传感器的灵敏度。而且由于压电元件是有极性的，因此其连接的方法有两种，即并联和串联，如图 6-17 所示。

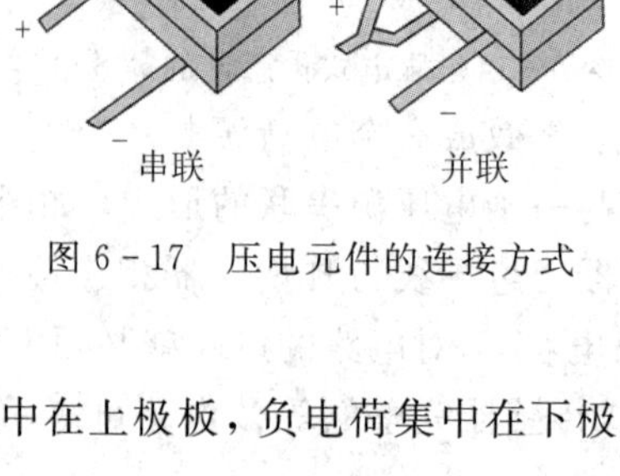

图 6-17 压电元件的连接方式

1. 压电元件的串联

在图 6-18 中，正电荷集中在上极板，负电荷集中在下极板，而中间极板的上片产生的负电荷与下片产生的正电荷相互抵消，这种接法称为串联。显然采用串联接法时，其输出电压 U 等于单片电压的两倍，输出的电荷量 q 等于单片电荷量，总电容为单片的 1/2。传感器本身的电容量小、响应快、输出电压大，故这种传感器适用于测量以电压作为输出的信号和频率较高的信号，即

$$q' = q,\ U' = 2U,\ C' = \frac{1}{2}C \tag{6-8}$$

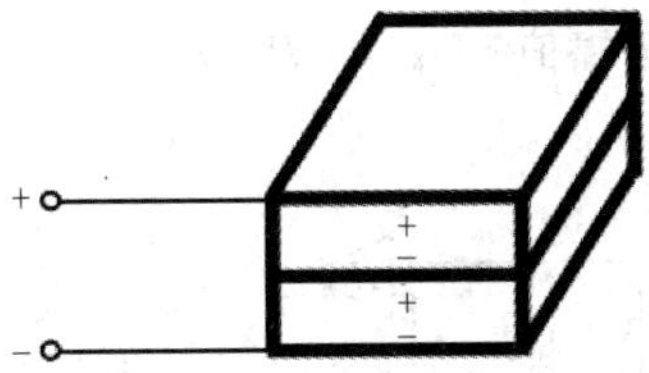

图 6-18　压电元件的串联

2. 压电元件的并联

在图 6-19 中，两个压电晶片的负极都集中在中间电极上，正电极在两边的电极上，这种接法称为并联。此时，输出电荷为单片上电荷的两倍，输出电压等于单片电压，总电容等于单片电容的两倍。并联时传感器的电容量大、输出电荷量大、时间常数也大，故这种传感器适用于测量缓变信号及电荷量输出信号，即

$$q' = 2q,\ U' = U,\ C' = 2C \tag{6-9}$$

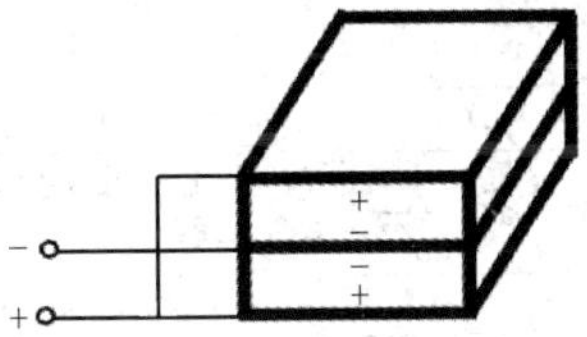

图 6-19　压电元件的并联

总结如下：采用串联接法时，输出电压高，本身电容小，适用于以电压作为输出的信号和测量电路输入阻抗很高的情况；采用并联接法时，电荷输出大，本身电容也大，因而时间常数大，故适用于测量缓慢变化信号，并以电荷作为输出的情况。

6.3.3　基本测量电路

由于压电式传感器本身的内阻抗很高，而输出电信号很微弱，因此一般不能直接显示和记录。通常先把压电式传感器信号输入到高输入阻抗的前置放大器中，经过阻抗变换以后，再经过一般的放大检波电路后得到的信号才能送至指示仪表或记录器中。压电式传感器的前置放大器有两个作用：一是将传感器的高阻抗输出变换为低阻抗输出；二是放大传感器输出的微弱电信号。

压电式传感器的输出可以是电压信号，也可以是电荷信号，因此前置放大器也有两种形式：电压放大器和电荷放大器。电压放大器采用电阻反馈，其输出电压与输入电压(即传感器的输出)成正比；电荷放大器用电容负反馈，其输出电压与输入电荷成正比。由于电荷放大器电路的电缆长度变化的影响不大，几乎可以忽略不计，故电荷放大器应用日益广泛。

1. 电压放大器

压电式传感器接电压放大器电路如图 6－20(a)所示。图 6－20(b)是简化后的等效电路，其中，电阻 $R=R_a // R_i$，电容 $C=C_c+C_i$，而 $U_a=q/C_a$，若压电元件受正弦力 $f=F_m \sin\omega t$ 的作用，则其电压为

$$\dot{U}_a=\frac{dF_m}{C_a}\sin\omega t=U_m\sin\omega t \tag{6-10}$$

式中，U_m—— 压电元件输出电压幅值，$U_m=dF_m/C_a$；

d—— 压电系数。

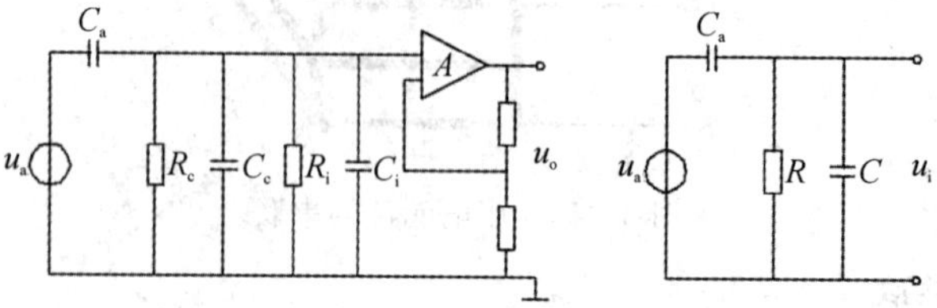

C_a—传感器的固有电容；R_c—传感器的漏电阻；C_c—电缆电容；
C_i—前置放大器输入电容；R_i—前置放大器输入电阻

(a) 接放大器电路　　(b) 等效电路

图 6－20　压电式传感器接电压放大器电路原理图及等效电路

在放大器输入端形成的电压为

$$u_i=\frac{\dfrac{R\dfrac{1}{j\omega C}}{R+\dfrac{1}{j\omega C}}}{\dfrac{1}{j\omega C_a}+\dfrac{R\dfrac{1}{j\omega C}}{R+\dfrac{1}{j\omega C}}}u_a=\frac{j\omega R}{1+j\omega R(C+C_a)}dF \tag{6-11}$$

u_i 的幅值 U_{im} 为

$$U_{im}(\omega)=\frac{d_{33}F_m\omega R}{\sqrt{1+\omega^2R^2\ (C_a+C_c+C_i)^2}} \tag{6-12}$$

式(6－12)表明压电式传感器有很好的高频响应，但是，当作用于压电元件的力为静态力($\omega=0$)时，前置放大器的输出电压等于零，因为电荷会通过放大器输入电阻和传感器本身漏电阻漏掉，所以压电式传感器不能用于静态力的测量。在理想情况下，传感器的 R_a 与前置放大器的输入电阻 R_i 都为无限大，即 $\omega(C_a+C_c+C_i)R\gg 1$，那么由式(6－12)可知，理想情况下输入电压幅值 U_{im} 为

$$U_{im}=\frac{d_{33}F_m}{C_a+C_c+C_i} \tag{6-13}$$

式(6－13)表明前置放大器输入电压 U_{im} 与频率无关。当 $\omega(C_a+C_c+C_i)R\gg 1$ 时，放大器输入电压 U_{im} 如式(6－13)所示，式中 C_c 为连接电缆电容，当电缆长度改变时，C_c 也将改变，因而 U_{im} 也随之变化。因此，压电式传感器与前置放大器之间的连接电缆不能随意更换，否则将引入测量误差。一般在 $\omega/\omega_0>3$ 时，就可以认为 U_{im} 与 ω 无关，ω_0 表示测量电路时间常数之倒数，即

$$\omega_0 = \frac{1}{(C_a + C_c + C_i)R} \tag{6-14}$$

电压放大器的应用具有一定的限制，压电式传感器在与电压放大器配合使用时，连接电缆不能太长。电缆长，电缆电容 C_c 就大，电缆电容增大必然使传感器的电压灵敏度降低。不过由于固态电子器件和集成电路的迅速发展，微型电压放大电路可以和传感器做成一体，这样这一问题就可以得到克服，从而使它具有广泛的应用前景。

2. 电荷放大器

电荷放大器是一种输出电压与输入电荷量成正比的前置放大器。它实际上是一个具有反馈电容的高增益运算放大器。图 6-21 是压电式传感器与电荷放大器连接的等效电路，图中 C_f 为放大器的反馈电容，其余符号的意义与图 6-20 中相同。

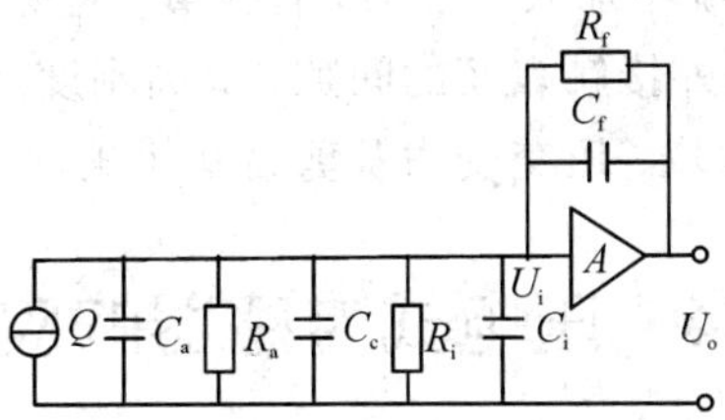

图 6-21　压电式传感器与电荷放大器连接的等效电路

电荷放大器常作为压电式传感器的输入电路，由一个反馈电容 C_f 和高增益运算放大器构成。由于运算放大器输入阻抗极高，因而电荷放大器输入端几乎没有分流，故可略去 R_a 和 R_i 并联电阻。化简后的等效电路如图 6-22 所示。

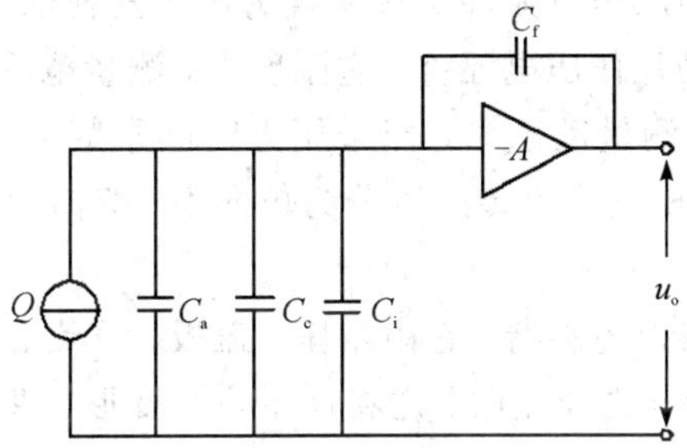

图 6-22　压电式传感器与电荷放大器连接简化等效电路

由运算放大器基本特性，可求出电荷放大器的输出电压

$$U_o = -\frac{AQ}{C_a + C_c + C_i + (1+A)C_f} \tag{6-15}$$

当 $A \gg 1$，而 $(1+A)C_f \gg C_i + C_a + C_c$ 时，电荷放大器输出电压可以表示为

$$U_o \approx \frac{-AQ}{(1+A)C_f} \approx \frac{-AQ}{AC_f} = -\frac{Q}{C_f} \tag{6-16}$$

$$U_o = -\frac{Q}{C_f} \tag{6-17}$$

由式(6-17)可以看出，由于引入了电容负反馈，电荷放大器的输出电压仅与传感器产生的电荷量及放大器的反馈电容有关，且与 Q 成正比，电缆电容等其他因素对灵敏度的影响可以忽略不计。因此，采用电荷放大器时，即使连接电缆长度在百米以上，其灵敏度也无

明显变化，这是电荷放大器的最大特点。在实际电路中，C_f 的容量被做成可选择的，范围一般为 $10^2 \sim 10^4$ pF。

电荷放大器的灵敏度为

$$K=\frac{U_o}{Q}=-\frac{1}{C_f} \tag{6-18}$$

电荷放大器的输出灵敏度取决于 C_f。在实际电路中，是采用切换运算放大器负反馈电容 C_f 的办法来调节灵敏度的。C_f 越小则电荷放大器的灵敏度越高。为了使电荷放大器的工作稳定，减小零漂，在反馈电容 C_f 两端并联了一反馈电阻，如图 6-21 所示，形成直流负反馈，用以稳定电荷放大器的直流工作点。

压电式传感器在测量低压力时线性度不好，主要是传感器受力系统中力传递系数非线性所致。为此，可在力传递系统中加入预加力，称预载。这除了可以消除低压力使用中的非线性外，还可以消除传感器内外接触表面的间隙，提高刚度。特别是，它只有在加预载后才能用压电式传感器测量拉力和拉、压交变力及剪力和扭矩。

6.4　压电式传感器的应用

广义地讲，凡是利用压电材料各种物理效应构成的传感器，都可称为压电式传感器。迄今它们在工业、军事和民用各个方面均已付诸应用。

6.4.1　压电式动态力传感器

压电式测力传感器是利用压电元件直接实现力—电转换的传感器。压电式传感器通常较多采用双片或多片石英晶片作压电元件。它刚度大，测量范围宽，线性及稳定性高，动态特性好。压电式力传感器可测量动态力，当采用大时间常数的电荷放大器时，可测量准静态力。按测力状态的不同，压电式力传感器分为单向力、双向力和三向力传感器。它们在结构上基本一样。

如图 6-23 所示为单向力传感器。它由基座、盖板、石英晶片、绝缘套等组成。传感器上盖为传力元件，当其受到外力作用时，它将产生弹性变形，将力传递到石英晶片上。石英晶片采用 xy 切型，利用其纵向压电效应实现力—电转换。两石英晶片同极性对接，信号电荷提高一倍，石英晶片与壳体绝缘问题得到了较好解决。压电式力传感器装配时必须加较大的预紧力，以保证良好的线性度。

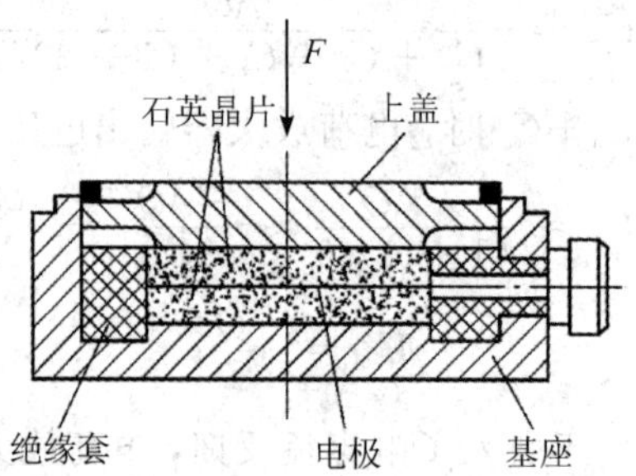

图 6-23　YDS-78 型压电式单向力传感器示意图

压电式力传感器的工作特性以单向力 F_z 作用为例：

$$Q \approx d_{11} F_z \tag{6-19}$$

或

$$\frac{Q}{F_z} \approx d_{11} \tag{6-20}$$

这时，压电式力传感器的输出电荷 Q 与被测力 F_z 成正比。

压电式力传感器的实物图如图 6-24 和图 6-25 所示。

图 6-24　压电式力传感器实物图(一)

图 6-25　压电式力传感器实物图(二)

压电式力传感器最广泛的应用是进行动态力的测量。图 6-26 所示为压电式力传感器在车床动态切削力测量中的应用。压电元件采用 X0°切型的石英晶体，利用其纵向压电效应，通过 d_{11} 实现力-电转换。压电式传感器位于车刀前部的下方，当进行切削加工时，切削力通过刀具传给压电式传感器，压电式传感器将切削力转换为电信号输出，记录下电信号的变化便可测得切削力的变化。

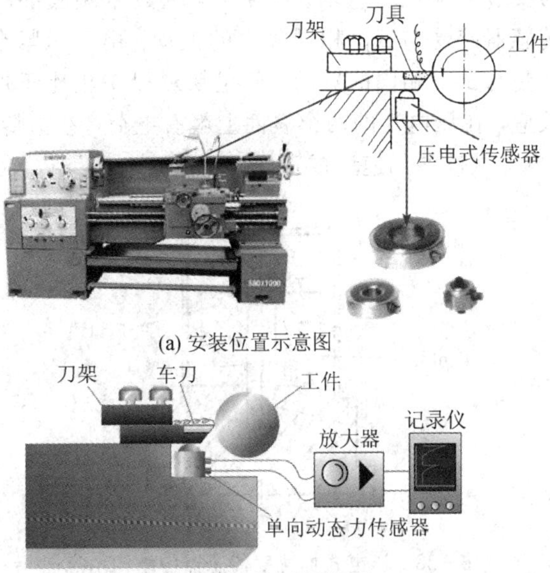

(b) 车床动态切削力测量原理

图 6-26　压电式力传感器在车床动态切削力测量中的应用

6.4.2 压电式加速度传感器

压电式加速度传感器目前已成为振动冲击测试中使用广泛的一种传感器。世界各国作为量值传递标准的高频和中频振动基准的标准加速度传感器，都是压电式的。压电式加速度传感器的特点是量程大、频带宽、安装简单、适用于各种恶劣环境、体积小、质量轻。它广泛应用于振动冲击测试、信号分析、故障诊断、振动校准等方面。

目前压电式加速度传感器的结构主要有压缩型、剪切型和复合型三种。图 6-27 是压电式加速度传感器实物图。

图 6-27 压电式加速度传感器实物图

图 6-28 是压电式加速度传感器的结构示意图。它主要由压电元件、质量块、预压弹簧、基座及外壳等组成。整个组件装在一个有厚基座的金属壳体中，并由螺栓加以固定。压电元件一般由两块压电片(石英晶片或压电陶瓷片)组成，在压电片的两个表面上镀银层，并在银层上焊接输出引线。输出端的另一端直接与基座相连，相当于并联连接。在压电元件上，以一定的预紧力安装一惯性质量块。测量时，通过基座底部的螺孔将传感器与试件刚性地固定在一起，传感器感受与试件相同频率的振动。由于压紧在质量块上的弹簧刚度很大，因此质量块也感受与试件相同的振动。质量块就以一正比于加速度的交变力作用在压电片上，由于压电效应，在压电片的两个表面上就有电荷产生。传感器的输出电荷(或电压)与作用力成正比，也与试件的加速度成正比。

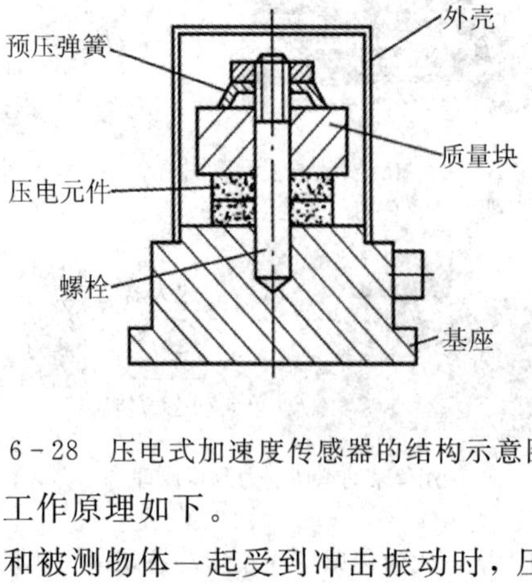

图 6-28 压电式加速度传感器的结构示意图

压电式加速度传感器的工作原理如下。

当压电式加速度传感器和被测物体一起受到冲击振动时，压电元件受质量块惯性力的作用，根据牛顿第二定律，此惯性力是加速度的函数，即

$$F = ma \tag{6-21}$$

式中，F—— 质量块产生的惯性力；

m—— 质量块的质量；

a—— 加速度。

此时惯性力 F 作用于压电元件上，因而产生电荷 q，当传感器选定后，m 为常数，则传感器输出电荷为

$$q = d_{33}F = d_{33}ma \tag{6-22}$$

由式(6-22)可见，q 与加速度 a 成正比。因此，测得压电式加速度传感器输出的电荷便可知加速度的大小。

6.4.3 压电式压力传感器

根据使用要求不同，压电式压力传感器有各种不同的结构形式，但它们的基本原理相同。图 6-29 所示是压电式压力传感器的工作原理图。当受压膜片受到压力作用后，则在压电片上产生电荷。在一个压电片上所产生的电荷 q 为

$$q = d_{11}F = d_{11}SP \tag{6-23}$$

式中，F—— 作用于压电片上的力；

d_{11}—— 压电系数；

P—— 压强，$P = \dfrac{F}{S}$；

S—— 膜片的有效面积。

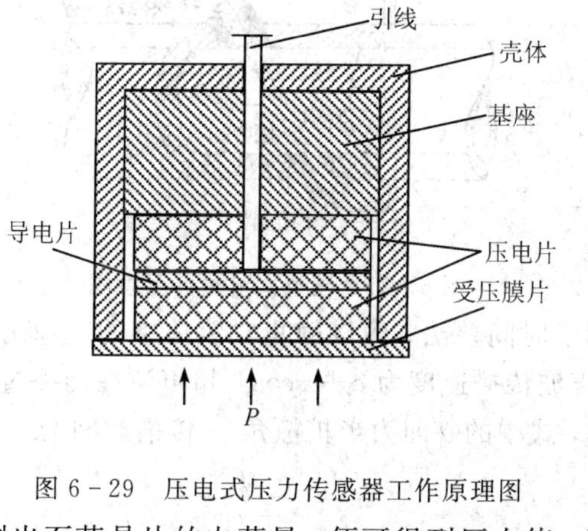

图 6-29　压电式压力传感器工作原理图

由式(6-23)可知，测出石英晶片的电荷量，便可得到压力值。压电式压力传感器与压电式力传感器的不同是，它必须通过受压膜片等，把压力转换成力，再传给压电元件。除此之外，压电式压力传感器的基本原理与压电式力传感器大致相同。

6.4.4 压电式传感器的其他应用

1. 压电式声传感器

压电式声传感器利用了压电陶瓷在电能与机械能之间相互转换的正、逆压电效应。当交变信号加在压电陶瓷片两端面时，由于压电陶瓷的逆压电效应，陶瓷片会在电极方向产

生周期性的伸长和缩短。当一定频率的声频信号加在换能器上时，换能器上的压电陶瓷片受到外力作用而产生压缩变形，由于压电陶瓷的正压电效应，压电陶瓷片上将出现充、放电现象，即将声频信号转换成了交变电信号。这时的声传感器就是声频信号接收器。如果换能器中压电陶瓷的振荡频率在超声波范围内，则其发射或接收的声频信号即为超声波，这样的换能器称为压电超声换能器。压电陶瓷换能器的结构示意图如图 6 - 30 所示。

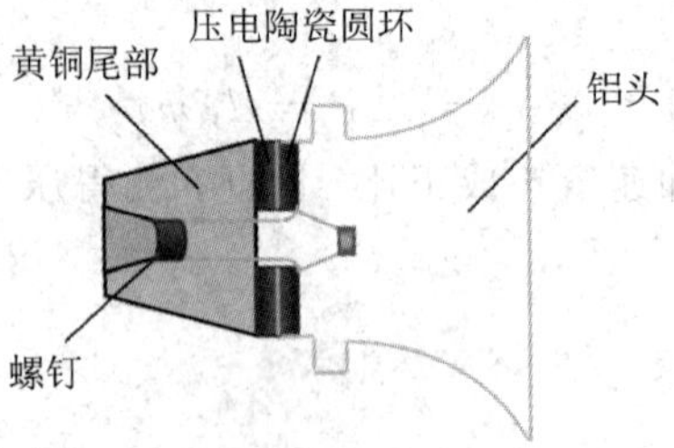

图 6 - 30　压电陶瓷换能器的结构示意图

2. 压电式流量计

压电式流量计利用超声波在顺流方向和逆流方向的传播速度进行测量，其示意图如图 6 - 31 所示，在管外设置两个相隔一定距离的收发两用压电超声换能器，每隔一段时间(如 1/100 s)，发射和接收互换一次。在顺流和逆流的情况下，发射和接收的时间差与流速成正比。据这个关系，可精确测定流速。流速与管道横截面积的乘积等于流量。

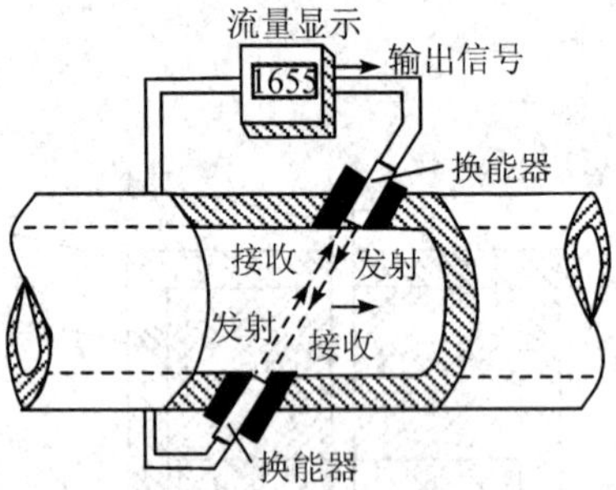

图 6 - 31　压电式流量计示意图

压电式流量计利用了时间差法。假设静止时流体中的声速为 c，流体的平均流速为 v，距离为 L。顺流时，超声波传播速度为 $c+v\cos\theta$(超声波在传播过程中，其波束是以某一扩散角从声源辐射出去的，式中的 θ 即为半扩散角)，传播时间为

$$t_1=\frac{L}{c+v\cos\theta} \tag{6-24}$$

逆流时，超声波传播速度为 $c-v\cos\theta$，传播时间为

$$t_2=\frac{L}{c-v\cos\theta} \tag{6-25}$$

由于 $c\geqslant v$，时差可近似为

$$\Delta t=t_1-t_2=\frac{2Lv\cos\theta}{c^2-v^2\cos^2\theta}\approx\frac{2Lv\cos\theta}{c^2} \tag{6-26}$$

可得流体的平均流速为

$$v\approx\frac{c^2\Delta t}{2L\cos\theta} \tag{6-27}$$

此流量计安装在管道外侧，不与所测流体直接接触，因此不受该流体的导电率、黏度、密度、腐蚀性以及成分的影响，可测量各种液体的流速，以及中压和低压气体的流速。其准确度可达 0.5%，有的可达到 0.01%。

3. 压电式传感器用于交通监测

将两根高分子压电电缆相距若干米，平行埋设于柏油公路的路面下约 5 cm，可以用于车速监测、车型分类信息获取、收费站地磅、闯红灯拍照、停车区域监控、交通数据信息采集等。图 6－32 为压电电缆测速原理。

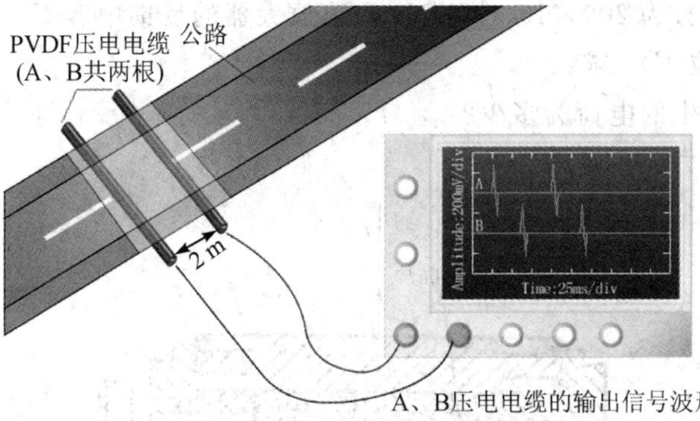

图 6－32　压电电缆测速原理

思考与练习

6－1　压电式传感器是一种典型的________元件，只有在________时才会产生电量。

6－2　压电式传感器里常见的压电元件材料有________、________、________、________四种。

6－3　常用压电材料中，压电系数高且介电常数大的是________，机械强度高且温度及机械稳定性能最好的是________，质轻柔软、不易破碎且能制成较大面积的是________。

6－4　压电式传感器测量电路的作用是：________和________。

6－5　使用压电陶瓷制作的力或压力传感器可测量________。

A. 人的体重

B. 车刀的压紧力

C. 车刀在切削时感受到的切削力的变化量

D. 自来水管中的水的压力

6－6　压电式动态力传感器中，两片压电片多采用________接法，可增大输出电荷量；在电子打火机和煤气灶点火装置中，多片压电片采用________接法，可使输出电压达上万伏，从而产生电火花。

A. 串联　　　B. 并联　　　C. 既串联又并联

6－7　什么是压电效应？用压电式传感器能否测量静态信号？为什么？

6－8　常用的压电元件有哪几种？哪种测量精度最高？

6－9　根据图 6－33 所示石英晶体切片上第一次受力情况下产生的电荷极性，试标出其余三种受力情况下的产生的电荷极性

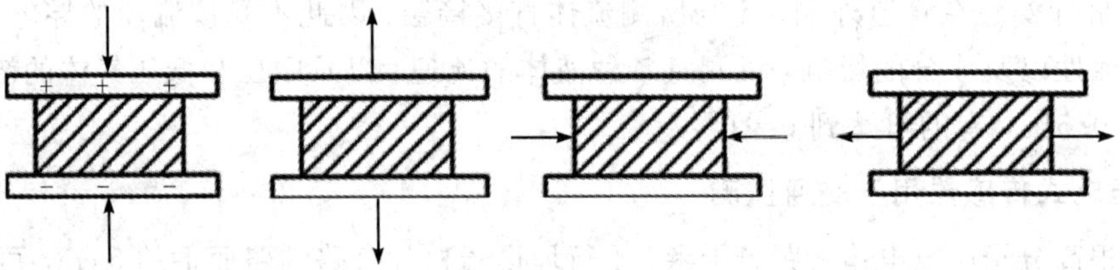

图 6-33　题 6-9 图

6-10　现有一测单向脉动力的压电式传感器，如图 6-34 所示，压电元件用两片压电陶瓷片并联，压电常数为 200×10^{-12} C/N，电荷放大器的反馈电容 $C_f=2000$ pF，测得输出电压 $u_o=5\sin\omega t$(单位 V)。求：

(1) 该传感器产生的电荷为多少？

(2) 此被测脉动力大小是多少？

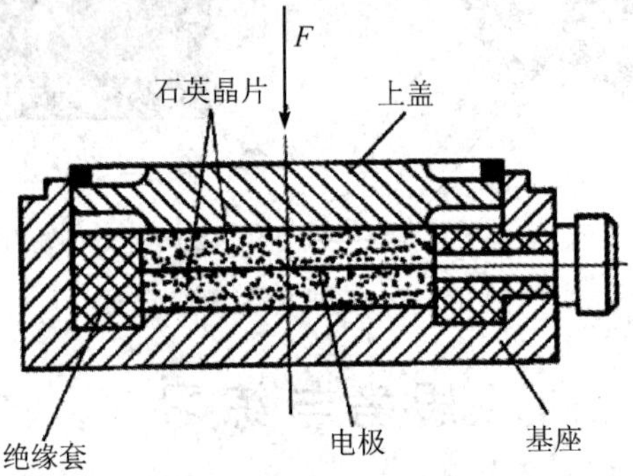

图 6-34　题 6-10 图

实验九　压电式传感器的动态响应

压电式传感器

一、实验目的

了解压电式传感器的原理、结构及应用。

二、实验器材

低频振荡器、电荷放大器、低通滤波器、单芯屏蔽线、压电式传感器、双线示波器、振动源、转速/频率表、电源、振动平台。

低频振荡器的幅度旋钮置于最小挡，转速/频率表置于频率挡。

三、实验步骤

1. 观察压电式传感器的结构，根据图 S9.1 接线，将压电式传感器、电荷放大器、低通滤波器、双线示波器连接起来，组成一个测量线路。

2. 将低频振荡器的输出端与频率表的输入端及振动源相连。

3. 调整好双线示波器，低频振荡器的幅度旋钮适中，调节频率，调节时用频率表监测频率，用双线示波器读出峰-峰值填入表 S9.1。

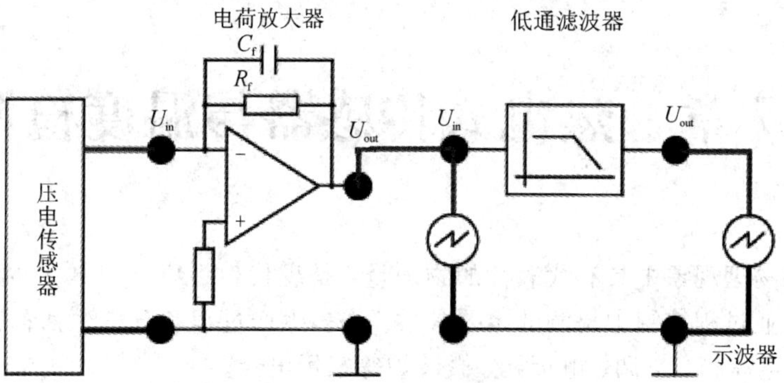

图 S9.1　接线参考图

表 S9.1　数据记录表

f/Hz	5	6	7	8	9	…	25
U_{pp}							

4. 双线示波器两个通道分别监测低通滤波器的输入和输出端的波形，观察比较其波形。

四、思考

1. 根据实验结果，是否可以知道振动平台的自振频率大致为多少？

2. 试述压电式传感器的特点。比较磁电式传感器输出波形的相位差 $\Delta\varphi$ 大致为多少？为什么？

第 7 章　热电式传感器与温度检测

温度是诸多物理现象中具有代表性的物理量，是现代生活中不可缺少的信息内容，更是科学实验与工业过程控制中检测的重要参数。许多生产过程和日常生活都需要温度参数和温度控制，如电冰箱、空调、电饭煲、微波炉等家用电器。

随着测温技术的发展，测温范围和精度都有很大的提高，新型温度传感器不断出现，如红外、光纤、微波、超声波、核磁共振(NQR)等都获得了广泛应用。

温度传感器按工作原理主要有以下几类：

(1) 热电偶传感器，利用金属的温差电动势测温，特点是耐高温、精度高，可测量上千度。

(2) 热电阻传感器，利用金属导体电阻随温度变化测温，可测量几百度。

(3) 热敏电阻传感器，利用半导体材料电阻随温度变化测温，特点是体积小、灵敏度高、使用方便，稳定性差。

(4) 集成温度传感器，利用晶体管 P－N 结的电流、电压随温度变化测温，有专用集成电路，特点是体积小、响应快、价廉，可测量 150℃以下温度。

(5) 智能型集成温度传感器。

7.1　热电偶传感器

热电偶传感器

7.1.1　热电偶的工作原理

1. 热电效应

热电偶测量温度的基本原理是热电效应。

如图 7－1 所示。两种不同的导体两端相互紧密地连接在一起，组成一个闭合回路。当两接点温度不等时(设 $t>t_0$)，回路中就会产生大小和方向与导体材料及两接点的温度有关的电动势，从而形成电流，这种现象称为**热电效应**。该电动势称为**热电动势**；称这两种不同导体的组合为**热电偶**，称 A、B 两导体为**热电极**。两个接点，一个叫**工作端或热端**(t)，测温时将它置于被测温度场中；另一个叫**自由端或冷端**(t_0)，一般要求它恒定在某一温度。

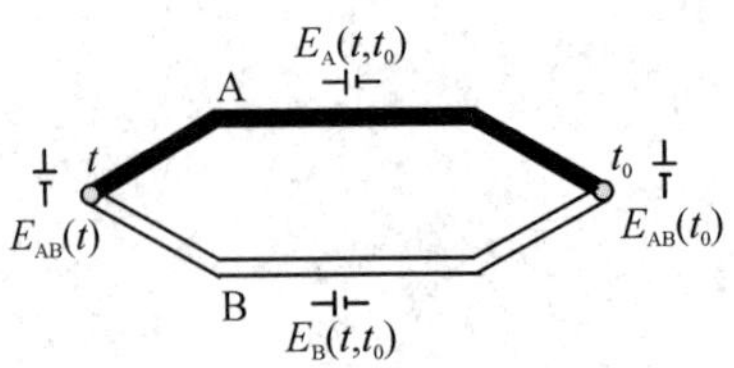

图 7－1　热电偶结构原理图

实际上，热电动势来源于两个方面：两种导体的接触电动势，以及单一导体的温差电动势。

1）两种导体的接触电动势

不同导体的自由电子密度是不同的。当两种不同的导体 A、B 连接在一起时，由于两者内部单位体积的自由电子数目不同，因此在 A、B 的接触处就会发生电子的扩散，且电子在两个方向上扩散的速率不相同。这种由于两种导体自由电子密度不同，而在其接触处形成的电动势称为**接触电动势**（见图 7-2）。接触电动势的大小与导体的材料、接点的温度有关，而与导体的直径、长度、几何形状等无关。两接点的接触电动势用 $E_{AB}(t)$ 表示：

$$E_{AB}(t) = \frac{kt}{e}\ln\frac{n_A(t)}{n_B(t)} \tag{7-1}$$

式中，$E_{AB}(t)$——A、B 两种材料在温度 t 时的接触电动势；

k——玻尔兹曼常数（$k=1.38\times10^{-23}$ J/K）；

$n_A(t)$，$n_B(t)$——材料 A、B 分别在温度 t 下的自由电子密度；

e——单个电子的电荷量，$e=1.6\times10^{-19}$ C。

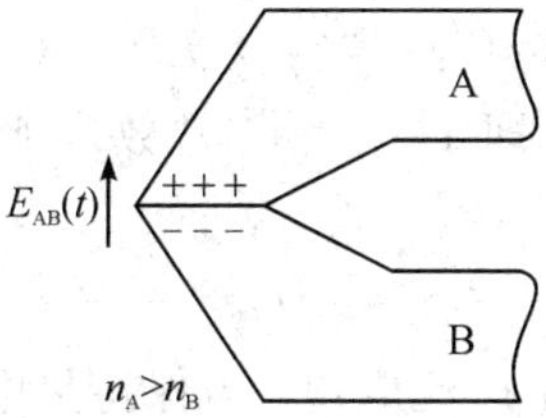

图 7-2　接触电动势

2）单一导体的温差电动势

对单一金属导体，如果将导体两端分别置于不同的温度场 t 和 t_0 中（$t>t_0$），在导体内部，热端的自由电子具有较大的动能，将更多地向冷端移动，导致热端失去电子带正电，冷端得到电子带负电，这样，导体两端将产生一个由热端指向冷端的静电场。该电场阻止电子从热端继续向冷端转移，并使电子反方向移动，最终将达到动态平衡状态。这样，在导体两端产生电位差，称为**温差电动势**。温差电动势的大小取决于导体材料和两端的温度，可表示为

$$E_A(t, t_0) = \frac{k}{e}\int_{t_0}^{t}\frac{1}{n_A(t)}\mathrm{d}[n_A(t)t] \tag{7-2}$$

式中，$E_A(t, t_0)$——导体 A 在两端温度为 t 和 t_0 时形成的温差电动势。

3）热电偶回路的总电动势

实践证明，热电偶回路中所产生的热电动势主要是由接触电动势引起的，温差电动势所占比例极小，可以忽略不计。因为 $E_{AB}(t)$ 和 $E_{AB}(t_0)$ 的极性相反，假设导体 A 的自由电子密度大于导体 B 的自由电子密度，且 A 为正极、B 为负极，则回路的总电动势为

$$\begin{aligned}E_{AB}(t, t_0) &= E_{AB}(t) - E_A(t, t_0) + E_B(t, t_0) - E_{AB}(t_0)\\ &\approx E_{AB}(t) - E_{AB}(t_0)\\ &= \frac{kt}{e}\ln\frac{n_A(t)}{n_B(t)} - \frac{kt_0}{e}\ln\frac{n_A(t_0)}{n_B(t_0)}\end{aligned} \tag{7-3}$$

由此可见，热电偶回路的总电动势与两种材料的自由电子密度以及两接点的温度有关，可得出以下结论。

(1) 如果热电偶两电极相同，即 $n_A(t)=n_B(t)$、$n_A(t_0)=n_B(t_0)$，则无论两接点温度如何，总电动势始终为 0。

(2) 如果热电偶两接点温度相同($t=t_0$)，尽管 A、B 材料不同，回路中总电动势依然为 0。

(3) 热电偶产生的热电动势大小与材料(n_A，n_B)和接点温度(t，t_0)有关，与其尺寸、形状等无关。

(4) 热电偶在接点温度为 t_1、t_3 时的热电动势，等于此热电偶在接点温度为 t_1、t_2 与 t_2、t_3 两个不同状态下的热电动势之和，即

$$\begin{aligned}E_{AB}(t_1, t_3) &= E_{AB}(t_1, t_2) + E_{AB}(t_2, t_3)\\ &= E_{AB}(t_1) - E_{AB}(t_2) + E_{AB}(t_2) - E_{AB}(t_3)\\ &= E_{AB}(t_1) - E_{AB}(t_3)\end{aligned} \tag{7-4}$$

(5) 自由电子密度取决于热电偶材料的特性和温度，当热电极 A、B 选定后，热电动势 $E_{AB}(t, t_0)$就是两接点温度 t 和 t_0 的函数差，即

$$E_{AB}(t, t_0) = f(t) - f(t_0) \tag{7-5}$$

如果自由端的温度保持不变，即 $f(t_0)=C$(常数)，此时，$E_{AB}(t, t_0)$就成为 t 的单一函数，即

$$E_{AB}(t, t_0) = f(t) - f(t_0) = f(t) - C = \varphi(t) \tag{7-6}$$

式(7-6)在实际测温中得到了广泛应用。当保持热电偶自由端温度 t_0 不变时，只要用仪表测出总电动势，就可以求得工作端温度 t。在实际应用中，常把自由端温度保持在 0℃或室温。

对于不同金属组成的热电偶，温度与热电动势之间有不同的函数关系，一般通过实验方法来确定，并将不同温度下所测得的结果列成表格，编制出针对各种热电偶的热电动势与温度的对照表，称为**分度表**，供使用时查阅。分度表中温度按 10℃分挡，其中间值可按**内插法**计算，即

$$t_M = t_L + \frac{E_M - E_L}{E_H - E_L} \cdot (t_H - t_L) \tag{7-7}$$

式中，t_M——被测温度值；

t_H——较高的温度值；

t_L——较低的温度值；

E_M、E_H、E_L——分别为温度 t_M、t_H、t_L 对应的热电动势。

2. 热电偶的基本定律

1) 中间导体定律

在热电偶测温回路内接入第三种导体，只要其两端温度相同，则对回路的总热电动势没有影响。

中间导体定律的意义在于：在实际的热电偶测温应用中，测量仪表(如动圈式毫伏表、电子电位差计等)和连接导线可以作为第三种导体对待。

2) 中间温度定律

热电偶 AB 在接点温度为 t、t_0 时的热电动势 $E_{AB}(t, t_0)$等于它在接点温度 t、t_c 和 t_c、

t_0 时的热电动势 $E_{AB}(t, t_c)$和 $E_{AB}(t_c, t_0)$的代数和，即

$$E_{AB}(t, t_0) = E_{AB}(t, t_c) + E_{AB}(t_c, t_0) \tag{7-8}$$

中间温度定律为补偿导线的使用提供了理论依据。它表明：如果热电偶的两个电极通过连接两根导体的方式来延长，只要接入的两根导体的热电特性与被延长的两个电极的热电特性一致，且它们之间连接的两点间温度相同，则回路总的热电动势只与延长后的两端温度有关，与连接点温度无关。

3）标准电极定律

如果两种导体 A、B 分别与第三种导体 C 组成的热电偶所产生的热电动势已知，则由这两个导体 A、B 组成的热电偶产生的热电动势可由下式来确定：

$$E_{AB}(t, t_0) = E_{AC}(t, t_0) - E_{BC}(t, t_0) \tag{7-9}$$

标准电极定律的意义在于：纯金属的种类很多，合金的种类更多，要得出这些金属间组成热电偶的热电动势是一件工作量极大的事。在实际处理中，由于铂的物理化学性质稳定，通常选用高纯铂丝作标准电极，只要测得它与各种金属组成的热电偶的热电动势，则各种金属间相互组合成的热电偶的热电动势就可根据标准电极定律计算出来。

例 7－1　已知铂铑 30－铂热电偶的 E(1084.5℃，0℃)＝13.937 mV，铂铑 6－铂热电偶的 E(1084.5℃，0℃)＝ 8.354 mV，求：铂铑 30－铂铑 6 热电偶在同样温度条件下的热电动势。

解　设 A 为铂铑 30 电极，B 为铂铑 6 电极，C 为纯铂电极。

$$E_{AB}(1084.5℃, 0℃) = E_{AC}(1084.5℃, 0℃) - E_{BC}(1084.5℃, 0℃) = 5.583\ \text{mV}$$

4）均质导体定律

如果组成热电偶的两个热电极的材料相同，无论两接点的温度是否相同，热电偶回路中的总热电动势均为 0。

均质导体定律有助于检验两个热电极材料成分是否相同及热电极材料的均匀性。

7.1.2　热电偶的材料及结构形式

1. 热电偶的材料

根据金属的热电效应原理，理论上讲，任何两种不同材料的导体都可以组成热电偶，但为了准确可靠地测量温度，对组成热电偶的材料有严格的选择条件。在实际应用中，用作热电极的材料一般应具备以下条件：

（1）性能稳定；

（2）温度测量范围广；

（3）物理化学性能稳定；

（4）导电率高，并且电阻温度系数小；

（5）机械强度高，复制性好、复制工艺简单，价格便宜。

目前，国际电工委员会(International Electrotechnical Commission，IEC)向世界各国推荐了 8 种标准化热电偶，已列入工业标准化文件中，具有统一的分度表，表 7－1 为八种国际通用热电偶的主要技术指标及特点。

表 7-1 八种国际通用热电偶的主要技术指标及特点

名称	分度号	测温范围/℃	100℃时的热电动势/mV	1000℃时的热电动势/mV	允许误差/℃	特点
铂铑 30[①]-铂铑 6[②]	B	50～1820[③]	0.033	4.834	±4	熔点高，测温上限高，性能稳定，100℃以下热电动势极小，可不必考虑冷端温度补偿；价昂，热电动势小，只适用于高温域的测量
铂铑 13-铂	R	-50～1768	0.647	10.506	±1.5	使用上限较高，性能稳定，复现性好；但热电动势较小，不能在金属蒸气和还原性气氛中使用，价昂；多用于温度的精密测量
铂铑 10-铂	S	-50～1768	0.646	9.587	±1.5	优点同 R 型热电偶，但性能略差于 R 型热电偶；长期以来曾经作为国际温标的法定标准热电偶
镍铬-镍硅	K	-270～1370	4.096	41.276	±2.5	热电动势大，线性好，稳定性好，价廉；但材质较硬，在1000℃以上长期使用会引起热电动势漂移；适用于1000℃以下的温度测量
镍铬硅-镍硅	N	-270～1300	2.744	36.256	±2.5	是一种新型热电偶，各项性能均比 K 型热电偶好，适用于1000℃以下的温度测量
镍铬-铜镍（锰白铜）	E	-270～800	6.319	—	±2.5	热电动势比 K 型热电偶大，线性好，价廉；但不能用于还原性气氛；适用于工业测量
铁-铜镍（锰白铜）	J	-210～760	5.269	—	±2.5	价廉，在还原性气体中较稳定；但纯铁易被腐蚀和氧化；适用于500℃以下的温度测量
铜-铜镍（锰白铜）	T	-270～400	4.279	—	±1	价廉，易加工，离散性小，性能稳定，线性好，准确度高；铜在高温时易被氧化，测温上限低；多用于低温域测量，可作-200～0℃温域的计量标准

注：① 铂铑 30 表示该合金含 70%的铂及 30%的铑，以下类推；

② 根据热电偶行业习惯，涉及热电偶成分的型号表示中，有关数字不采用下标方法，以下同；

③ 在工业中，测温上限由热电偶的保护管最高承受温度决定，以下同。

表 7-2 是我国采用的符合 IEC 标准的六种热电偶的主要性能和特点。

表 7-2　标准化热电偶的主要性能和特点

热电偶名称	正热电极	负热电极	分度号	测温范围	特　点
铂铑30-铂铑 6	铂铑30	铂铑 6	B	0～+1700℃（超高温）	适用于氧化性气氛中测温，测温上限高，稳定性好；在冶金、钢水等高温领域得到广泛应用
铂铑10-铂	铂铑10	纯铂	S	0～+1600℃（超高温）	适用于氧化性、惰性气氛中测温，热电性能稳定，抗氧化性强，精度高，但价格贵、热电动势较小；常用作标准热电偶或用于高温测量
镍铬-镍硅	镍铬合金	镍硅	K	-200～+1200℃（高温）	适用于氧化和中性气氛中测温，测温范围很宽、热电动势与温度关系近似线性、热电动势大、价格低；稳定性不如 B、S 型热电偶，但它是非贵金属热电偶中性能最稳定的一种
镍铬-康铜	镍铬合金	铜镍合金	E	-200～+900℃（中温）	适用于还原性或惰性气氛中测温，热电动势较其他热电偶大，稳定性好，灵敏度高，价格低
铁-康铜	铁	铜镍合金	J	-200～+750℃（中温）	适用于还原性气氛中测温，价格低，热电动势较大，仅次于 E 型热电偶；缺点是铁极易氧化
铜-康铜	铜	铜镍合金	T	-200～+350℃（低温）	适用于还原性气氛中测温，精度高，价格低，在-200～0℃可制成标准热电偶；缺点是铜极易氧化

2. 热电偶的结构形式

为了适应不同测量对象的测温条件和要求，热电偶的结构形式有装配式热电偶、铠装式热电偶和薄膜式热电偶。

1）装配式热电偶

装配式热电偶如图 7-3 所示。它一般由热电偶工作端、绝缘套、保护套管和接线盒等几个主要部分组成。在工业上使用最为广泛。

图 7-4 所示为 WR 系列装配式热电偶型号的含义。

2）铠装式热电偶

铠装式热电偶是由热电极、绝缘材料和金属保护套管一起拉制加工而成的坚实缆状组合体，如图 7-5 所示。它可以做得很细很长，使用中可随需要任意弯曲；测温范围通常在 1100℃以下。其优点是测温端热容量小，因此热惯性小、动态响应快，寿命长，机械强度高，弯曲性好，可安装在结构复杂的装置上。

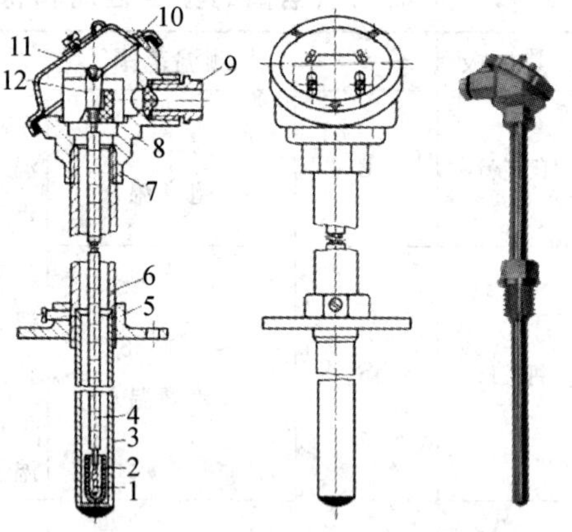

(a) 法兰安装式　　　　(b) 螺栓安装式

1—热电偶工作端；2—绝缘套；3—下保护套管；
4—绝缘珠管；5—固定法兰；6—上保护套管；
7—接线盒底座；8—接线绝缘座；9—引出线套管；
10—接线盒固定螺钉；11—接线盒外罩；12—接线柱。

图 7－3　装配式热电偶结构及外形

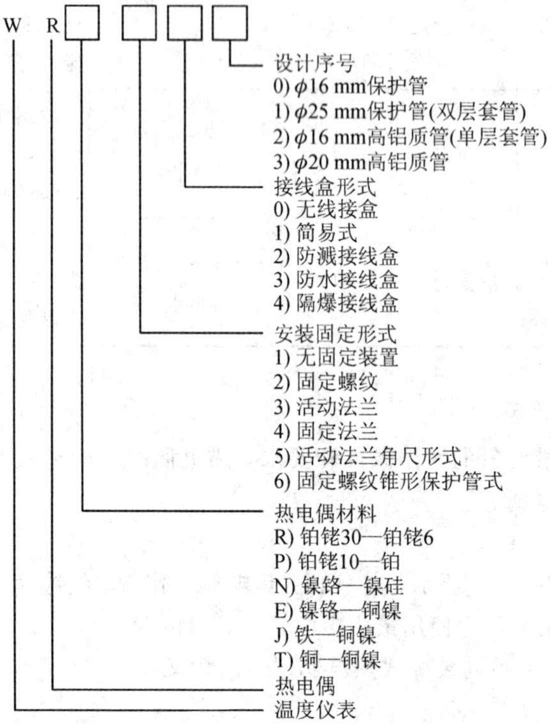

图 7－4　WR 系列装配式热电偶型号的含义

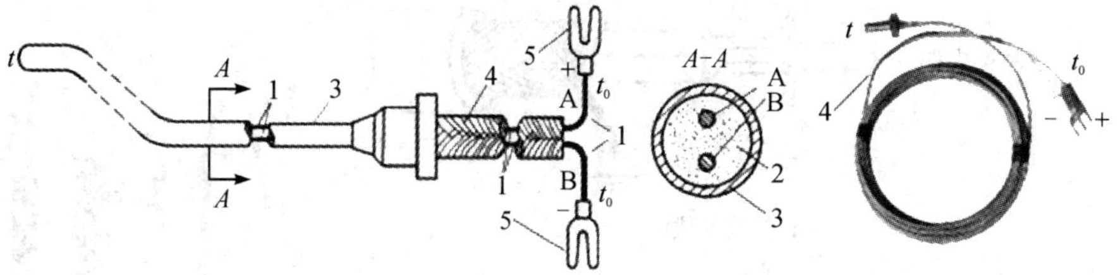

(a) 结构　(b) 径向剖面图　(c) 外形

1—内电极；2—绝缘材料；3—薄壁金属保护套管；4—屏蔽层；5—接线卡；t—测量端；t_0—冷端。

图 7－5　铠装式热电偶的结构及外形

3）薄膜式热电偶

薄膜式热电偶(见图 7－6)是将两种薄膜热电极材料用真空蒸镀、化学涂层等办法蒸镀到绝缘基板(云母、陶瓷片、玻璃及酚醛塑料纸等)上制成的一种特殊热电偶。薄膜式热电偶的接点可以做得很小、很薄(0.01～0.1 μm)，具有热容量小、响应速度快(ms 级)等特点。薄膜式热电偶适用于微小面积上的表面温度以及快速变化的动态温度的测量，测温范围在 300℃以下。

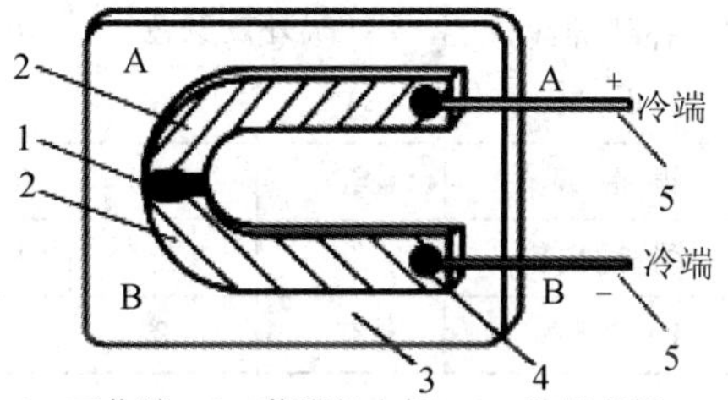

1—工作端；2—薄膜热电极；3—绝缘基板；
4—引脚接头；5—引出线(相同材料的热电极)。

图 7－6　薄膜式热电偶

7.1.3　热电偶的冷端补偿

由热电偶的测温原理可以知道，热电偶产生的热电动势大小与两端温度有关，热电偶的输出电动势只有在冷端温度不变的条件下，才与工作端温度成单值函数关系。进行冷端温度补偿的方法有以下几种。

1. 热电偶的冷端延长

热电偶的长度一般只有 1 m 左右，要保证热电偶的冷端温度不变，可以把热电极加长，使自由端远离工作端，放置到恒温或温度波动较小的地方，但这种方法对于由贵金属材料制成的热电偶来说将使成本增加，解决的办法是：采用一种称为补偿导线的特殊导线，将热电偶的冷端延伸出来，如图 7－7 所示。补偿导线实际上是一对与热电极化学成分不同的导线，在 0～150℃温度范围内与配接的热电偶具有相同的热电特性，但价格相对便宜。利用补偿导线将热电偶的冷端延伸到温度恒定的场所(如仪表室)，且它们具有一致的热电特性，相当于将热电极延长，根据中间温度定律，只要热电偶和补偿导线的两个接触点温度一致，就不会影响热电动势的输出。

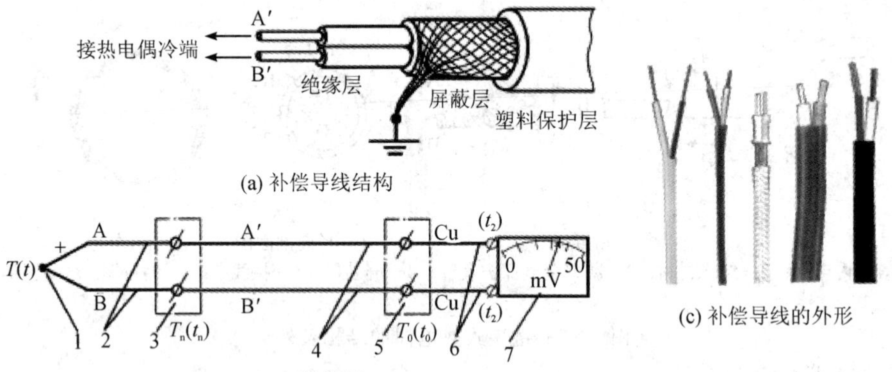

(a) 补偿导线结构　(b) 接线图　(c) 补偿导线的外形

1—测量端；2—热电极；3—接线盒1(中间温度)；4—补偿导线；
5—接线盒2(新的冷端)；6—铜引线(中间导体)；7—毫伏表。

图 7－7　利用补偿导线延长热电偶的冷端

表 7－3 为常用热电偶补偿导线的主要技术指标。

表 7－3　常用热电偶补偿导线的主要技术指标

型号	配用热电偶 正-负	补偿导线 正-负	导线外皮颜色		100℃热电动势 /mV	20℃时的电阻率 /(Ω·m)
			正	负		
SC	铂铑 10-铂	铜-铜镍①	红	绿	0.646±0.023	0.05×10^{-6}
KC	镍铬-镍硅	铜-锰白铜	红	蓝	4.096±0.063	0.52×10^{-6}
WC5/26	钨铼 5-钨铼	铜-铜镍②	红	橙	1.451±0.051	0.10×10^{-6}

注：① 99.4%Cu，0.6%Ni；② 98.2%～98.3%Cu，1.7%～1.8%Ni。

2. 冷端恒温法

冷端恒温法就是把热电偶的冷端置于某些温度不变的装置中，以保证冷端温度不受热端测量温度的影响。恒温装置可以是电热恒温器或冰点槽(槽中装冰水混合物，温度保持在 0℃，又称冰浴法)。图 7－8 为冰浴法接线图。

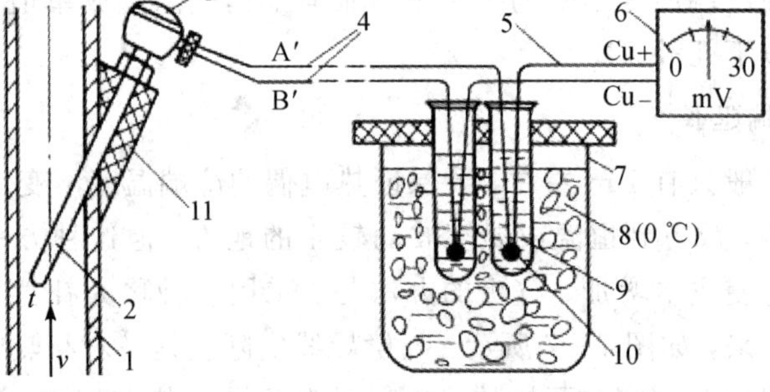

1—被测流体管道；2—热电偶；3—接线盒；4—补偿导线；
5—铜质导线；6—毫伏表；7—冰瓶；8—冰水混合物；
9—绝缘试管；10—新的冷端；11—保温材料。

图 7－8　冰浴法接线图

3. 计算修正法

如果热电偶的冷端温度偏离 0℃，但稳定在 t_0℃，则按式(7-8)(即中间温度定律)对仪表指示值进行修正，即

$$E_{AB}(t,\ 0℃) = E_{AB}(t,\ t_0) + E_{AB}(t_0,\ 0℃) \tag{7-10}$$

例 7-2　用镍铬-镍硅(K)热电偶测量炉温，其冷端温度 t_0=30℃，在直流毫伏表上测得热电动势 $E_{AB}(t,\ 30℃)$=38.505 mV，求炉温为多少？

解　查镍铬-镍硅热电偶分度表，得到 $E_{AB}(30℃,\ 0℃)$=1.203 mV。根据式(7-10)有

$$\begin{aligned}E_{AB}(t,\ 0℃) &= E_{AB}(t,\ 30℃) + E_{AB}(30℃,\ 0℃)\\ &= (38.505 + 1.203)\ \text{mV} = 39.708\ \text{mV}\end{aligned}$$

查分度表，求得炉温 t=960℃。

4. 动圈仪表机械零点调整法

动圈仪表机械零点调整法也称电桥补偿法，它是在热电偶与仪表间加上一个补偿电桥，当热电偶冷端温度升高，导致回路总电动势降低时，这个电桥感受自由端温度的变化，产生一个电位差，其数值刚好与热电偶降低的电动势相同，两者互相补偿。这样，测量仪表上所测得的电动势将不随自由端温度而变化。自动补偿法解决了冷端温度校正法不适合连续测温的问题。

7.1.4　热电偶的测量电路

1. 热电偶的安装

装配式热电偶在管道上的安装方法如图 7-9 所示。

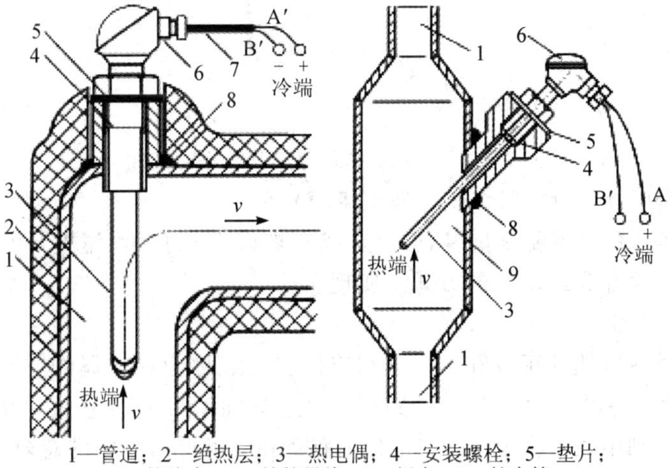

1—管道；2—绝热层；3—热电偶；4—安装螺栓；5—垫片；
6—接线盒；7—补偿导线；8—焊台；9—扩大管。

图 7-9　装配式热电偶在管道上的安装方法

2. 热电偶的实用测温线路

1）测量单点的温度

图 7－10 是热电偶单点温度测量线路图，图中 A、B 组成热电偶。热电偶在测温时，也可以与温度补偿器连接，转换成标准电流信号输出。

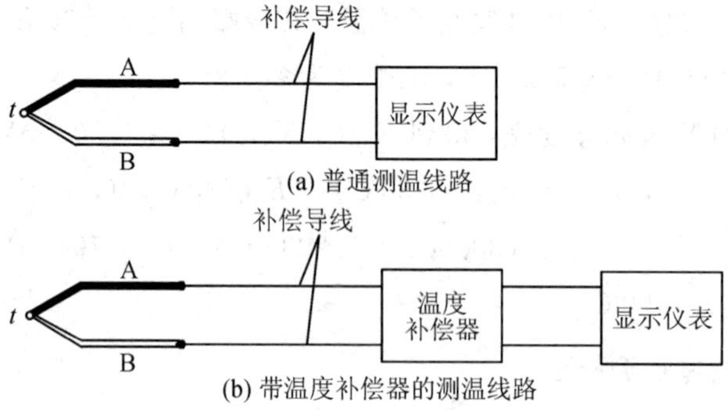

图 7－10　热电偶单点温度测量线路图

2）测量两点间温度差(反极性串联)

图 7－11 所示是测量两点间温度差(t_1-t_2)的一种方法。将两个同型号的热电偶配用相同的补偿导线，其接线应使两热电偶反向串联(A 接 A、B 接 B)，使得两热电动势方向相反，故输入仪表的是其差值，这一差值反映了两热电偶热端的温度差。

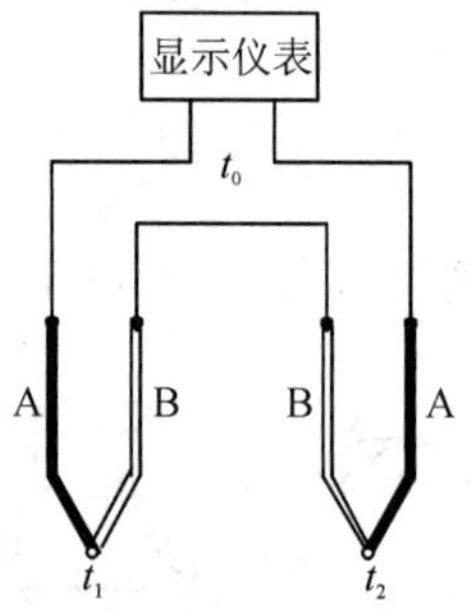

图 7－11　热电偶测量两点温度差线路图

3）测量多点的平均温度(同极性并联或串联)

有些大型设备，有时需要测量多点(两点或两点以上)的平均温度，可以通过将多支同型号的热电偶同极性并联或串联的方式来实现。

(1) 热电偶的并联。

将多支同型号热电偶的正极和负极分别连接在一起称为热电偶的并联。图 7－12 是测量三点的平均温度的热电偶并联连接线路图，用三只同型号的热电偶并联在一起，在每一只热电偶线路中分别串联均衡电阻 R。根据电路理论，可得回路中的总电动势为

$$E_T=\frac{E_1+E_2+E_3}{3}=\frac{E_{AB}(t_1, t_0)+E_{AB}(t_2, t_0)+E_{AB}(t_3, t_0)}{3}$$

$$=\frac{E_{AB}(t_1+t_2+t_3, 3t_0)}{3}=E_{AB}\left(\frac{t_1+t_2+t_3}{3}, t_0\right) \tag{7-11}$$

式中，E_1，E_2，E_3 分别为单只热电偶的热电动势。

特点：当有一只热电偶烧断时，难以觉察出来。当然，它也不会中断整个测温系统的工作。

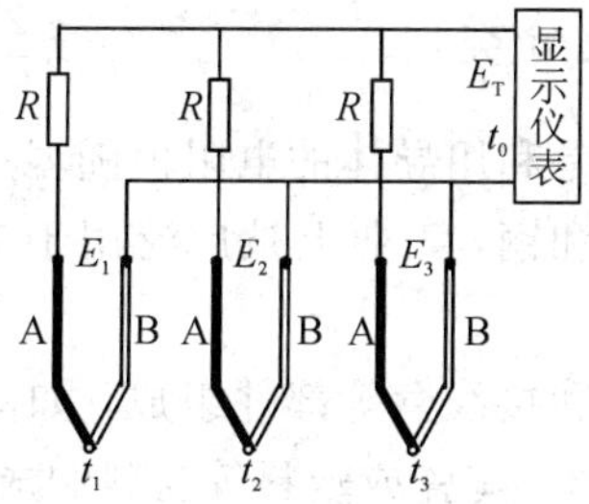

图7－12　测量三点的平均温度的热电偶并联连接线路图

(2) 热电偶的串联。

将多支同型号热电偶的正负极依次连接称为热电偶的串联。图 7－13 是热电偶串联连接线路图，将三支同型号的热电偶的正、负极依次相连串接起来，此时，回路总的热电动势等于三支热电偶的热电动势之和，即回路的总电动势为

$$E_T = E_1 + E_2 + E_3 = E_{AB}(t_1, t_0) + E_{AB}(t_2, t_0) + E_{AB}(t_3, t_0) = E_{AB}(t_1 + t_2 + t_3, 3t_0) \quad (7-12)$$

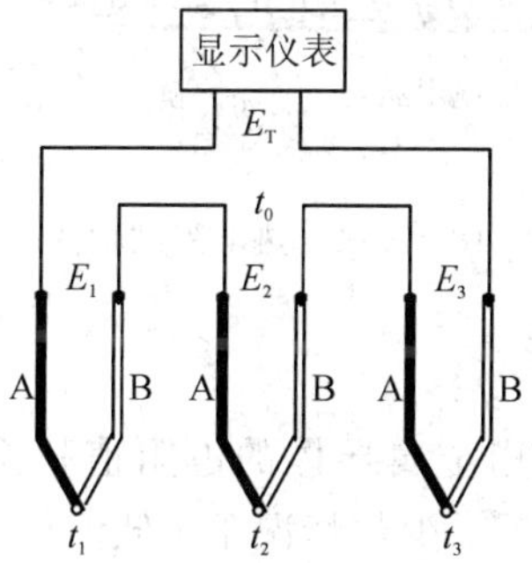

图 7－13　热电偶串联连接线路图

可见对应得到的是三点的温度之和，如果将结果再除以 3，就得到三点的平均温度。

热电偶串联的主要优点：热电动势大，仪表的灵敏度大大增加，且避免了热电偶并联存在的缺点，只要有一只热电偶断路，总的热电动势消失，立即可以发现有断路。其缺点：只要有一支热电偶断路，整个测温系统将停止工作。

7.2　热电阻传感器

热电阻传感器

电阻式温度传感器是利用导体或半导体材料的电阻值随温度变化而变化的原理来测量温度的，即材料的电阻率随温度的变化而变化，这种现象称为热电阻效应。

当温度升高时，虽然自由电子数目基本不变(当温度变化范围不是很大时)，但每个自由电子的动能将增加，因而在一定的电场作用下，要使这些杂乱无章的电子做定向运动就会遇到更大的阻力，导致材料电阻值随温度的升高而增加。

由金属导体铂、铜、镍等制成的测温元件称为金属热电阻，简称热电阻。

由半导体材料制成的测温元件称为热敏电阻。

7.2.1　热电阻的工作原理及分类

热电阻作为一种感温元件，是利用导体的电阻值随温度变化而变化的特性来实现对温度的测量的，最常用的材料是铂和铜，工业上被广泛用于测量中低温区－200～＋500℃的温度。

热电阻由电阻体、保护套管和接线盒等部件组成，如图 7-14(a)所示。热电阻丝是绕在骨架上的，骨架采用石英、云母、陶瓷或塑料等材料制成，可根据需要将骨架制成不同的外形。为了防止电阻体出现电感，热电阻丝通常采用双线并绕法，如图 7-14(b)所示。

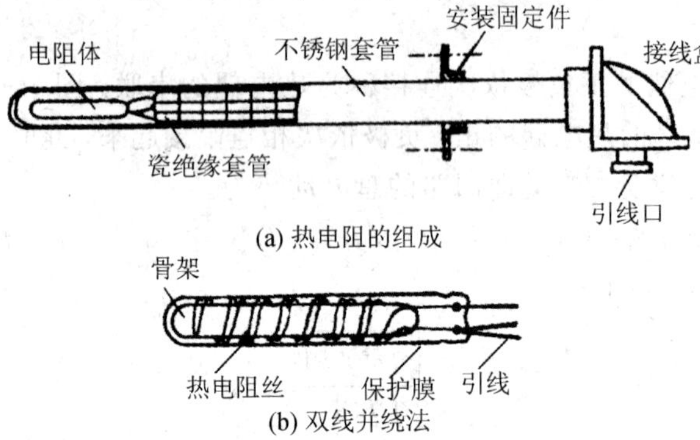

图 7-14　热电阻结构图

7.2.2　金属热电阻及其特性

金属热电阻的工作原理：利用金属导体的电阻值随温度的变化而变化的原理进行测温。其测温范围为－220～＋850℃，少数情况下，低温可测量至 1 K(－272℃)，高温可测量至 1000℃。金属热电阻的主要材料为铂和铜。

1. 铂热电阻

铂热电阻在氧化性介质中，甚至在高温下，物理、化学性能稳定，电阻率大，精确度高，能耐较高的温度，因此，国际温标 IPTS－68 规定，在－259.34～＋630.74℃温度范围内，以铂热电阻温度计作为基准器。其缺点是价格高。

铂热电阻的电阻值与温度的关系在 0～850℃范围内为

$$R_t = R_0(1 + At + Bt^2) \tag{7-13}$$

在－200～0℃范围内为

$$R_t = R_0[1 + At + Bt^2 + C(t-100)t^3] \tag{7-14}$$

式中，R_t—— 温度 t 时的电阻值；

R_0—— 温度 0℃ 时的电阻值。

温度系数 $A=3.908\times10^{-3}/℃$，$B=-5.802\times10^{-7}/℃^2$，$C=-4.274\times10^{-12}/℃^4$。

由式(7-14)可以看出，铂热电阻在温度 t 时的电阻值与 R_0(标称电阻) 有关。目前，我国规定工业用铂热电阻有 $R_0=10\ \Omega$ 和 $R_0=100\ \Omega$ 两种，它们的分度号分别为 Pt 10和 Pt 100，后者最常用。实际测量中，只要测得铂热电阻的阻值 R_t，便可从表 7-4 中查出对应的温度值。

表7-4　铂热电阻分度表

分度号 Pt 100　　　　R_0(0℃)=100 Ω

温度/℃	电阻值/Ω	温度/℃	电阻值/Ω	温度/℃	电阻值/Ω	温度/℃	电阻值/Ω	温度/℃	电阻值/Ω
-200	18.52	10	103.90	220	183.19	430	257.38	640	326.48
-190	22.83	20	107.79	230	186.84	440	260.78	650	329.64
-180	27.10	30	111.67	240	190.47	450	264.18	660	332.79
-170	31.34	40	115.54	250	194.10	460	267.56	670	335.93
-160	35.54	50	119.40	260	197.71	470	270.93	680	339.06
-150	39.72	60	123.24	270	201.31	480	274.29	690	342.18
-140	43.88	70	127.08	280	204.90	490	277.64	700	345.28
-130	48.00	80	130.90	290	208.48	500	280.98	710	348.38
-120	52.11	90	134.71	300	212.05	510	284.30	720	351.46
-110	56.19	100	138.51	310	215.61	520	287.62	730	354.53
-100	60.26	110	142.29	320	219.15	530	290.92	740	357.59
-90	64.30	120	146.07	330	222.68	540	294.21	750	360.64
-80	68.33	130	149.83	340	226.21	550	297.49	760	363.67
-70	72.33	140	153.58	350	229.72	560	300.75	770	366.70
-60	76.33	150	157.33	360	233.21	570	304.01	780	369.71
-50	80.31	160	161.05	370	236.70	580	307.25	790	372.71
-40	84.27	170	164.77	380	240.18	590	310.49	800	375.70
-30	88.22	180	168.48	390	243.64	600	313.71	810	378.68
-20	92.16	190	172.17	400	247.09	610	316.92	820	381.65
-10	96.09	200	175.86	410	250.53	620	320.12	830	384.60
0	100.00	210	179.53	420	253.96	630	323.30	840	387.55

2. 铜热电阻

铂热电阻虽然优点多，但价格昂贵，在测量精度要求不高且温度较低的场合，铜热电阻得到了广泛应用。在-50～+150℃的温度范围内，铜热电阻的电阻值与温度近似呈线性关系，可用下式表示：

$$R_t = R_0(1 + \alpha \cdot t) \tag{7-15}$$

式中，α——0℃时铜热电阻温度系数($\alpha=4.289\times10^{-3}$/℃)。

铜热电阻有两种分度号：Cu 50(R_0=50 Ω)和 Cu 100(R_0=100 Ω)。后者最常用。表7-5为铜热电阻分度表。

表 7-5　铜热电阻分度表

温度/℃	Cu 50电表值/Ω	Cu 100电阻值/Ω
−50	39.24	78.49
−40	41.40	82.80
−30	43.55	87.10
−20	45.70	91.40
−10	47.85	95.70
0	50.00	100.00
10	52.14	104.28
20	54.28	108.56
30	56.42	112.84
40	58.56	117.12
50	60.70	121.40
60	62.84	125.68
70	64.98	129.96
80	67.12	134.24
90	69.26	138.52
100	71.40	142.80
110	73.54	147.08
120	75.68	151.36
130	77.83	155.66
140	79.98	159.96
150	82.13	164.27

铜易于提纯，价格低廉，电阻-温度特性线性较好，但电阻率仅为铂的几分之一。因此，铜热电阻所用热电阻丝细而且长，机械强度较差，热惯性较大，在温度高于100℃以上或腐蚀性介质中使用时，易氧化，稳定性较差。因此，只能用于低温及无腐蚀性的介质中。

3. 热电阻的测量电路

热电阻的阻值不高，工业用热电阻安装在生产现场，离控制室较远，因此热电阻的引线电阻对测量结果有较大的影响。目前，热电阻引线接法有两线制、三线制和四线制三种。

1) 两线制接法(用于引线不长的情况，精度较低)

两线制接法如图 7-15 所示，在热电阻感温体的两端各连一根导线。设每根导线的电阻值为 r，则电桥平衡条件为

$$R_1R_3 = R_2(R_t + 2r) \tag{7-16}$$

因此有

$$R_t = \frac{R_1R_3}{R_2} - 2r \tag{7-17}$$

很明显，如果在实际测量中不考虑导线电阻，即忽略式(7-17)中的 $2r$，则测量结果就将存在误差。

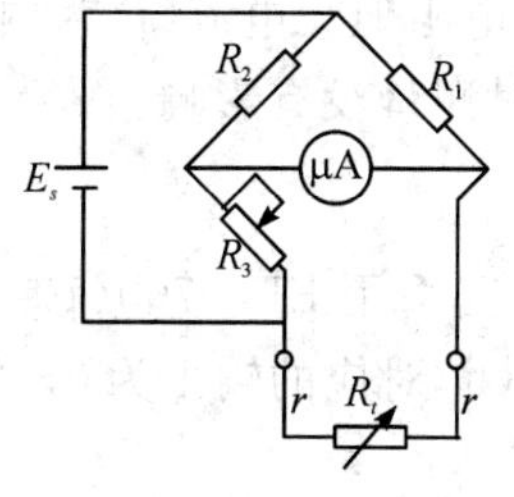

图 7-15　两线制接法

2）三线制接法(用于工业测量，一般精度)

为解决导线电阻的影响，工业热电阻大多采用三线制接法，如图 7-16 所示，图中 R_t 为热电阻，其三根引出导线相同，阻值都是 r。其中一根与电桥电源相串联，它对电桥的平衡没有影响；另外两根分别与电桥的相邻两臂串联，当电桥平衡时，可得下列关系：

$$(R_t + r)R_2 = (R_3 + r)R_1 \tag{7-18}$$

所以有

$$R_t = \frac{(R_3 + r)R_1 - rR_2}{R_2} \tag{7-19}$$

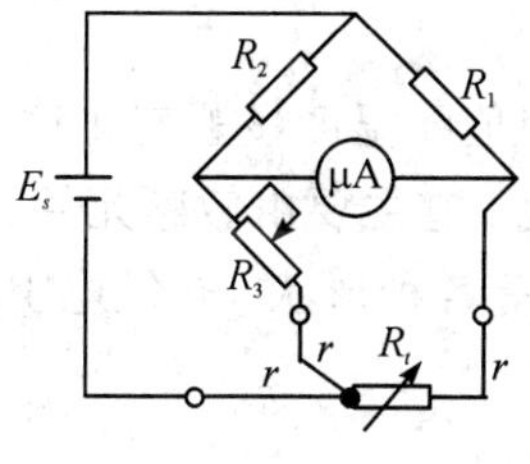

图 7-16　三线制接法

如果使 $R_1 = R_2$，则式(7-19) 就和 $r = 0$ 时的电桥平衡公式完全相同，即说明此种接法导线电阻 r 对热电阻的测量毫无影响。注意：以上结论只有在 $R_1 = R_2$，且只有在平衡状态下才成立。为了消除从热电阻感温体到接线端子间的导线对测量结果的影响，一般要求从热电阻感温体的根部引出导线，且要求引出线一致，以保证它们的电阻值相等。

3）四线制接法(用于实验室，高精度)

三线制接法是工业测量中广泛采用的方法。在高精度测量中，可设计成四线制接法，如图 7-17 所示。

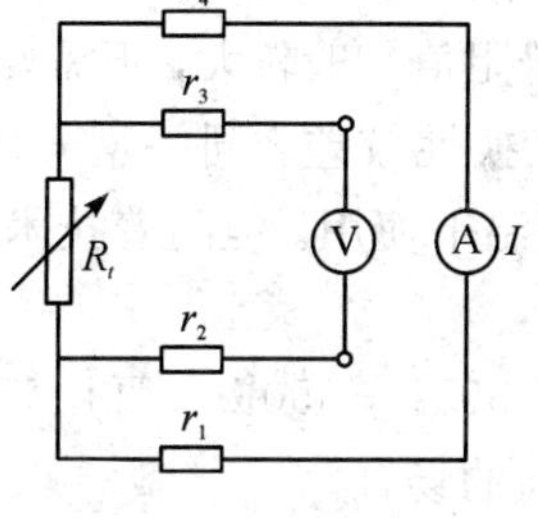

图 7-17　四线制接法

图 7-17 中 I 为恒流源，测量仪表 V 一般用直流电位差计，热电阻上引出电阻值各为 r_1、r_4 和 r_2、r_3 的四根导线，分别接在电流和电压回路，电流导线上 r_1、r_4 引起的电压降不在测量范围内，而电压导线上虽有电阻但无电流(认为内阻无穷大，测量时没有电流流过电位差计)，所以四根导线的电阻都对测量没有影响。

4. 热电阻的应用

图 7-18 所示铂热电阻测温电路采用 EL-700(100 Ω，Pt 100)铂热电阻，是高精度温度测量电路，测温范围为 20～120℃，对应的输出为 0～2 V，输出电压可直接输入单片机作为显示和控制信号。

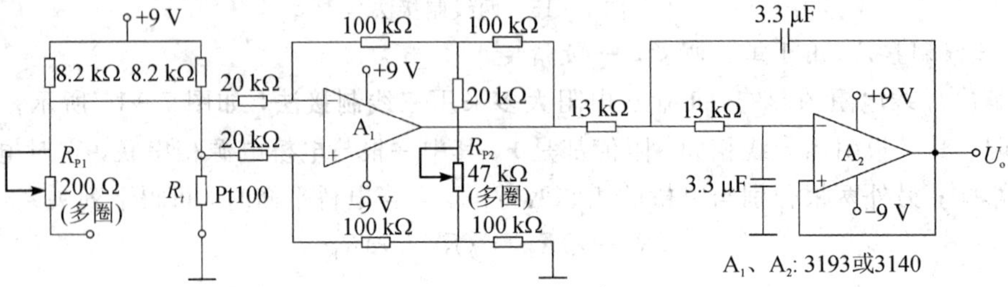

图 7-18 铂热电阻测温电路

7.2.3 热敏电阻及其特性

热敏电阻是利用半导体的电阻值随温度显著变化这一特性制成的一种热敏元件，其特点是电阻率随温度变化而显著变化。它主要由敏感元件、引线和壳体组成。根据使用要求，可制成珠状、片状、杆状、垫圈状等各种形状。热敏电阻的符号如图 7-19 所示。

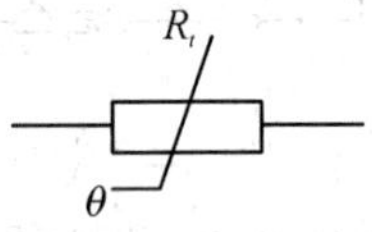

图 7-19 热敏电阻的符号

热敏电阻与热电阻相比，具有如下特点：

(1) 电阻值和电阻温度系数大、灵敏度高(比热电阻大 1～2 个数量级)。

(2) 体积小(最小直径可达 0.1～0.2 mm，可用来测量“点温”)、结构简单坚固(能承受较大的冲击、振动)。

(3) 电阻率高、热惯性小、响应速度快，适用于快速变化的测量场合。

(4) 制造简单，使用方便，寿命长。

(5) 易于实现远距离测量(本身阻值一般较大，不需要考虑引线电阻对测量结果的影响)。

目前它存在的主要缺点是：互换性较差，同一型号的产品特性参数有较大差别；稳定性较差；非线性严重，且不能在高温下使用。但随着技术的发展和工艺的成熟，热敏电阻的缺点将逐渐得到改进。

热敏电阻的测温范围一般为－50～＋350℃，可用于液体、气体、固体、高空气象、深井等方面对温度测量精度要求不高的场合。

1. 热敏电阻的 R_t-t 特性

根据半导体的电阻-温度特性，热敏电阻可分为三类，即负温度系数热敏电阻(NTC)、正温度系数热敏电阻(PTC)和临界温度系数热敏电阻(CTR)。它们的温度特性曲线如图 7-20所示。

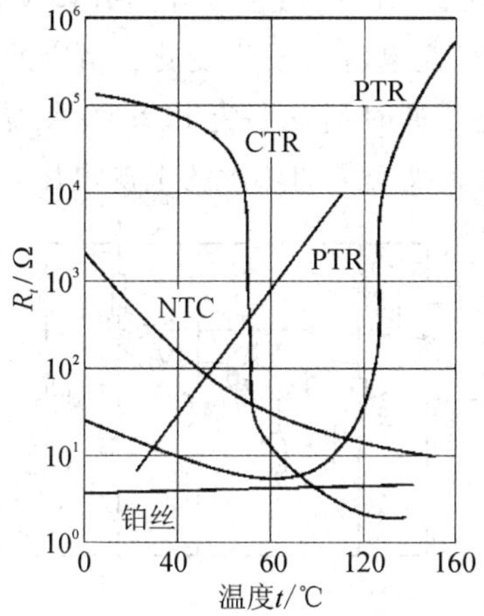

图 7-20　热敏电阻的温度特性曲线

正温度系数的热敏电阻的阻值与温度的关系可表示为

$$R_t = R_0 \exp[A(t - t_0)] \tag{7-20}$$

式中，R_t、R_0—— 温度为 t 和 t_0 时的电阻值；

A—— 热敏电阻的材料常数；

t_0——0℃ 时的绝对温度，$t_0 = 273.15$ K。

大多数热敏电阻具有负温度系数，其阻值与温度的关系可表示为

$$R_t = R_0 \exp\left(\frac{B}{t} - \frac{B}{t_0}\right) \tag{7-21}$$

式中，B 为热敏电阻的材料常数(单位 K，由材料、工艺及结构决定，B 一般在 1500 ～ 6000 K 范围内)。

PTC 的阻值随温度升高而增大，且有斜率最大的区域，当温度超过某一数值时，其电阻值朝正的方向快速变化。其用途主要是彩电消磁、各种电器设备的过热保护等。

CTR 也具有负温度系数，但在某个温度范围内电阻值急剧下降，曲线斜率在此区段特别陡，灵敏度极高。其主要用作温度开关。

各种热敏电阻的阻值在常温下很大，通常都在数千欧以上，所以连接导线的阻值(最多不过 10 Ω)几乎对测温没有影响，不必采用三线制或四线制接法，给使用带来方便。

另外，热敏电阻的阻值随温度改变显著，只要很小的电流流过热敏电阻，就能产生明显的电压变化，而电流对热敏电阻自身有加热作用，所以应注意不要使电流过大，防止带来测量误差。

2. 热敏电阻的应用

1）温度控制

图 7－21 所示电路利用热敏电阻作为测温元件，实现电加热器自动控制温度，电位器 R_P 用于调节控温范围。测温用的热敏电阻 R_t 作为偏置电阻接在 VT_1、VT_2 组成的差分放大器电路内，当温度变化时，热敏电阻的阻值变化，引起 VT_1 集电极电流变化，影响二极管 VD 支路电流，从而使电容 C 充电电流发生变化，相应的充电速度发生变化，则电容电压升到单结晶体管 VT_3 峰点电压的时刻发生变化，即单结晶体管的输出脉冲产生相移，改变了晶闸管 VT_4 的导通角，从而改变了加热丝的电源电压，达到自动控制温度的目的。

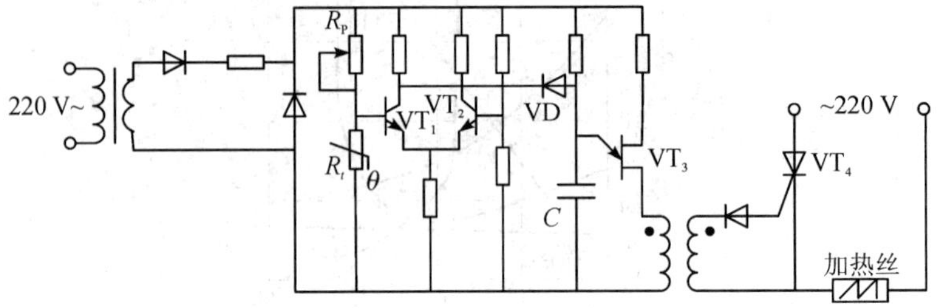

图 7－21　温度控制电路

2）管道流量测量

图 7－22 中 R_{t1} 和 R_{t2} 是热敏电阻，R_{t1} 放在被测流量管道中，R_{t2} 放在不受流体干扰的容器内，R_1 和 R_2 是普通电阻，四个电阻组成电桥。

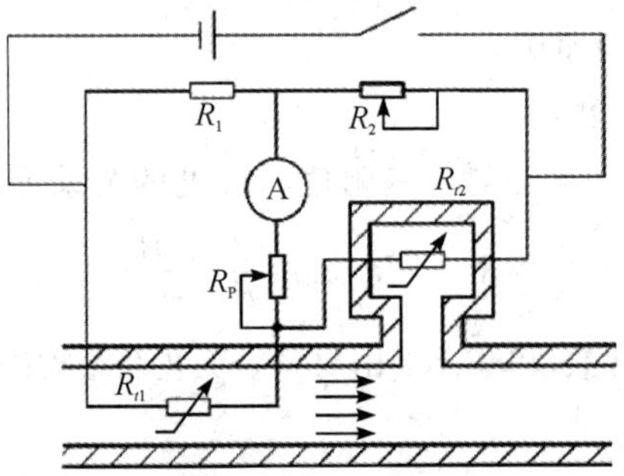

图 7－22　管道流量测量电路

当流体静止时，电桥处于平衡状态。当流体流动时，要带走热量，使热敏电阻 R_{t1} 和 R_{t2} 散热情况不同，R_{t1} 因温度变化引起阻值变化，电桥失去平衡，电流表有指示。因为 R_{t1} 的散热条件取决于流量的大小，因此测量结果反映流量的变化。

3）恒温控制

如图 7－23 所示，滞回特性的恒温控制电路中 R_t 为热敏电阻，A 为比较器，当环境温度达到 t 时，由输出信号实现调温控制。比较器同相端 U_b 作为基准电压，由 R_{P1}、R_2、R_3（或稳压管）确定分压，R_{P1} 可调节比较器的比较电平，从而调节所需控制温度。输入端由 R_t、R_2 分压。

输出特性：

(1) U_{b1}、U_{b2} 为门限电压，传输特性通过 R_4 正反馈使转换部分变陡；

(2) $U_a > U_{b1}$，U_o 由正翻转为负；

(3) $U_a < U_{b2}$，U_o 由负翻转为正。

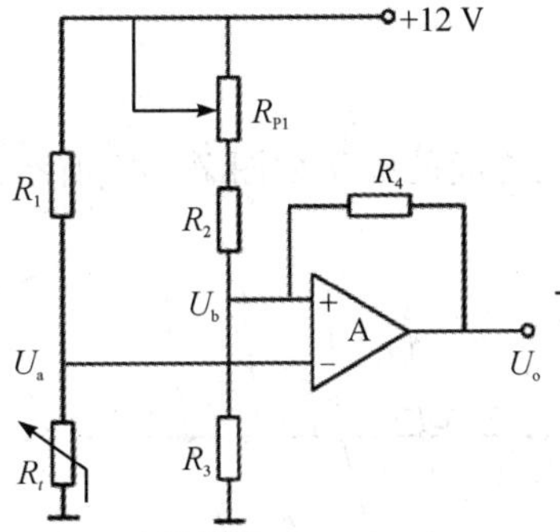

(a) 电路原理

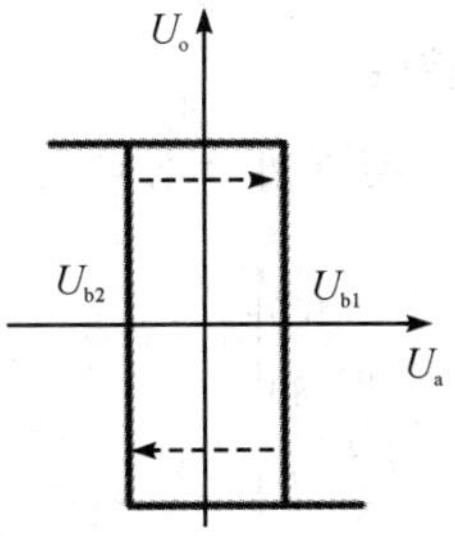

(b) 滞回特性

图 7-23　恒温控制电路

4) 其他温度测量与控制

热敏电阻的其他应用如图 7-24 所示。

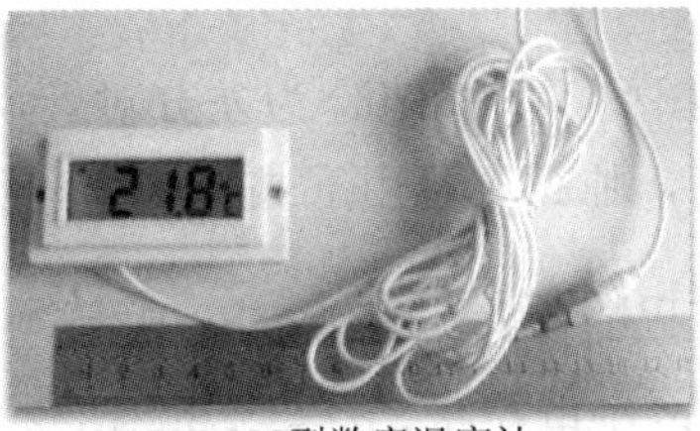

(a) ZHL338型数字温度计

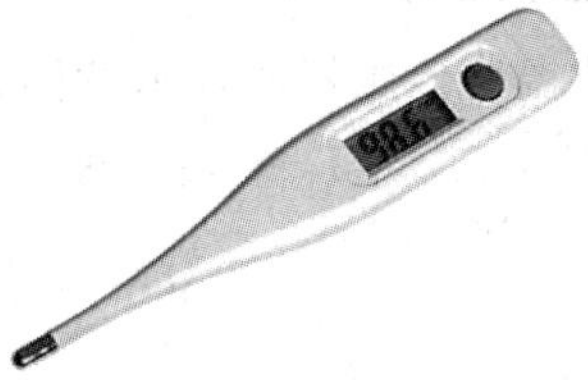

(b) 热敏电阻体温表

(c) 热敏电阻用于CPU温度的测量

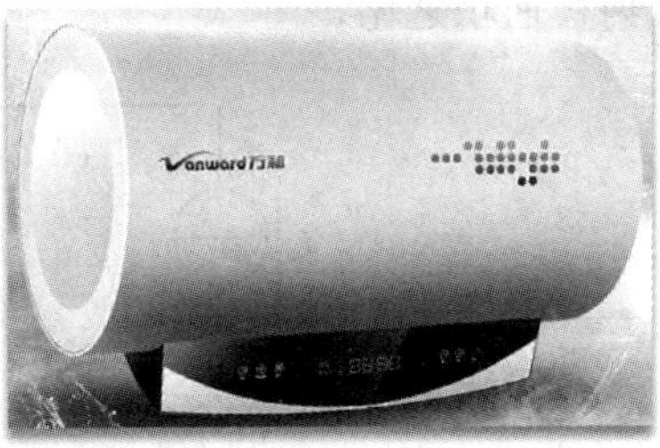

(d) 热敏电阻用于电热水器温度的控制

图 7-24　热敏电阻的其他应用

7.3　集成温度传感器

集成温度传感器

温敏元件有热敏电阻，热敏二极管、三极管等。集成温度传感器把热敏晶体管和外围电路、放大器、偏置电路及线性电路制作在同一芯片上，构成一体化的专用集成器件，是可以完成温度测量及模拟信号输出的专用 IC。目前国内外普遍应用的 20 世纪 80 年代问世的集成温度传感器有 AD590、AD592、TMP17、LM135 等。模拟集成温控模块是可编程的温控开关模块，如 LM56、AD22105 等。

7.3.1　集成温度传感器的工作原理

集成温度传感器利用晶体管 PN 结的电流、电压特性与温度的关系进行温度测量，由于 PN 结受耐热性能的限制，一般测量温度在 150℃以下。集成温度传感器具有体积小、反应快、线性好、价格低等优点。

1. PN 结的温度特性

硅二极管正向电压与温度、正向电流之间的关系如图 7－25 所示。

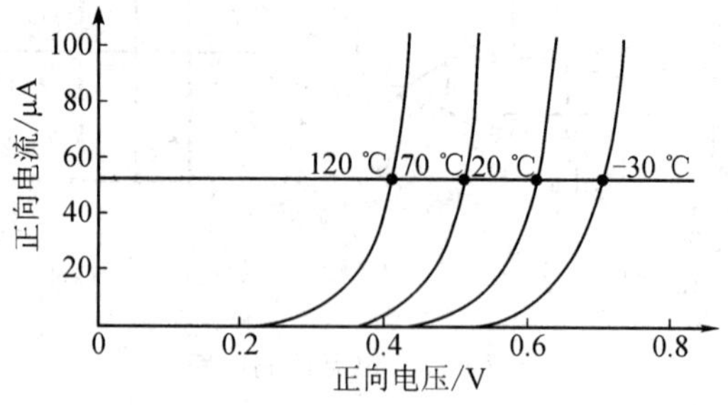

图 7－25　硅二极管正向电压与温度、正向电流之间的关系

2. 集成温度传感器基本工作原理

图 7－26 为集成温度传感器原理示意图，图中 VT_1、VT_2 为差分对管，由恒流源提供的电流 I_1、I_2 分别为 VT_1、VT_2 的集电极电流，则 ΔU_{be}可用下式表示：

$$\Delta U_{be} = \frac{kT}{q}\ln\left(\frac{I_1}{I_2}\gamma\right) \tag{7-22}$$

式中，k 为玻尔兹曼常数；T 为绝对温度；q 为电子电荷量，$q = 1.6021892 \times 10^{-1}$ C；γ 为 VT_1 与 VT_2 发射极面积之比。

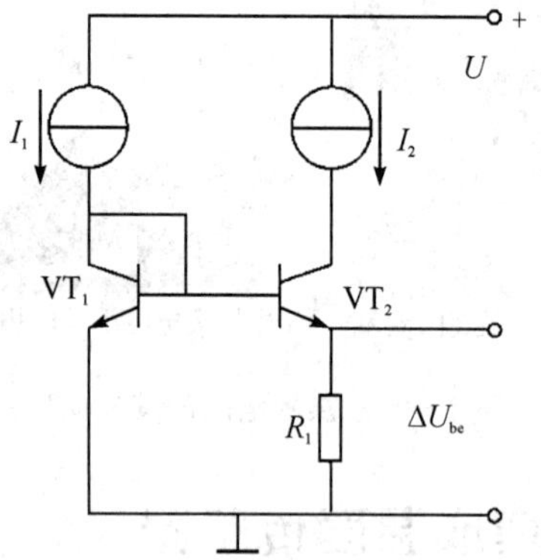

图 7－26　集成温度传感器原理示意图

只要 I_1/I_2 为恒定值，则 ΔU_{be}与温度 T 为单值线性函数关系。这就是集成温度传感器的基本工作原理。

3. 电压输出型集成温度传感器

图 7－27 所示为电压输出型温度传感器，图中 VT_1、VT_2 为差分对管，调节电阻 R_1 可

使 $I_1=I_2$，当 VT_1、VT_2 的 $\beta\geqslant 1$ 时，电路输出电压 U_o 为

$$U_o = I_2 R_2 = \frac{\Delta U_{be}}{R_1} R_2 \tag{7-23}$$

将

$$\Delta U_{be} = \frac{kT}{q}\ln\left(\frac{I_1}{I_2}\gamma\right) = \frac{kT}{q}\ln\gamma$$

代入式(7-23)，得

$$U_o = \frac{R_2}{R_1}\cdot\frac{kT}{q}\ln\gamma \tag{7-24}$$

若 $R_1=940\ \Omega$，$R_2=30\ \Omega$，$\gamma=37$，则电路输出温度系数为 10 mV/K。注意：$T=t+273.15$，T 的单位为 K，t 的单位为℃。

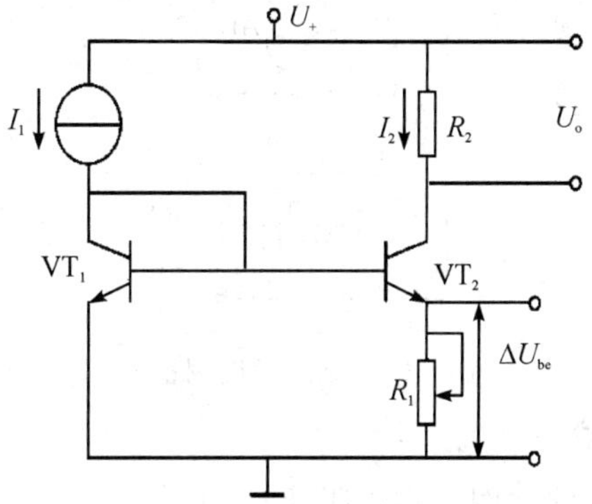

图 7-27　电压输出型集成温度传感器

4. 电流输出型集成温度传感器

电流输出型集成温度传感器如图 7-28 所示。VT_1、VT_2 作为恒流源负载，VT_3、VT_4 作为感温元件，VT_3、VT_4 发射极面积之比为 γ，此时电流源总电流 I_T 为

$$I_T = 2I_1 = \frac{2\Delta U_{be}}{R} = \frac{2kT}{qR}\ln\gamma$$

由上式可得知，当 R、γ 为恒定量时，I_T 与 T 呈线性关系。若 $R=358\ \Omega$，$\gamma=8$，则电路输出温度系数为 1 μA/K。

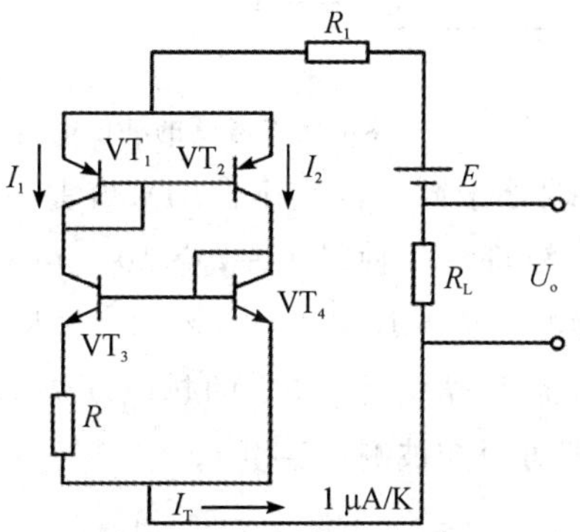

图 7-28　电流输出型集成温度传感器

7.3.2　集成温度传感器的应用实例

1. 温度测量

AD590 是应用广泛的一种集成温度传感器，由于它内部有放大电路，配上相应的外电路可方便地构成各种应用电路。

图 7 - 29 所示电路为一简单测温电路。AD590 在 25℃(298.15 K)时，理想输出电流为 298.15 μA。将 AD590 串联一个可调电阻，在已知温度下调整电阻值，使输出电压 U_R 满足 1 mV/K 的关系(如 25℃时，U_R 应为 298.15 mV)。调整好以后，固定可调电阻，即可由输出电压 U_R 读出 AD590 所测得的热力学温度。

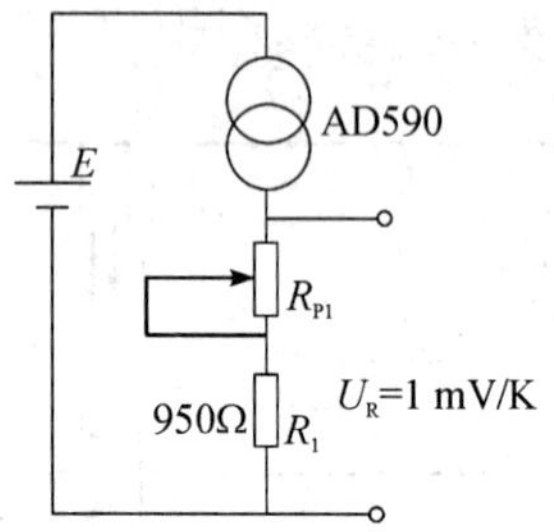

图 7 - 29　绝对温度测量电路

2. 热电偶参考端的补偿

热电偶参考端的补偿电路如图 7 - 30 所示。

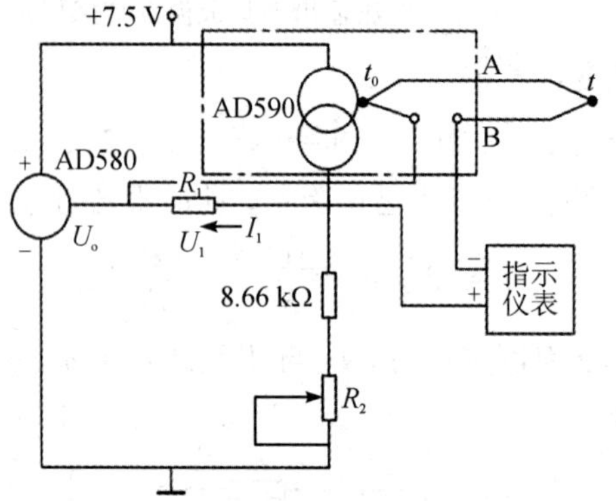

图 7 - 30　热电偶参考端的补偿电路

AD590 应与热电偶参考端处于同一温度下。AD580 是一个三端稳压器，其输出电压 $U_o=2.5$ V。电路工作时，调整电阻 R_2 使得 $I_1=t_0\times10^{-3}$ mA，这样在电阻 R_1 上产生一个随参考端温度 t_0 变化的补偿电压 $U_1=I_1\times R_1=t_0\times10^{-3}\times R_1$，若热电偶参考端温度为 t_0，补偿时应使 $U_1=E_{AB}(t_0, 0)$。测量端相对于 0℃的热电动势即为 $E_{AB}(t_0, 0)=U_1+$仪表指示值，直接查相应的分度表即可得知被测点温度 t。

3. 温度控制

图 7 - 31 为温度控制电路。AD311 为比较器，其输出控制加热器电流，调节 R_t 可改变比较电压，从而改变控制温度。AD581 是稳压器，为 AD590 提供稳定电压。

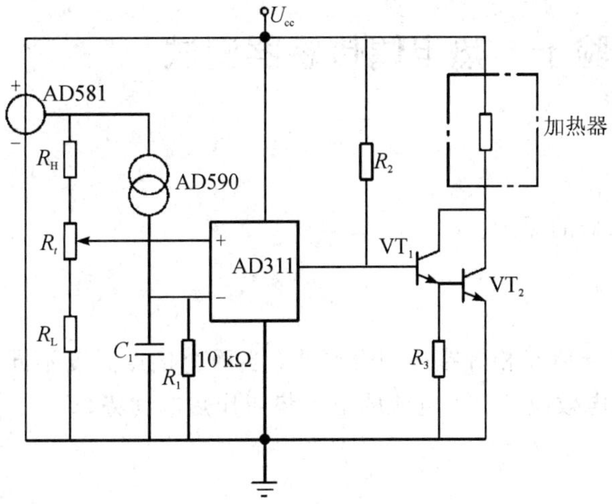

图 7-31　温度控制电路

常见集成温度传感器结构如图 7-32 所示。

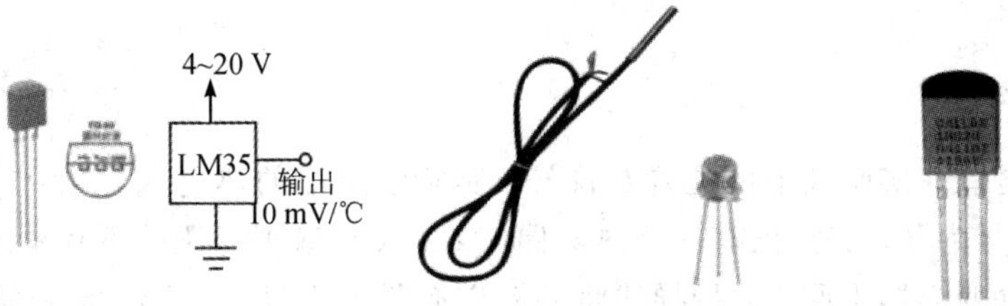

(a) LM35　　(b) AD590HK　　(c) DS18B20

(d) TMP36GT9

图 7-32　常见集成温度传感器结构

思考与练习

7-1　什么是热电效应和热电动势？什么是接触电动势？什么是温差电动势？

7-2　什么是热电偶的中间导体定律？中间导体定律有什么意义？

7-3　什么是热电偶的标准电极定律？标准电极定律有什么意义？

7-4　热电偶串联测温线路和并联测温线路主要用于什么场合？简述各自的优缺点。

7-5　电阻式温度传感器的工作原理是什么？有几种类型？

7-6　金属热电阻温度传感器常用的材料有哪几种？各有何特点？

7-7　目前热电阻常用的引线方法主要有哪些？简述各自的应用场合。

7-8　请简要叙述一下热敏电阻的优缺点及改进措施。

实验十　热电偶传感器测试

热电偶原理及现象

一、实验目的

了解热电偶传感器的原理。

二、实验原理

两种不同的金属导体互相焊接成闭合回路，当两个接点温度不同时回路中就会产生电流，这一现象称为热电效应，产生电流的电动势叫作热电动势。

三、实验器材

可调直流稳压电源、差动变换器Ⅰ、电压表、加热器、热电偶、水银温度计(自备)、电源。

电压表切换开关置于 2 V 挡，直流稳压电源置于±5 V 挡，差动变换器Ⅰ增益置于最大挡。

四、实验步骤

1. 了解热电偶在实验仪上的位置及符号，实验仪所配的热电偶是由铜-康铜组成的简易热电偶，分度号为 T。实验仪有一个热电偶，它封装在双平行梁的下片梁的上表面。

2. 先将差动变换器Ⅰ调零：用导线将差动变换器Ⅰ的 U_{in1}、U_{in2}、地短接。将差动变换器Ⅰ的输出端与电压表的输入端正(＋)相连，接地端与负(－)相连；开启电源，调节差动变换器Ⅰ的增益到接近最大位置，然后调整差动变换器Ⅰ的调零旋钮使电压表显示为零，关闭电源。

3. 按图 S10.1 接线，开启电源，调节差动变换器Ⅰ调零旋钮，使电压表显示为零，记录下自备温度计显示的室温。

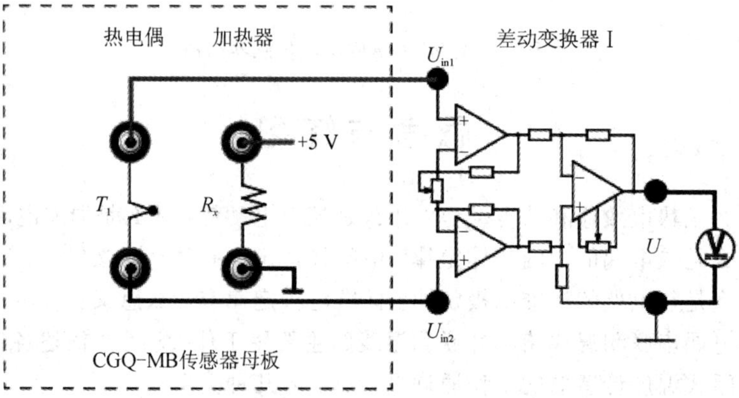

图 S10.1　热电偶实验接线参考图

4. 将＋5 V 直流电源接入加热器的一端，加热器的另一端接地，观察电压表显示值的变化，待显示值稳定不变时记录下电压表显示的读数 E。

5. 用自备的温度计测出下梁表面热电偶处的温度 t 并记录下来。(注意：温度计的测温探头不要触到应变片，只要触及热电偶处附近的梁体即可。)

6. 根据热电偶的热电动势与温度之间的关系式

$$E_{AB}(t, t_0) = E_{AB}(t, t_n) + E_{AB}(t_n, t_0)$$

式中，t——热电偶的热端(工作端，或称测温端)温度；

t_n——热电偶的冷端(自由端即热电动势输出端)温度，也就是室温；

t_0——0℃。

热端温度为 t，冷端温度为室温时热电动势 $E_{AB}(t, t_n) = (f/v$ 显示表 $E)/100$ (100 为差动变换器Ⅰ的放大倍数)。

热端温度为室温，冷端温度为 0℃，铜-康铜热电偶的热电势为 $E_{AB}(t_n, t_0)$，查热电偶自由端为 0℃时热电动势和温度的关系即铜-康铜热电偶分度表，得到室温(温度计测得)时的热电动势。

计算热端温度为 t，冷端温度为 0℃时的热电动势 $E_{AB}(t, t_0)$，根据计算结果，查分度表得到温度 t。

7. 将热电偶测得温度值与自备温度计测得温度值相比较。(注意：本实验仪所配的热电偶为简易热电偶，并非标准热电偶，只要了解热电动势现象即可。)

8. 实验完毕，关闭电源，尤其是加热器电源，其他旋钮置于原始位置。

五、思考

1. 为什么差动放大器Ⅰ接入热电偶后需再调节差动放大器Ⅰ零点？

2. 即使采用标准热电偶按本实验方法测量温度也会有很大误差，为什么？

实验十一　PN 结温度传感器测试

一、基本原理

晶体二极管或三极管的 PN 结电压是随温度变化的。例如，硅管的 PN 结电压在温度每升高 1℃时，下降约 2.1 mV，利用这种特性可做成各种各样的 PN 结温度传感器。它具有线性好、时间常数小(0.2～2 s)、灵敏度高等优点，测温范围为 −50℃～+150℃。其不足之处是离散性大，互换性较差。

PN 结温度传感器

二、实验目的

了解 PN 结温度传感器的特性及工作情况。

三、实验器材

±5 V 稳压电源、电源、差动变换器Ⅱ、电压表、加热器、电桥、水银温度计(自备)。

四、实验步骤

1. 了解 PN 结、加热器、电桥在实验仪中所在的位置及它们的符号。

2. 观察 PN 结温度传感器结构，用数字万用表“二极管”挡测量正反向 PN 结电压，得出其结果。

3. 差动变换器Ⅱ调零，然后将直流稳压电源“V＋”插口用所配的专用电阻线（51 kΩ）与 PN 结传感器的正端相连，并按图 S11.1 接好放大电路，注意各旋钮的初始位置，电压表置于 2 V 挡。

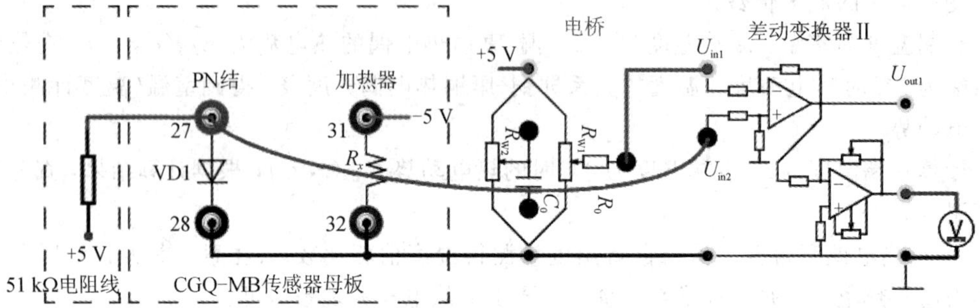

图 S11.1　PN 结温度测试接线参考图

4. 开启电源，调节 R_{W1} 电位器，使电压表指示为零，同时记下此时水银温度计显示的室温值（Δt）。

5. 将－5 V 直流稳压电源接入加热器，观察电压表读数的变化（如果温度变化不大，可以适当调高电压，但是电压不能过高），因 PN 结温度传感器的温度变化灵敏度约为－2.1 mV/℃。随着温度的升高，其 PN 结电压将下降 ΔU，ΔU 经差动放大器Ⅱ隔离传递（增益为 1），至电压放大器放大 4.5 倍，此时的系统灵敏度 $S\approx10$ mV/℃。待电压表读数稳定后，即可利用这一结果，将电压值转换成温度值，从而演示出加热器在 PN 结温度传感器处产生的温度值（ΔT）。此时该点的温度为 $\Delta T+\Delta t$。

五、注意事项

1. 该实验仪作为一个演示性实验。

2. 加热器不要长时间地接入电源，此实验完成后应立即将电源拆去，以免影响梁上的应变片性能。

六、思考

1. 分析一下该测温电路的误差来源。

2. 如要将其作为一个测温范围为 0～100℃的较理想的测温电路，还必须具备哪些条件？

第 8 章　光电式传感器与转速检测

光电式传感器是将光信号转换为电信号的一种传感器。利用光电式传感器测量非电量时，首先将非电量的变化转换为光信号的变化，然后通过光电器件的作用，将光信号的变化转化成电量的变化，这样就可以将非电量的变化转换为电量的变化而进行检测。由于光电式传感器的物理基础是光电效应，所以光电式传感器具有响应速度快、可靠性较高、精度高、非接触、结构简单等特点，因此光电式传感器在现代测量与控制系统中应用非常广泛。

8.1　光电效应

光具有波粒二象性。光的粒子学说认为光是由一群光子组成的，每一个光子具有一定的能量，光子的能量 $E = hf$，其中 h 为普朗克常数，$h = 6.626 \times 10^{-34}$ J · s，f 为光的频率。因此，光的频率越高，光子的能量也就越大。光照射在物体上会产生一系列的物理或化学效应，光电式传感器的理论基础就是光电效应，即光照射在某一物体上，可以看作物体受到一连串能量为 hf 的光子轰击，被照射物体的材料吸收了光子的能量而发生相应电效应的物理现象。根据产生电效应的不同，光电效应大致可分为外光电效应、内光电效应、光生伏特效应三类。

光电式传感器与红外传感器

8.1.1　外光电效应

在光线照射下电子从物体表面逸出的现象称为外光电效应。根据外光电效应制成的光电器件有光电管、光电倍增管等。

外光电效应可用爱因斯坦光电方程来描述：

$$\frac{1}{2}mv^2 = hf - W \tag{8-1}$$

式中，v—— 电子逸出物体表面时的初速度；

m—— 电子质量；

h—— 普朗克常量；

f—— 入射光频率；

W—— 金属材料的逸出功(金属表面对电子的束缚)。

式(8－1)揭示了光电效应的本质。根据爱因斯坦假设：一个电子只能接受一个光子的能量，要使一个电子从物体表面逸出，必须使光子能量 ε 大于该物体的表面逸出功 A。各种不同的材料具有不同的逸出功，因此对某特定材料而言，将有一个频率限 f_0(或波长限 λ_0)，称为“红限”。当入射光的频率低于 f_0(或波长大于 λ_0)时，不论入射光有多强，也不能激发电子；当入射频率高于 f_0 时，不管它多么微弱也会使被照射的物体激发电子，光越强则激发出的电子数目越多。红限波长可用下式求得：

$$\lambda_0 = \frac{hc}{A} \tag{8-2}$$

式中，c 为光速。

8.1.2 内光电效应

在光线照射下物体的电阻率发生改变的现象称为内光电效应，也称为光电导效应。根据内光电效应制成的光电器件有光敏电阻、光敏二极管与光敏三极管等。

8.1.3 光生伏特效应

在光线照射下物体产生一定方向的电动势的现象称为光生伏特效应，简称光伏效应。根据光伏效应制成的光电器件有光电池等。

1. 势垒效应(结光电效应)

接触的半导体和 PN 结中，当光线照射其接触区域时，便引起光电动势，这就是结光电效应。以 PN 结为例，光线照射 PN 结时，设光子能量大于禁带宽度 E_g，使价带中的电子跃迁到导带而产生电子空穴对，在阻挡层内电场的作用下被光激发的电子移向 N 区外侧，被光激发的空穴移向 P 区外侧，从而使 P 区带正电，N 区带负电，形成光电动势。

2. 侧向光电效应

当半导体光电器件受光照不均匀时，有载流子浓度梯度将会产生侧向光电效应。当光照部分吸收入射光子的能量产生电子空穴对时，光照部分载流子浓度比未受光照部分的载流子浓度大，就出现了载流子浓度梯度，因而载流子就要扩散。如果电子的迁移率比空穴的大，那么空穴的扩散不明显，则电子向未被光照部分扩散，就造成光照射的部分带正电，未被光照射的部分带负电，光照部分与未被光照部分产生光电动势。基于该效应制成的光电器件有半导体光电位置敏感器件(PSD)。

8.2 光电器件

8.2.1 光电管

光电管是一种光敏元件，它受到辐射后，能够从阴极释放出电子。光电管种类很多，它是个装有阴极和阳极的真空玻璃管，结构如图 8-1 所示。当入射光线穿过光窗照到阴极上时，光子的能量传递给阴极表面的电子，当电子获得的能量足够大时，就有可能克服金属表面对电子的束缚(逸出功)而逸出金属表面形成电子发射，这种电子称为光电子。图 8-2 中阳极通过 R_L 与电源连接，在管内形成电场。当入射光线穿过光窗照到光电阴极上时，从阴极表面逸出的电子被具有正电压的阳极所吸引，在光电管内形成空间电子流，称为光电流 I_φ。光电流 I_φ 正比于光电子数，而光电子数又正比于光通量。如果在外电流中串入一只适当阻值的电阻，则电路中的电流便转换为电阻上的电压。该电流或电压的变化与光成一定的函数关系，从而实现了光电转换。由于材料的逸出功不同，不同材料的光电阴极对不同频率的入射光有不同的灵敏度，人们可以根据检测对象是可见光还是紫外光选择不同阴极材料的光电管。如果在玻璃管内充入惰性气体（如氩、氖等）即构成充气光电管。光电子流对惰性气体进行轰击，使其电离，产生更多的自由电子，从而提高了光电变换的灵敏度。目前紫外光电管在工业检测中多用于紫外线测量、火焰监测等，可见光较难引起光电子的发射。

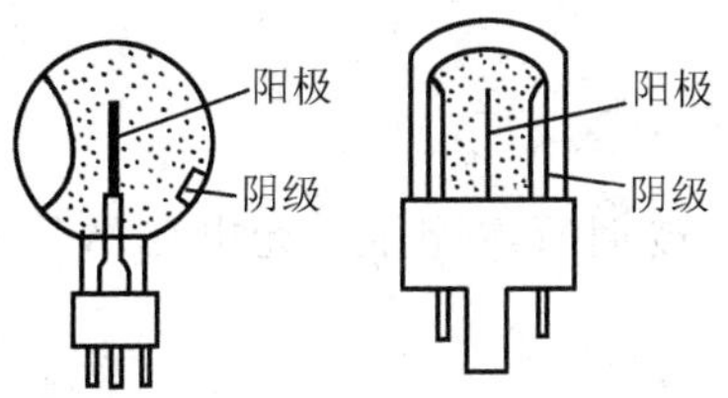

图 8－1　光电管

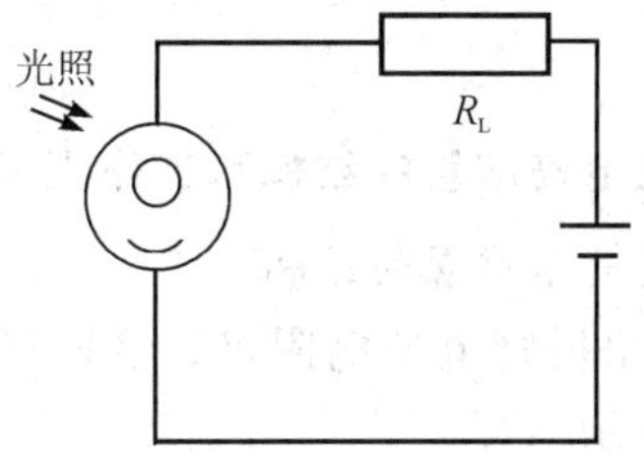

图 8－2　光电管受光照发射电子

光电管分为真空光电管和充气光电管两种。真空光电管（又称电子光电管）由封装于真空管内的光电阴极和阳极构成，如图 8－3 所示。当入射光线穿过光窗照到光阴极上时，由于外光电效应，光电子就从极层内发射至真空。在电场的作用下，光电子在极间做加速运动，最后被高电位的阳极接收，在阳极电路内就可测出光电流，其大小取决于光照强度和光阴极的灵敏度等因素。充气光电管（又称离子光电管）由封装于充气管内的光阴极和阳极构成，其外形如图 8－4 所示。它不同于真空光电管的是，光电子在电场作用下向阳极运动时与管中气体原子碰撞而发生电离现象。由电离产生的电子和光电子一起都被阳极接收，正离子却反向运动被阴极接收。因此在阳极电路内形成数倍于真空光电管的光电流。充气光电管的电极结构也不同于真空光电管。

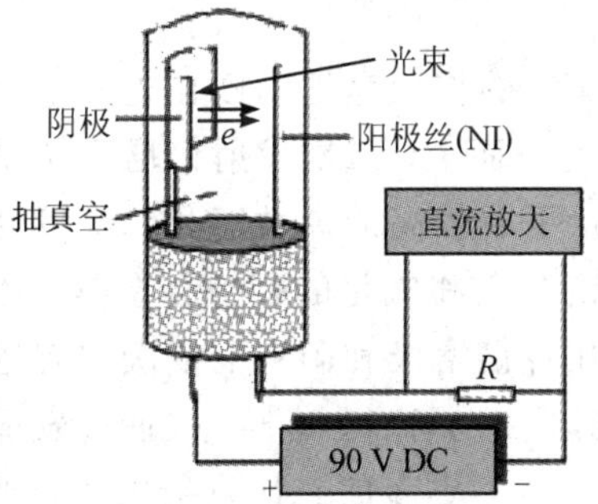

图 8－3　真空光电管

图 8－4　充气离子光电管

8.2.2　光电倍增管

光电倍增管是可将微弱光信号通过光电效应转变成电信号并利用二次发射电极转为电子倍增的电真空器件。它利用二次电子发射使逸出的光电子倍增，获得远高于光电管的灵敏度，能测量微弱的光信号。其外形如图 8－5 所示。

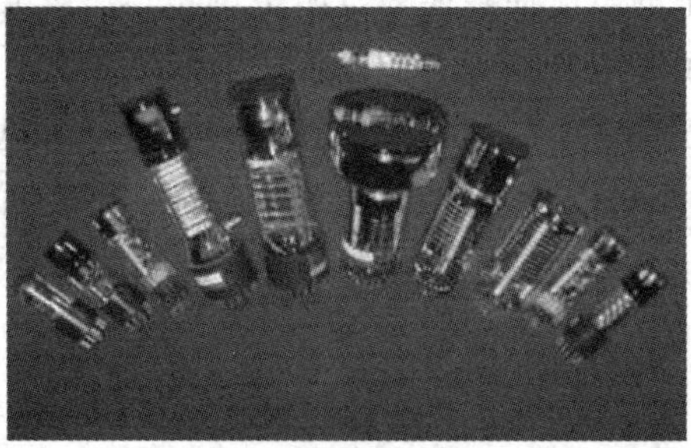

图 8-5　光电倍增管外形

1. 光电倍增管的结构和工作原理

1) 光电倍增管的结构

光电倍增管由光电阴极、倍增极、阳极、真空玻璃管等组成。光电倍增管的结构如图 8-6 所示。

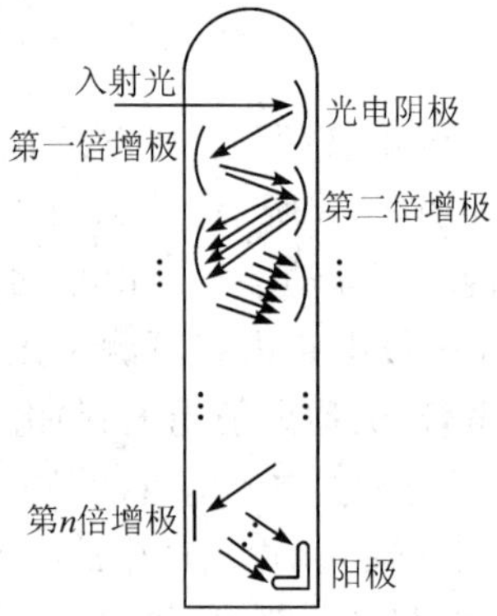

图 8-6　光电倍增管

2) 光电倍增管的工作原理

光电倍增管阴极室的结构与阴极的尺寸和形状有关，它的作用是把阴极在光照下由外光电效应产生的电子聚焦在面积比阴极小的第一倍增极的表面上。二次发射倍增系统是最复杂的部分。倍增极主要选择那些能在较小入射电子能量下有较高的灵敏度和二次发射系数的材料制成。常用的倍增极材料有锑化铯、氧化的银镁合金和氧化的铜铍合金等。倍增极的形状应有利于将前一级发射的电子收集到下一极。在各倍增极和阳极上依次加有逐渐增高的正电压，而且相邻两极之间的电压差应使二次发射系数大于 1。这样，光阴极发射的电子在第一倍增极电场的作用下以高速射向第一倍增极，产生更多的二次发射电子，于是这些电子又在第二倍增极电场的作用下向第二倍增极飞去。如此继续下去，每个光电子将激发成倍增加的二次发射电子。这样，一般经十次以上倍增，放大倍数可达到 $10^8 \sim 10^{10}$。最后，在高电位的阳极收集到放大了的光电流。输出电流和入射光子数成正比。整个过程时间约 10^{-8} s。还有一种利用弯曲铅玻璃管自身内部的二次电子发射构成的小巧的倍增管。光电倍增管在全暗条件下，加工作电压时也会输出微弱电流，称为暗电流。它主要来源于阴极热电子发射。光电倍增管有两个缺点：① 灵敏度因强光照射或照射时间过长而降低，停止照射后又部分地恢复，这种现象称为“疲乏”；② 阴极表面各点灵敏度不均匀，最后被阳极收集。

2. 光电倍增管的主要参数

1）暗电流

光电倍增管接上工作电压后，在没有光照的情况下阳极仍会有一个很小的电流输出，此电流即称为暗电流。光电倍增管在工作时，其阳极输出电流由暗电流和信号电流两部分组成。当信号电流比较大时，暗电流的影响可以忽略，但是当光信号非常弱，以至于阳极信号电流很小甚至和暗电流在同一数量级时，暗电流将严重影响对光信号测量的准确性。所以，暗电流的存在决定了光电倍增管可测量光信号的最小值。一只好的光电倍增管，要求其暗电流小并且稳定。

2）光谱响应特征

光电倍增管对不同波长的光入射的响应能力是不相同的，这一特性可用光谱响应率表示。在给定波长的单位辐射功率照射下所产生的阳极电流大小称为光电倍增管的绝对光谱响应率，表示为

$$S(\lambda) = \frac{I(\lambda)}{P(\lambda)} \tag{8-3}$$

式中，$P(\lambda)$—— 入射到光阴极上的单色辐射功率；

$I(\lambda)$—— 在该辐射功率照射下所产生的阳极电流；

$S(\lambda)$—— 波长的函数，它与波长的关系曲线称为光电倍增管的绝对光谱响应曲线。

测量 $S(\lambda)$ 十分复杂，因此在一般测量中都是测量它的相对值。为此，可以把 $S(\lambda)$ 中的最大值当作一个单位对所有 $S(\lambda)$ 值进行归一化，这时就得到

$$s(\lambda) = \frac{S(\lambda)}{S_{max}(\lambda)} \tag{8-4}$$

$s(\lambda)$称为光电倍增管的相对光谱响应率，它与波长的关系曲线称为光电倍增管的相对光谱响应曲线。

由式(8－4)可知，$s(\lambda) \leqslant 1$，它是一个无量纲的量，只表示光电倍增管的光谱响应特征。相对光谱响应曲线与绝对光谱响应曲线仅差一倍率 $S_{max}(\lambda)$。

3. 光电倍增管的应用

由于光电倍增管增益高和响应时间短，又由于它的输出电流和入射光子数成正比，所以它被广泛使用在天体光度测量和天体分光光度测量中。其优点是：测量精度高，可以测量比较暗弱的天体，还可以测量天体光度的快速变化。天文测光中，应用较多的是锑铯光阴极的倍增管，如 RCA1P21。这种光电倍增管的极大量子效率在 4200 埃附近，为 20%左右。还有一种双碱光阴极的光电倍增管，如 GDB－53，它的信噪比的数值较 RCA1P21 大一个数量级，暗电流很低。为了观测近红外区，常用多碱光阴极和砷化镓阴极的光电倍增管，后者量子效率最大可达 50%。

普通光电倍增管一次只能测量一个信息，即通道数为 1。近来研制成多阳极光电倍增管，它相当于许多很细的倍增管组成的矩阵。由于通道数受阳极末端细金属丝的限制，目前只做到上百个通道。

8.2.3　光敏电阻

光敏电阻又称光导管，常用的制作材料为硫化镉，另外还有硒、硫化铝、硫化铅和硫化

铋等材料。这些制作材料具有在特定波长的光照射下，其阻值迅速减小的特性。这是由于光照产生的载流子都参与导电，在外加电场的作用下做漂移运动，电子奔向电源的正极，空穴奔向电源的负极，从而使光敏电阻的阻值迅速下降。

1. 光敏电阻的结构与工作原理

1）光敏电阻的结构

通常，光敏电阻都制成薄片结构，以便吸收更多的光能。当它受到光的照射时，半导体片（光敏层）内就激发出电子-空穴对，参与导电，使电路中电流增强。为了获得高的灵敏度，光敏电阻的电极常采用梳状图案，它是在一定的掩膜下向光电导薄膜上蒸镀金或铟等金属形成的。光敏电阻的结构和原理图符号如图 8－7 所示。

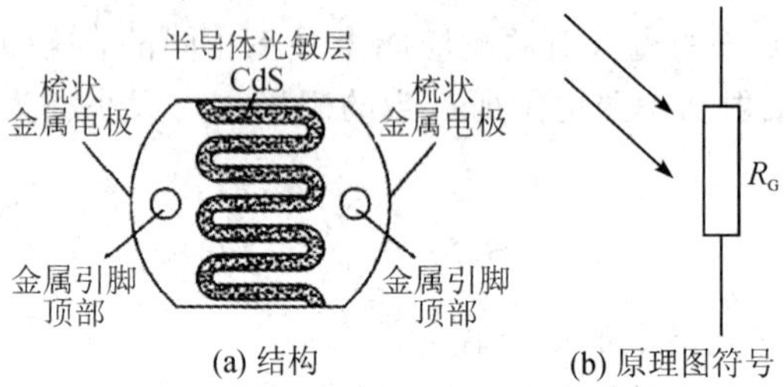

图 8－7　光敏电阻外形图和电路符号

光敏电阻通常由光敏层、玻璃基片（或树脂防潮膜）和电极等组成。光敏电阻在电路中用字母“R”或“R_L”“R_G”表示。

2）光敏电阻的工作原理

光敏电阻的工作原理是内光电效应。在半导体光敏材料两端装上电极引线，将其封装在带有透明窗的管壳里就构成光敏电阻，为了提高灵敏度，两电极常做成梳状。用于制造光敏电阻的材料主要是金属的硫化物、硒化物和碲化物等半导体。通常采用涂敷、喷涂、烧结等方法在绝缘衬底上制作很薄的光敏电阻体及梳状欧姆电极，接出引线，封装在具有透光镜的密封壳体内，以免受潮影响其灵敏度。在黑暗环境里，光敏电阻的电阻值很高，当受到光照时，只要光子能量大于半导体材料的禁带宽度，则价带中的电子吸收一个光子的能量后可跃迁到导带，成为自由电子，同时产生空穴，电子-空穴对的出现使电阻率变小。光照愈强，光生电子-空穴对就越多，阻值就越低。当光敏电阻两端加上电压后，流过光敏电阻的电流随光照增大而增大。入射光消失，电子-空穴对逐渐复合，电阻也逐渐恢复原值，电流也逐渐减小。

光敏电阻具有灵敏度高、可靠性好以及光谱特性好、精度高、体积小、性能稳定、价格低廉等特点，因此广泛应用于光探测和光自控领域，如照相机、验钞机、石英钟、音乐杯、礼品盒、迷你小夜灯、光声控开关、路灯自动开关以及各种光控动物玩具、光控灯饰灯具等方面。

2. 光敏电阻的分类

根据光敏电阻的光谱特性，光敏电阻可分为三类。

(1) 紫外光光敏电阻：对紫外线较灵敏，包括硫化镉、硒化镉等光敏电阻，用于探测紫外线。

(2) 红外光光敏电阻：主要包括硫化铅、碲化铅、硒化铅、锑化铟等光敏电阻，广泛用于导弹制导、天文探测、非接触测量、人体病变探测、红外光谱、红外通信等国防、科学研究和工农业生产中。

(3) 可见光光敏电阻：包括硒、硫化镉、硒化镉、碲化镉、砷化镓、硅、锗、硫化锌等光敏电阻，主要用于各种光电控制系统，如光电自动开关，航标灯、路灯和其他照明系统的自动亮灭，自动给水和自动停水装置，机械上的自动保护装置和“位置检测器”，极薄零件的厚度检测器，照相机自动曝光装置，光电计数器，烟雾报警器，光电跟踪系统等。

3. 光敏电阻的主要参数

1) 光电流、亮电阻

光敏电阻在一定的外加电压下，当有光照射时，流过的电流称为光电流。外加电压与光电流之比称为亮电阻，常用“100lx”表示。

2) 暗电流、暗电阻

光敏电阻在一定的外加电压下，当没有光照射的时候，流过的电流称为暗电流。外加电压与暗电流之比称为暗电阻，常用“0lx”表示。

3) 灵敏度

灵敏度是指光敏电阻不受光照射时的电阻值(暗电阻)与受光照射时的电阻值(亮电阻)的相对变化值。

4) 额定功率

额定功率是指光敏电阻用于某种线路中所允许消耗的功率，当温度升高时，其消耗的功率就降低。

5) 伏安特性曲线

伏安特性曲线用来描述光敏电阻的外加电压与光电流的关系，对于光敏器件来说，其光电流随外加电压的增大而增大。光敏电阻的伏安特性曲线如图 8-8 所示。

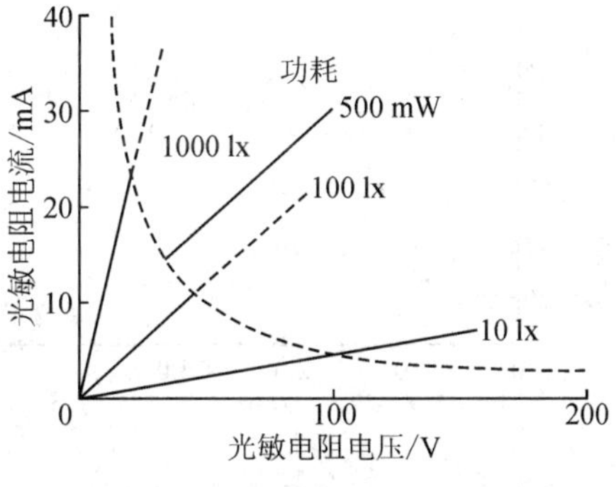

图 8-8　光敏电阻的伏安特性曲线

6) 光照特性

光照特性指光敏电阻输出的电信号随光照度而变化的特性。光敏电阻的光照特性曲线如图 8-9 所示。从光敏电阻的光照特性曲线可以看出，随着光照强度的增加，光敏电阻的阻值开始迅速下降。若进一步增大光照强度，则电阻值变化减小，然后逐渐趋向平缓。在大多数情况下，该特性为非线性。

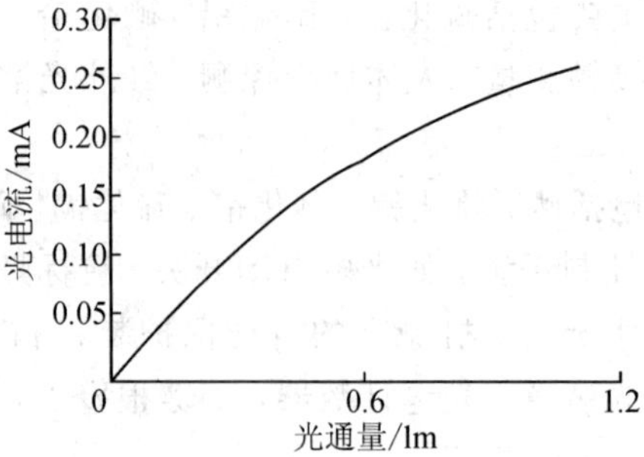

图 8-9 光敏电阻的光照特性曲线

7）光谱响应

光谱响应又称光谱灵敏度，指光敏电阻在不同波长的单色光照射下的灵敏度。若将不同波长下的灵敏度画成曲线，就可以得到光谱特性曲线。光敏电阻的光谱特性曲线如图 8-10 所示。

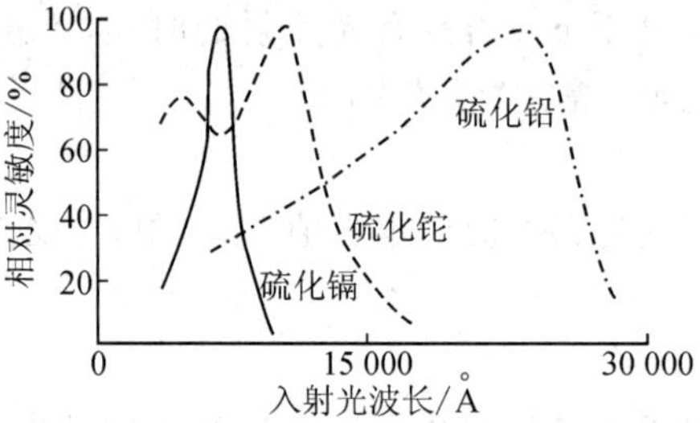

图 8-10 光敏电阻的光谱特性曲线

8）温度系数

光敏电阻的光电效应受温度影响较大，部分光敏电阻在低温下的灵敏度较高，而在高温下灵敏度则较低。光敏电阻的温度特性曲线如图 8-11 所示。

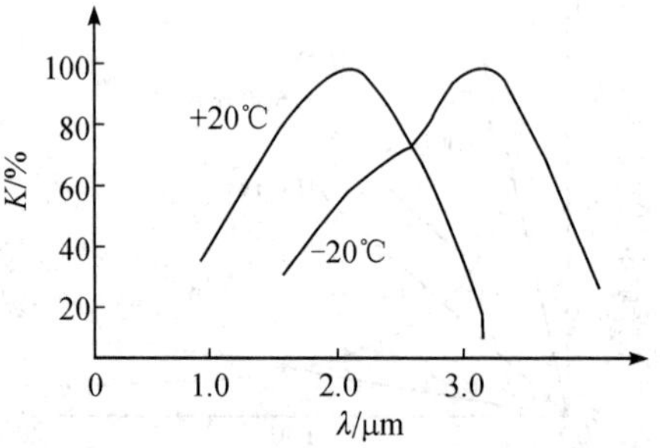

图 8-11 光敏电阻的温度特性曲线

4. 光敏电阻的应用

光敏电阻属于半导体光敏器件，除具有灵敏度高、反应速度快、光谱特性及阻值一致性好等特点外，在高温、多湿的恶劣环境下，还能保持高度的稳定性和可靠性。下面给出几个典型应用电路。

1）光敏电阻调光电路

图 8-12 是典型的光控调光电路，其工作原理是：当周围光线变弱时引起光敏电阻的

阻值增加，使加在电容 C 上的分压上升，进而使可控硅的导通角增大，达到增大照明灯两端电压的目的。反之，若周围的光线变亮，则 R_G 的阻值下降，导致可控硅的导通角变小，照明灯两端电压也同时下降，使灯光变暗，从而实现对灯光照度的控制。

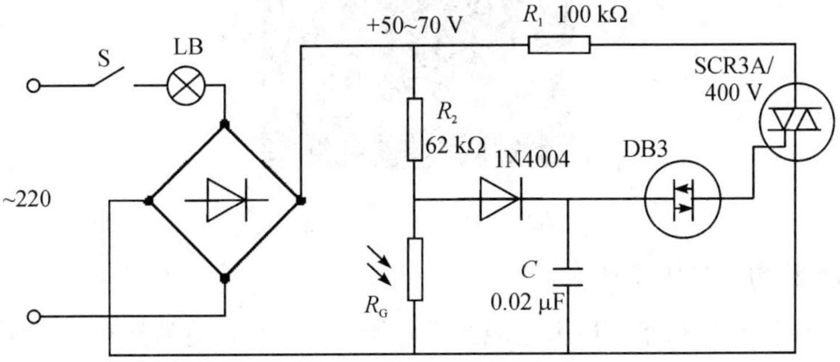

图 8 - 12　典型的光控调光电路

上述电路中整流桥给出的必须是直流脉动电压，不能将其用电容滤波变成平滑直流电压，否则电路将无法正常工作。原因在于直流脉动电压既能给可控硅提供过零关断的基本条件，又可使电容 C 的充电在每个半周从零开始，准确完成对可控硅的同步移相触发。

2）光敏电阻式光控开关

以光敏电阻为核心元件的带继电器控制输出的光控开关电路有许多形式，如自锁亮激发、暗激发及精密亮激发、暗激发等。图 8 - 13 所示的光控调光电路是一种精密的暗激发时滞继电器开关电路。其工作原理是：当照度下降到设置值时由于光敏电阻阻值上升使运放 IC 的反相端电位升高，其输出激发 VT 导通，VT 的激励电流使继电器工作，常开触点闭合，常闭触点断开，实现对外电路的控制。

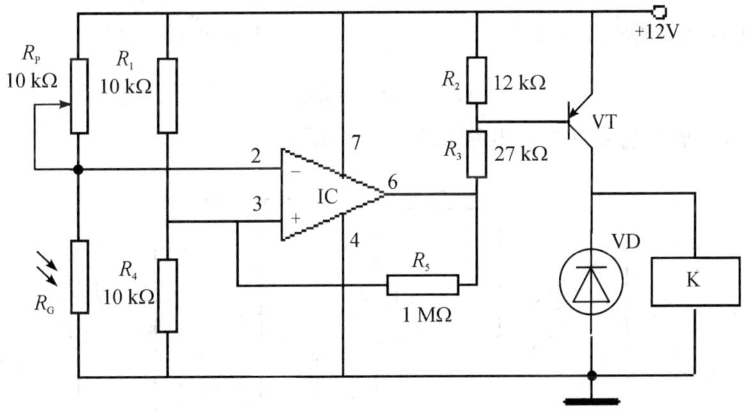

图 8 - 13　典型的光控调光电路

8.2.4　光电池

光电池是一种在光的照射下产生电动势的半导体元件。光电池的种类很多，常用的有硒光电池、硅光电池和硫化铊光电池、硫化银光电池等。其主要用于仪表、自动化遥测和遥控方面。有的光电池可以直接把太阳能转变为电能，这种光电池又叫太阳能电池，如图 8 - 14 所示。太阳能电池作为能源广泛应用在人造地球卫星、灯塔、无人气象站等处。

图 8-14　太阳能电池

1. 光电池的结构与工作原理

光电池是一种直接将光能转换为电能的光电器件。硅光电池的结构示意图如图 8-15(a)所示。它是在一块 N 型硅片上用扩散的办法掺入一些 P 型杂质(如硼)形成 PN 结。当光照到 PN 结区时，如果光子能量足够大，将在结区附近激发出电子-空穴对，在 N 区聚积负电荷，在 P 区聚积正电荷，这样 N 区和 P 区之间出现电位差。若将 PN 结两端用导线连起来，电路中有电流流过，电流的方向由 P 区流经外电路至 N 区。若将外电路断开就可测出光生电动势。

光电池的工作原理示意图如图 8-15(b)所示。

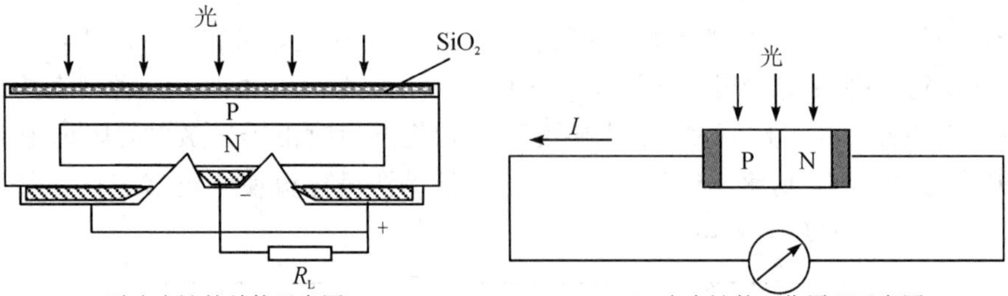

(a) 硅光电池的结构示意图　　(b) 光电池的工作原理示意图

图 8-15　光电池的示意图

光电池符号、基本电路及等效电路如图 8-16 所示。

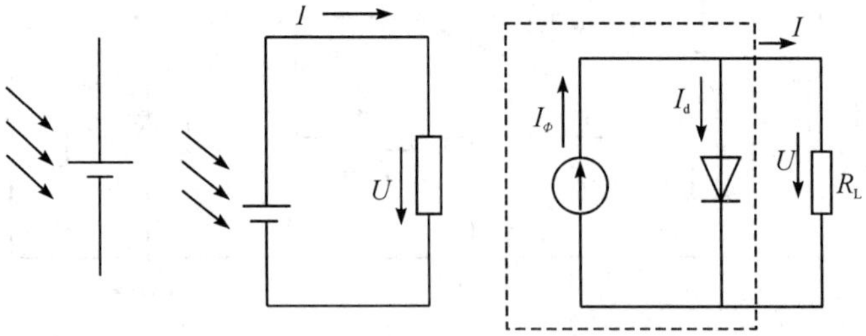

(a) 符号　　(b) 基本电路　　(c) 等效电路

图 8-16　光电池符号、基本电路和等效电路

2. 光电池的基本特性

1) 光照特性

开路电压曲线：光生电动势与照度之间的特性曲线，当照度为 2000 lx 时趋向饱和。

短路电流曲线：光电流与照度之间的特性曲线，短路电流指外接负载相对于光电池内阻而言是很小的。光电池在不同照度下，其内阻也不同，因而应选取适当的外接负载近似地满足“短路”条件。图 8－17 为硅光电池的光照特性曲线。从图 8－17 中可以看出，负载电阻 R_L 越小，光电流与强度的线性关系越好，且线性范围越宽。

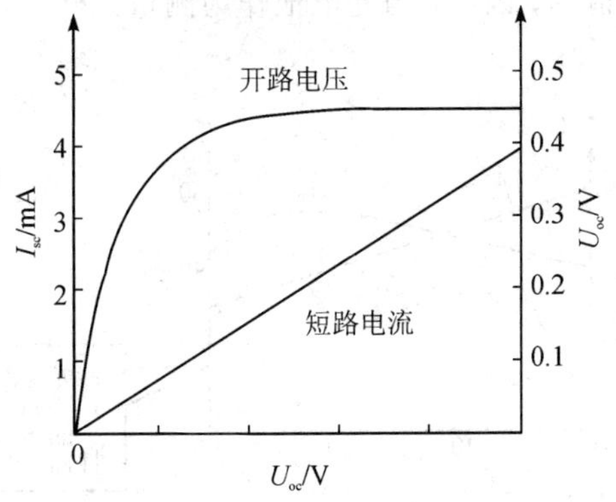

图 8－17　硅光电池的光照特性曲线

2）光谱特性

光电池的光谱特性是指相对灵敏度和入射光波长之间的关系。图 8－18 所示为硒光电池和硅光电池的光谱特性曲线。光电池的光谱特性取决于材料。从图 8－19 所示曲线可看出，硒光电池在可见光谱范围内有较高的灵敏度，峰值波长在 540 nm 附近，适宜测可见光。硅光电池的应用范围为 400 nm～1100 nm，峰值波长在 850 nm 附近，因此硅光电池可以在很宽的范围内应用。

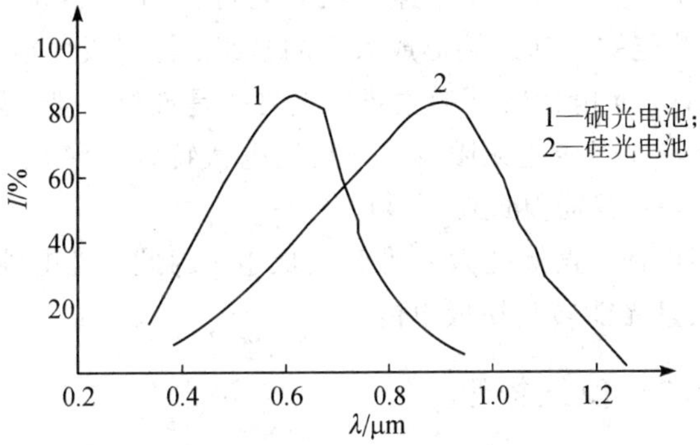

图 8－18　硒光电池和硅光电池的光谱特性曲线

3）频率特性

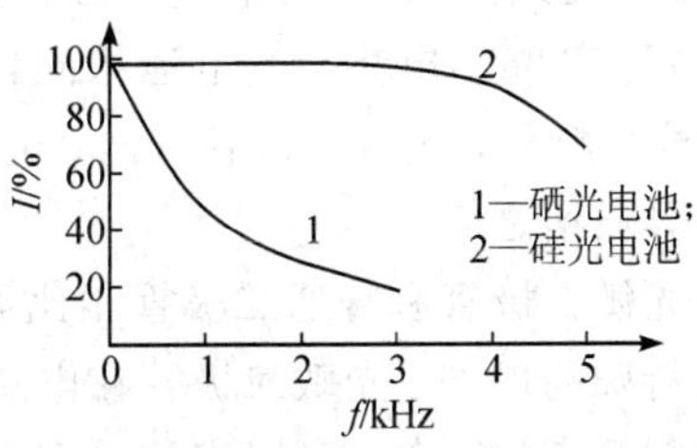

图 8－19　光电池的频率特性曲线

光电池用于测量、计数、接收元件时常用调制光输入。光电池的频率响应就是指输出电流随调制光频率变化的关系。由于光电池 PN 结面积较大，极间电容大，故频率特性较差。图 8－19 所示为光电池的频率特性曲线。由图 8－19 可知，硅光电池具有较高的频率响应，如曲线 2；而硒光电池的频率响应则较差，如曲线 1。

4) 温度特性

光电池的温度特性是指开路电压和短路电流随温度变化的关系。由图 8-20 可见，开路电压与短路电流均随温度而变化，它将关系到应用光电池的仪器设备的温度漂移，影响到测量或控制精度等主要指标，因此，当光电池作为测量元件时，最好能保持温度恒定，或采取温度补偿措施。

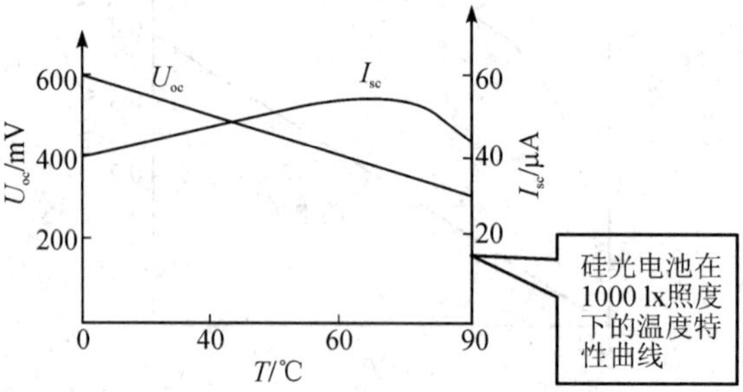

图 8-20　光电池的温度特性曲线

光电池是太阳能电力系统内部的一个组成部分，太阳能电力系统在替代现在的电力能源方面正有着越来越重要的地位。最早的光电池是用掺杂的氧化硅来制作的，掺杂的目的是影响电子或空穴的行为。其他的材料，例如 CIS、CdTe 和 GaAs，也已经被开发用来作为光电池的材料。有两种基本类型的半导体材料，分别叫作正电型(或 P 型态)和负电型(或 N 型态)。在一个 PV 电池中，这些材料的薄片被一起放置，而且它们之间的实际交界叫作 PN 结。通过这种结构方式，PN 结暴露于可见光、红外光或紫外光下，当射线照射到 PN 结的时候，在 PN 结的两侧产生电压，这样连接到 P 型材料和 N 型材料上的电极之间就会有电流通过。一套 PV 电池能被一起连接形成太阳的模组、行列或面板。用来产生可用电能的 PV 电池就是光电伏特计。光电伏特计的主要优点之一是没有污染，只需要装置和阳光就可工作。另外的一个优点是太阳能是无限的。一旦光电伏特计系统被安装，它能在数年内提供能量而不需要花费，并且只需要最低限度的维护。

光电池也叫太阳能电池，直接把太阳光转变成电。因此，光电池的特点是能够把地球从太阳辐射中吸收的大量光能转化换成电能。

8.2.5　光敏二极管和光敏三极管

1. 工作原理

光敏二极管、光敏三极管的工作原理基于内光电效应。光敏二极管和光电池一样，其基本结构也是一个 PN 结。它和光电池相比，重要的不同点是结面积小，因此它的频率特性特别好。其光生电势与光电池相同，但输出电流普遍比光电池小，一般为几微安到几十微安。按材料分，光敏二极管有硅、砷化镓、锑化铟光敏二极管等许多种。按结构，其有同质结与异质结之分。

光敏二极管和普通二极管相比虽然都属于单向导电的非线性半导体器件，但在结构上有其特殊的地方。光敏二极管在电路中的符号如图 8-21(a)所示。光敏二极管的 PN 结装在透明管壳的顶部，可以直接受到光的照射。使用时要反向接入电路中，即 P 极接电源负极，N 极接电源正极。无光照时，其与普通二极管一样，反向电阻很大，电路中仅有很小的反向饱和漏电流，称为暗电流。当有光照时，PN 结受到光子的轰击，激光形成光生电子-空穴对，因此在反向电压作用下，反向电流大大增加，形成光电流。光照越强，光电流越大，即反向偏置的 PN 结受光照控制。

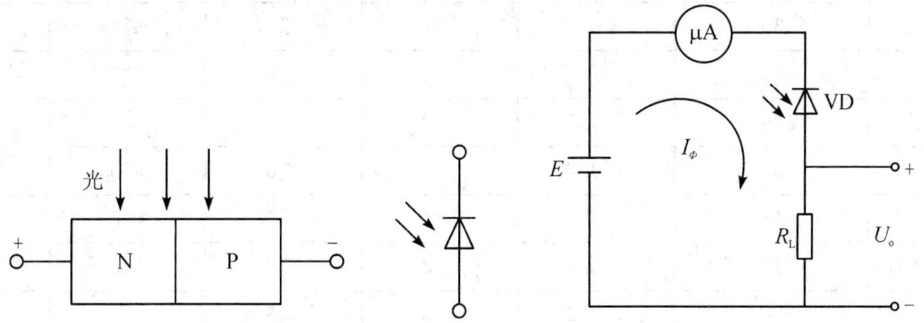

(a) 结构模型和符号　(b) 基本电路

图 8－21　光敏二极管

光敏三极管和普通三极管相似，也有电流放大作用，只是它的集电极电流不只受基极电路和电流控制，同时也受光辐射的控制。通常基极不引出，但一些光敏三极管的基极有引出，用于温度补偿和附加控制等。因此，光敏三极管实质上是一种相当于在基极和集电极之间接有光敏二极管的普通三极管。光敏三极管的结构及符号如图 8－22 所示。

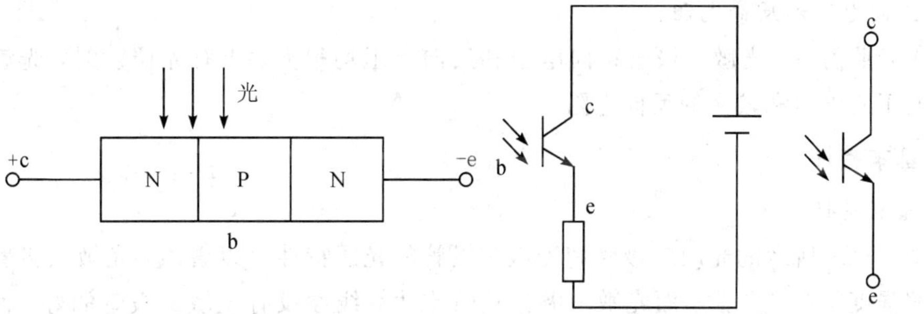

(a) 结构模型　(b) 基本电路　(c) 符号

图 8－22　光敏三极管

当入射光子在基区及集电区被吸收而产生电子-空穴对时，便形成光电流。由此产生的光生电流由基极进入发射极，从而在集电回路中得到一个放大了 β 倍的电流信号。光敏三极管的结构同普通三极管一样，有 PNP 型和 NPN 型。在电路中，相当于普通三极管的放大状态光电流，所以光敏三极管比光敏二极管有着更高的灵敏度。

2. 主要参数

光敏二极管的主要参数见表 8－1，光敏三极管的主要参数见表 8－2。

表 8－1　光敏二极管的主要参数

型号	暗电流/μA	光电流/μA	灵敏度/(μA · μW^{-2})	光谱范围/μm	峰值波/μm
2AU	<10	30～60	>1.5	0.4～1.9	1.465
2CUI	⩽0.1	80～130	>0.5	0.4～1.1	0.98
3DUA	⩽0.1	>6	⩾0.4	0.4～1.9	0.98

表 8-2　光敏三极管的主要参数

型号	最高工作电压/V	暗电流/μA	光电流/mA	上升时间/μs	下降时间/μs	峰值波长/μm
3DU2B	30	≤0.1	≥0.3	≤5	≤5	900
3DU2C	30	≤0.1	≥1	≤5	≤5	900
3DU5A	15	≤1	≥2	≤5	≤5	900
3DU5B	30	≤0.5	≥2	≤5	≤5	900
3DU5C	30	≤0.2	≥3	≤5	≤5	900
3DU5S-A	15	≤1	≥1	≤5	≤5	900
3DU5S-B	30	≤0.5	≥2	≤5	≤5	900
3DU5S-C	30	≤0.2	≥3	≤5	≤5	900

1）暗电流

光敏二极管的暗电流是指光敏二极管无光照射时还有很小的反向电流。暗电流决定了低照度时的测量界限。光敏三极管的暗电流就是它在无光照射时的漏电流。

2）短路电流

光敏二极管的短路电流是指 PN 结两端短路时的电流，其大小与光照度成比例。

3）正向电阻和反向电阻

当无光照射时，光敏二极管正向电阻和反向电阻均很大。当有光照射时，光敏二极管有较小的正向电阻和较大的反向电阻。

3. 基本特性

1）光照特性

从图 8-23 所示的光敏二极管和光敏三极管的光照特性可以看出，光敏二极管的光电流与光照强度呈线性关系。而光敏三极管光照特性的线性没有光敏二极管的好，而且在照度小时，光电流随照度的增加而增加得较少，即起始要慢。当光照足够大时，输出电流又有饱和现象，这是由于三极管的电流放大倍数在小电流和大电流时都下降的缘故。光敏三极管的曲线斜率大，其灵敏度要高。

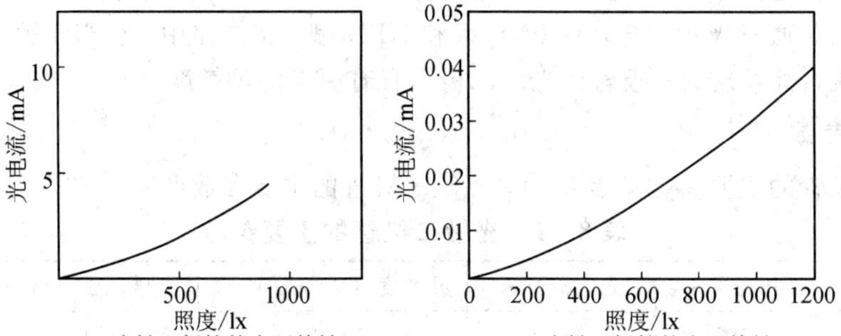

(a) 光敏二极管的光照特性　　(b) 光敏三极管的光照特性

图 8-23　光敏二极管和光敏三极管的光照特性

2）光谱特性

光敏二极管的光谱特性如图 8-24 所示。光敏二极管在入射光照度一定时，输入的光电流随光波波长的变化而变化。一种光敏二极管只对一定波长的入射光敏感，这就是它的光谱特性。由 8-24 中曲线可以看出，不管是硅管还是锗管，当入射光波长增加时，相对灵敏度都下降。从图 8-24 中曲线还可以看出，不同材料的光敏二极管，其光谱响应峰值波长也不同。硅管的峰值波长为 0.8 μm 左右，锗管的为 1.4 μm，由此可以确定光源与光电器件的最佳匹配。由于锗管的暗电流比硅管大，因此锗管性能较差。故在探测可见光或赤热物体时，都用硅管；但对红外光进行探测时，采用锗管比较合适。

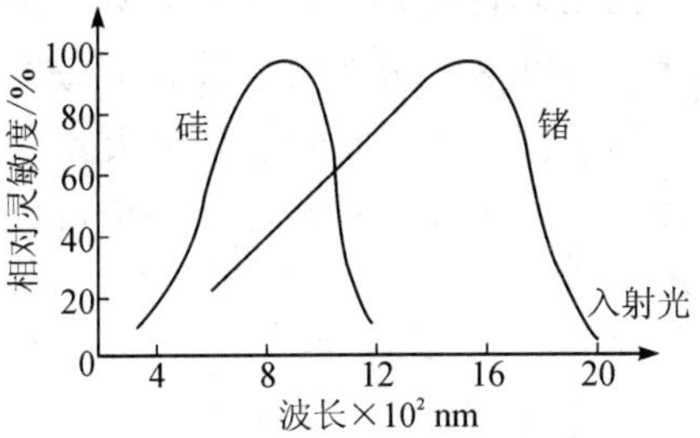

图 8-24　光敏二极管的光谱特性

3）伏安特性

图 8-25(a)所示为光敏二极管的伏安特性。由于光敏二极管反向偏置，所以它的伏安特性在第三象限。流过它的电流与光照度成正比，而基本上与反向偏置电压 U_d 无关。当 $U_d=0$时只要有光照，就仍然有电流流出光敏二极管，相当于光电池，只是由于其 PN 结面积小，产生的光电效应很弱。光敏二极管正常使用时应施加 1.5 V 以上的反向工作电压。图 8-25(b)所示为光敏三极管的伏安特性，与一般三极管在不同基极电流下的输出特性相似，只是将不同的基极电流换作不同的光照度。光敏三极管的工作电压一般应大于 3 V。若在伏安特性曲线上作负载线，可求得某光强下的输出电压 U_{ce}。

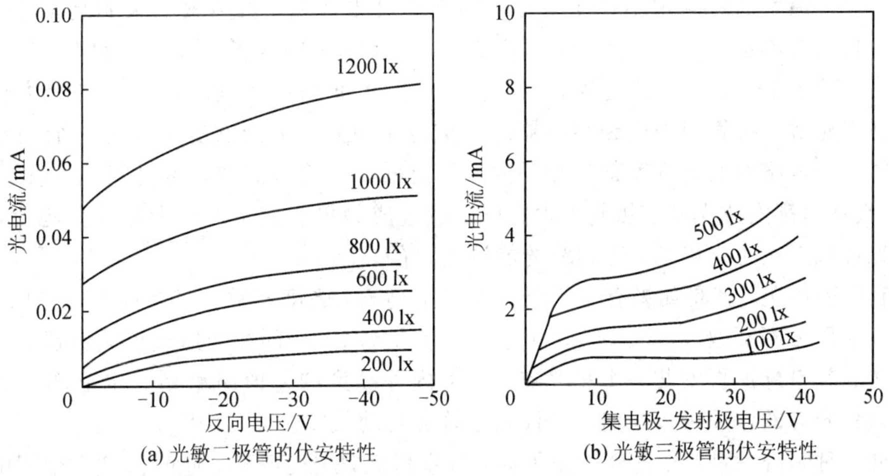

图 8-25　光敏二极管和光敏三极管的伏安特性

4）响应时间

硅光敏二极管的响应时间约为 $10^{-6}\sim10^{-7}$ s，光敏三极管的响应速度则比相应的二极管大约小一个数量级，而锗管的响应时间要比硅管小一个数量级。因此，在要求快速响应或入射光调制频率较高时，应选用硅光敏二极管。

由于光敏三极管基区的电荷存储效应，在光照和无光照时，光敏三极管的饱和与截止需要更多的时间，所以它对入射调制光脉冲的响应时间更慢，最高工作频率更低。

5）温度特性

温度变化对亮电流的影响不大，但对暗电流影响非常大，并且是非线性的，在微光测量中有较大误差。硅管的暗电流比锗管小几个数量级，所以在微光测量中应采用硅管。另外由于硅光敏三极管的温漂大，所以尽管锗光敏三极管灵敏度较高，但是在高精度测量中应选择硅光敏二极管，可采用低温漂、高精度的运算放大器来提高精度。光敏二极管和光敏三极管的温度特性曲线如图 8－26 所示。从图 8－26 中可以看出，温度变化对暗电流影响较大，而对亮电流影响较小。

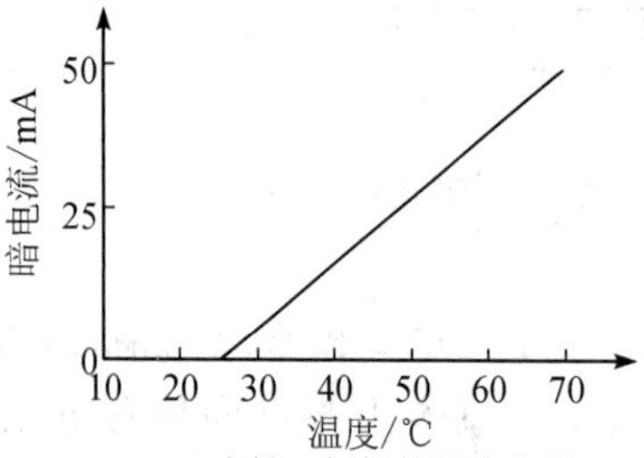

(a) 光敏三极管的温度特性

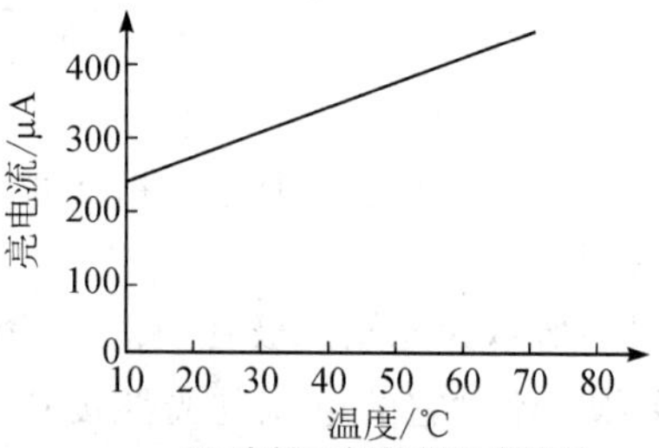

(b) 光敏二极管的温度特性

图 8－26　光敏二极管和光敏三极管的温度特性曲线

4. 光敏三极管的应用

1）测量光亮度

在教室或图书馆，很多时候日光灯白天也亮着，在宿舍里面，日光灯经常是昼夜不熄，同学们对这种浪费已经麻木不仁了。有的同学早晨去教室，虽然教室很明亮但还要开灯。虽然一盏日光灯不会浪费多少资源，但积少成多，浪费就很大了。因此，我们可以安装一个控制电路，当亮度达到一定程度的时候，使得教室里面和宿舍里面日光灯将无法启动。我们可以利用光敏三极管附加电磁继电器来完成这个电路。采光点的选取是一个关键，因为并不是每一个教室的明亮程度都是相同的，我们可以采用多点取样来达到这个要求。例如在 20 个教室中都安放光敏三极管，我们可以设置成如果它们全部或者大部分亮度都很高，那么日光灯就无法正常启动，达到节约能源的目的。

还有一种情况，就是如果有一天天空布满了乌云，亮度不够，那么日光灯可以开启了。但是若不久后云开雾散，天气放晴，日光灯不会自动关闭，同样会造成很大浪费。可以在采光点所在的教室外面再安装一个采光点，当室内外亮度的差值缩小到一定范围内时，我们可以认为日光灯的作用可以忽略了，日光灯就会自动关闭。

另外一种情况，如果教室外面正下雨，教室里面日光灯亮着，此时窗外一个闪电，使得外面很亮，日光灯就关闭了，这会造成麻烦。要避免产生这种问题，方法是在电路中安装计数器，使得亮度差维持一定时间才可以使日光灯强制关闭。

综上所述，我们可以利用光敏三极管设计一个电路，使得日光灯无法启动或者被强制关闭从而达到节约能源的目的。当然，这种方法的可行性从现在看并不是很高，电路要改装费用可能很高，不过的确可以通过光敏三极管的特性来达到节约的目的。

2）光电隔离

光敏三极管的另一个作用是传输信号，光耦合器（Optical Coupler，OC）亦称光电隔离器，简称光耦。光耦合器以光为媒介传输电信号。它对输入、输出电信号有良好的隔离作用，所以它在各种电路中得到了广泛的应用。目前它已成为种类最多、用途最广的光电器件之一。光耦合器一般由三部分组成：发射部分、接收部分及信号放大部分。输入的电信号驱动发光二极管（LED），使之发出一定波长的光，被光探测器接收而产生光电流，再经过进一步放大后输出。这就完成了电—光—电的转换，从而起到输入、输出、隔离的作用。输入输出间互相隔离，电信号传输具有单向性等特点，使得光耦合器具有良好的电绝缘能力和抗干扰能力。又由于光耦合器的输入端属于电流型工作的低阻元件，因而具有很强的共模抑制能力。所以，它在长线传输信息中作为终端隔离元件可以大大提高信噪比。其在计算机数字通信及实时控制中作为信号隔离的接口器件，可以大大提高计算机工作的可靠性。

（1）光耦合器的主要优点。

信号单向传输，输入端与输出端完全实现了电气隔离，输出信号对输入端无影响，抗干扰能力强，工作稳定，无触点，使用寿命长，传输效率高是光耦合器的主要优点。光耦合器是 20 世纪 70 年代发展起来的新型器件，现已广泛用于电气绝缘、电平转换、级间耦合、驱动电路、开关电路、斩波器、多谐振荡器、信号隔离、级间隔离、脉冲放大电路、数字仪表、远距离信号传输、脉冲放大、固态继电器（SSR）、仪器仪表、通信设备及微机接口中。在单片开关电源中，利用线性光耦合器可构成光耦反馈电路，通过调节控制端电流来改变占空比，达到精密稳压目的。

（2）光耦合器的结构（见图 8－27）。

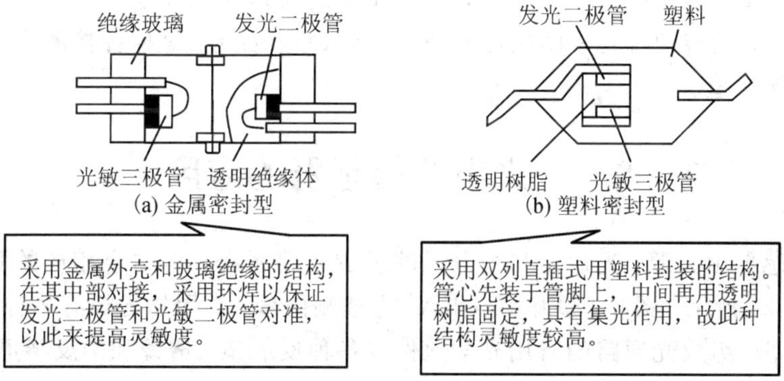

图 8－27　光耦合器的结构

（3）光耦合器的组合形式。

光耦合器的组合形式有多种，如图 8－28 所示。

图 8－28(a)的形式结构简单、成本低，通常用于 50 kHz 以下工作频率的装置内。

图 8－28(b)的形式采用高速开关管构成的高速光耦合器，适用于较高频率的装置中。

图 8－28(c)的组合形式采用了放大三极管构成的高传输效率的光耦合器，适用于直接

驱动和较低频率的装置中。

图 8-28(d)的形式采用功能器件构成的高速、高传输效率的光耦合器。

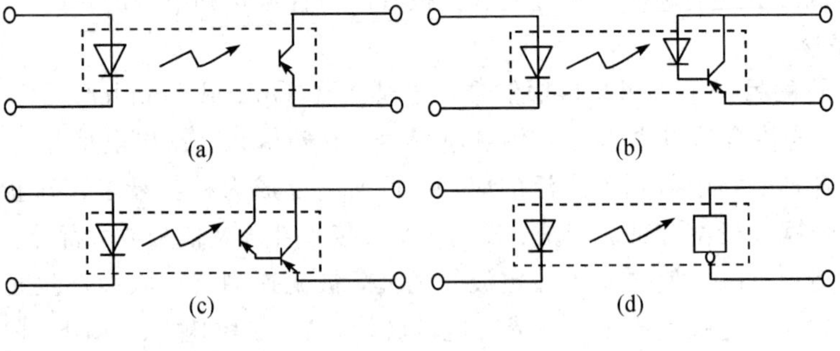

图 8-28　光耦合器的组合形式

(4) 光耦合器的工作原理。

用于传递模拟信号的光耦合器的发光器件为二极管，光接收器为光敏三极管。当有电流通过发光二极管时，便形成一个光源，该光源照射到光敏三极管表面上，使光敏三极管产生集电极电流，该电流的大小与光照的强弱，亦即流过二极管的正向电流的大小成正比。由于光耦合器的输入端和输出端之间通过光信号来传输，因而两部分之间在电气上完全隔离，没有电信号的反馈和干扰，故性能稳定，抗干扰能力强。发光管和光敏管之间的耦合电容小(2 pF 左右)、耐压高(2.5 kV 左右)，故共模抑制比很高。输入和输出间的电隔离度取决于两部分供电电源间的绝缘电阻。此外，因其输入电阻小(约 10 Ω)，对高内阻源的噪声相当于被短接。因此，由光耦合器构成的模拟信号隔离电路具有优良的电气性能。

3) 非接触测量转速

转矩传感器在旋转轴上安装着 60 条齿缝的测速轮，在传感器外壳上安装着一只由发光二极管及光敏三极管组成的槽型光电开关架，测速轮的每一个齿将发光二极管的光线遮挡住时，光敏三极管就输出一个高电平，当光线通过齿缝射到光敏管的窗口时，光敏管就输出一个低电平，旋转轴每转一圈就可得到 60 个脉冲，因此，每秒钟检测到的脉冲数恰好等于每分钟的转速值。

8.3　光电式传感器的应用

光电式传感器由光源、光通路和光电元件组成光路系统，再结合相应的测量转换电路构成，如图 8-29 所示。图 8-29 中 X_1 和 X_2 为被测信号。常用的光源有各种白炽灯、发光二极管和激光等，组成光通路的常用光学元件有各种反射镜、透镜和半反半透镜等。

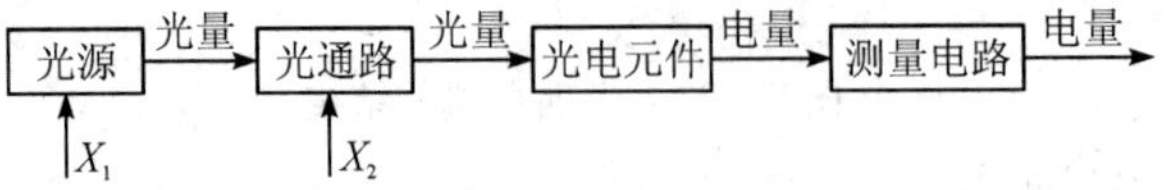

图 8-29　光电式传感器组成框图

8.3.1　光电式传感器的类型

光电式传感器在检测与控制中应用非常广泛，按输出形式可以分为模拟式和脉冲式两种，按光的传输路径可以分为反射式与遮断式两种。若按被测物、光源、光敏元件三者间的关系，可以将光电式传感器分为四种类型，如图 8－30 所示。

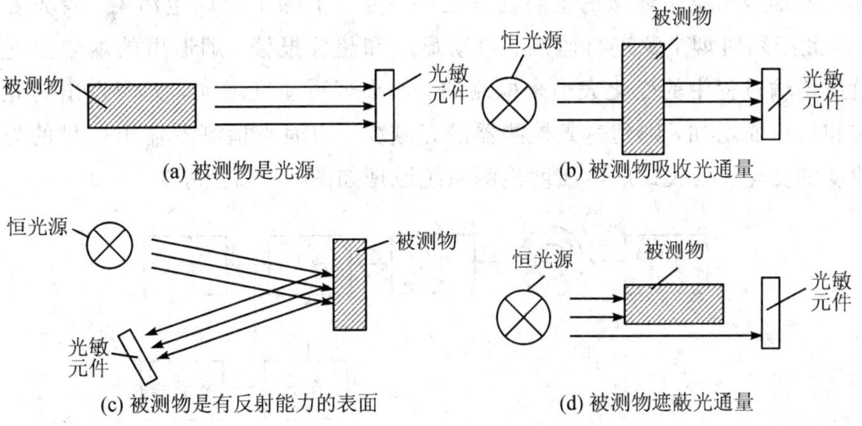

图 8－30　光电式传感器的分类

(1) 被测物是光源，它可以直接照射在光敏元件上，也可以经过一定的光路后作用到光敏元件上，光敏元件的输出反映了光源本身的某些物理参数，如图 8－30(a)所示。如光电比色高温计和照度计等。

(2) 恒光源发射的光通量穿过被测物，其中一部分由被测物吸收，剩余部分投射到光电元件上，吸收量取决于被测物的某些参数，如图 8－30(b)所示。如测量透明度、浑浊度等。

(3) 恒光源发出的光投射到被测物上，再从被测物体反射到光电元器件上。反射光通量取决于反射表面的物质、状态和与光源之间的距离，如图 8－30(c)所示。如测量工件表面粗糙度、纸张白度等。

(4) 从恒光源发出的光通量在到达光电元件的途中受到被测物的遮挡，使投射到光电元件上的光通量减弱，光电元件的输出反映了被测物的尺寸或位置，如图 8－30(d)所示。如工件尺寸测量、振动测量等。

8.3.2　光电式数字转速表

光电式数字转速表工作原理如图 8－31 所示。在被测转速的电机上固定一个调制盘，将光源发出的恒定光调制成随时间变化的调制光。光线每照射到光电元件上一次，光电元件就产生一个电信号脉冲，经放大器整形后记录。

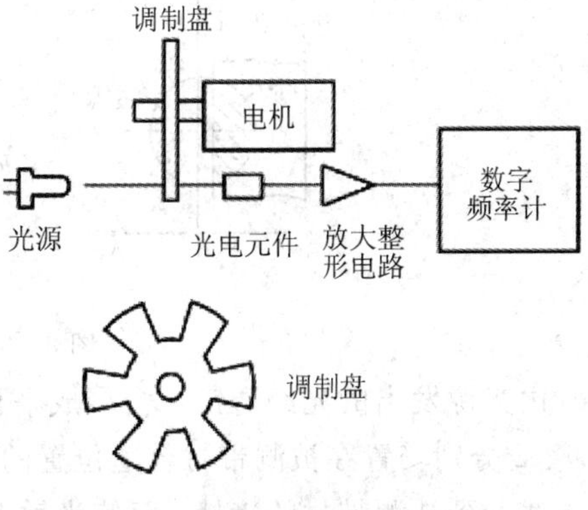

图 8－31　光电式数字转速表工作原理

如果调制盘上开 Z 个缺口，测量电路计数时间为 T(s)，被测转速为 N(r/min)，则此时得到的计数值 C 为 $C=ZTN/60$。为了使读数 C 能直接读转速 N 值，一般取 $ZT=60\times 10n$($n=0$，1，2，…)。

8.3.3　光电式浊度仪

防止工业烟尘污染是环保的重要任务之一。为了消除工业烟尘污染，首先要知道烟尘排放量，因此必须对烟尘源进行监测、自动显示和超标报警。烟道里的烟尘浊度是用通过光在烟道里传输过程中的变化大小来检测的。如果烟道浊度增加，光源发出的光因烟尘颗粒的吸收和折射而增加，则到达光检测器的光减少，因而光检测器输出信号的强弱便可反映烟道浊度的变化。吸收式烟尘浊度检测系统原理如图 8－32 所示。

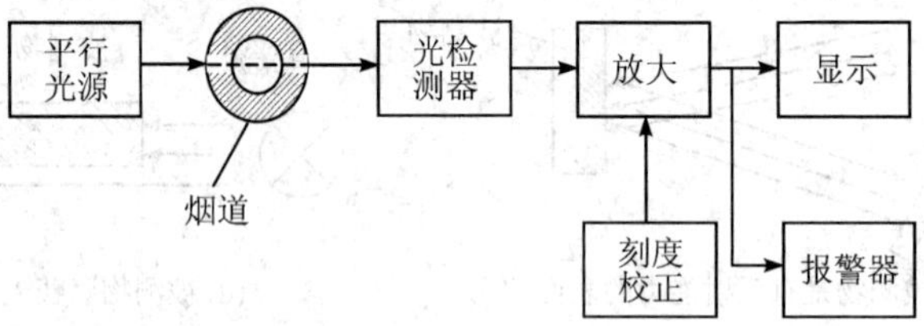

图 8－32　吸收式烟尘浊度检测系统原理

8.3.4　带材跑偏检测仪

这种装置可以用来检测带材在加工过程中偏离正确位置的大小和方向。例如，在冷轧带钢生产线上，如果带钢的运动出现走偏现象，就会使其边缘与传送机械发生碰撞摩擦，引起带钢卷边或断裂，造成产生废品，同时也可能损坏传送机械。因此，在生产过程中必须自动检测带材的走偏量并随时予以纠正。带材跑偏检测仪由光电式边缘位置传感器和测量电桥、放大电路组成，如图 8－33 所示。

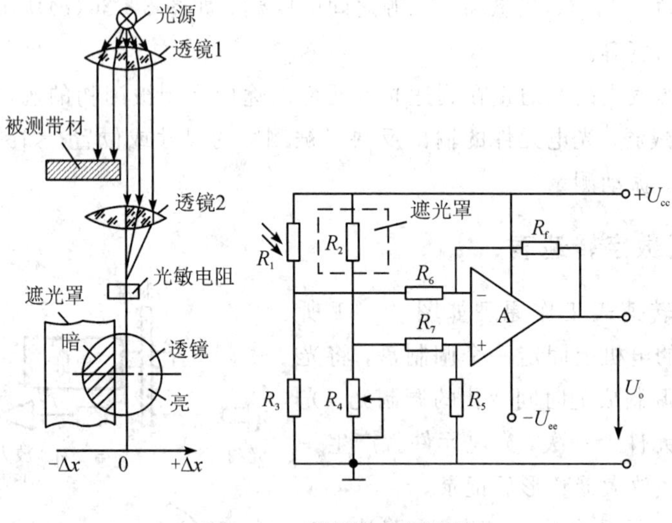

图 8－33　带材跑偏检测仪

由光源发出的光经透镜 1 会聚成平行光束后，再经透镜 2 会聚到光敏电阻(R_1)上。透镜 1、2 分别安置在被测带材合适位置的上、下方，在平行光束到达透镜 2 的途中，将有部分光线受到被测带材的遮挡，而使光敏电阻受到的光通量减少。R_1、R_2 是同型号的光敏电阻，R_1 作为测量元件安置在带材下方，R_2 作为温度补偿元件用遮光罩覆盖。R_1～R_4 组成一个电桥电路，当被测带材处于正确的位置(中间位置)时，通过预调电桥平衡，使放大器的输出电压 U_o 为零。如果被测带材在移动过程中左偏，遮光面积减少，光敏电阻的光照增加，阻值变小，电桥失衡，放大器输出负压 U_o；若带材右偏，则遮光面积增大，光敏电阻的光照减弱，阻值变大，电桥失衡，放大器输出正压 U_o，输出电压 U_o 的正负及大小，反映了带材走偏的方向及大小。输出电压 U_o 一方面由显示器显示出来，另一方面被送到纠偏控制系统，作为驱动执行机构产生纠偏动作的控制信号。

8.3.5　声、光、触摸三控自动灯

声、光、触摸三控自动灯电路如图 8-34 所示，这是一款简单、实用的自动灯控制电路，可以由声、光控制及人体触摸控制。整个控制电路由声控电路、光控电路、触摸控制电路、延时电路、继电器驱动电路等组成。声控电路由传声器话筒 BM，数字集成电路 IC_2 内部的非门电路 D_1、D_2，电阻 $R_1 \sim R_4$，电容器 C_1、C_2 等组成；光控电路由光敏电阻 R_G，电位器 R_{P1}，电阻 R_4，IC_2 内部的非门电路 D_3，二极管 VD_1 等组成；触摸控制电路由电极片 A，电阻 R_6、R_7，IC_2 内部的非门电路 D_4 及二极管 VD_2 等组成。

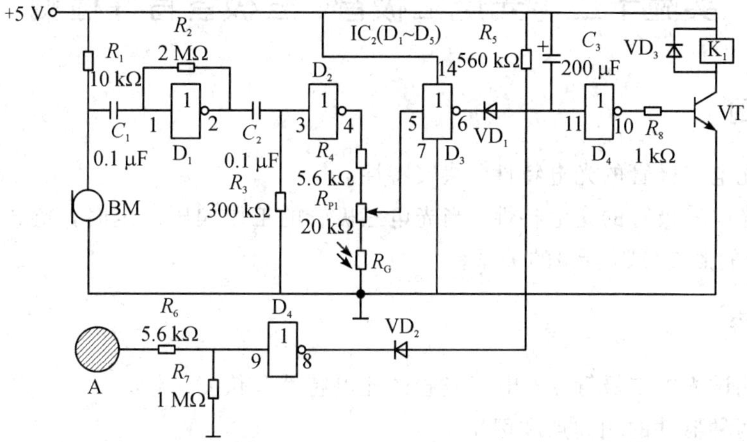

图 8-34　声、光、触摸三控自动灯电路

声、光、触摸三控自动灯电路，分声控、光控、触摸三部分来控制照明，达到节能作用。当白天有光时，光敏电阻 R_G 阻值很大，相当于断路，光控不起作用，白炽灯不亮，此时由声控电路起作用。当天黑无光时，光敏电阻 R_G 阻值变小，IC_2 的第 5 脚电压成为高电平，经 IC_2 的 D_3 反相器后，第 6 脚为“0”电平，二极管 VD_1 导通，使得 IC_2 的 D_4 输入为“0”电平，经 IC_2 的 D_5 反相器后，第 10 脚为“1”电平，三极管 VT 导通，继电器 K_1 线包有电流，继电器常开触点闭合，白炽灯点亮。

思考与练习

1. 光电效应有哪几种？分别对应什么光电元件？

2. 试比较光敏电阻、光电池、光敏二极管和光敏三极管的性能差异，并简述在不同场合下应选用哪种元件最为合适。

3. 光电式传感器由哪些部分组成？被测量可以影响光电式传感器的哪些部分？

4. 简述光电倍增管的工作原理。

5. 根据硅光电池的光电特性，在 40 000 lx 的光照下要得到 2 V 的输出电压，需要几片光电池？如何连接？

6. 设计一光电开关用于生产流水线的产量计数，画出结构图，并简要说明为防止荧光等其他光源的干扰，设计中应采取什么措施？

7. 根据图 8－31 所示的光电数字转速表的工作原理，如果调制盘的孔数为 N，每秒钟光敏二极管的脉冲个数为 f，试问转速为每分钟多少转？

8. 冲床工作时，为保护工人的手指安全，设计一安全控制系统，选用两种以上的传感器来同时探测工人的手是否处于危险区域（冲头下方）。只要有一个传感器输出有效（即检测到手未离开危险区），则不让冲头动作，或使正在动作的冲头惯性轮刹车。说明检测控制方案，以及必须同时设置两个传感器组成“或”的关系，必须使用两只手（左右手）同时操作冲床开关的好处。

实验十二　光电二极管、三极管特性检测

一、实验目的

1. 了解光电二极管的光电特性、伏安特性。

2. 了解光电三极管的光电特性，当光电三极管的工作偏压一定时，光电三极管输出光电流与入射光的照度（或通量）的关系。

二、实验内容

1. 分别测试光电二极管、光电三极管的光电特性和伏安特性。

2. 比较两种器件的相同点和区别。

三、实验器材

光电二极管、光电二极管变换单元、电压表、光电三极管和光电三极管变换单元。

四、注意事项

1. 为使实验直观，该实验没有在封闭的黑盒中进行，所以具有一定的外界因素干扰，实验时请注意不要使正面干扰光较大，同时注意人员移动时的影响。

2. 因光电二极管产生的光电流比较小，为便于读数，所以采用 I/V 变换器将光电流 I_{Li} 转换成电压，其关系为

$$I_{Li}=\left|\frac{U}{R_f}\right|$$

五、实验线路及原理

光电二极管是一种典型的光伏器件，用高阻 P 型硅作为基片，表面掺杂形成一层极薄

的 N 型层(厚度大约 1 μm)，从而形成一很浅的表面 PN 结，而空间电荷区较宽，所以保证大部分光子能够入射到耗尽层内。由光子激发的电子-空穴对在反向偏置电压 U_{BB}作用下形成二极管的反向光电流。此光电流通过外加负载 R_L 后产生电压信号输出。

图 S12.1 为光电二极管测量电路。

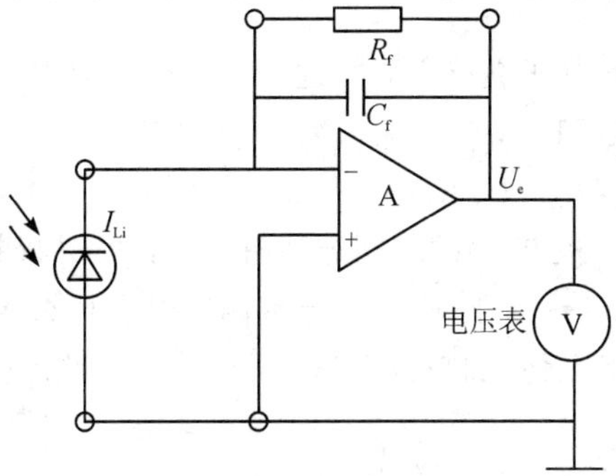

图 S12.1　光电二极管测量电路

光电三极管是一种光生伏特器件，用高阻 P 型硅作为基片，然后在基片表面进行掺杂形成 PN 结。N 区扩散得很浅，为 1 μm 左右，而空间电荷区(即耗尽层)较宽，所以保证了大部分光子入射到耗尽层内。光子入射到耗尽层内被吸收而激发电子-空穴对，电子-空穴对在外加反向偏置电压 U_{BB}作用下，空穴流向正极，形成了三极管的反向电流即光电流。光电流通过外加负载电阻 R_L 后产生电压信号输出。

图 S12.2 为光电三极管测量电路。

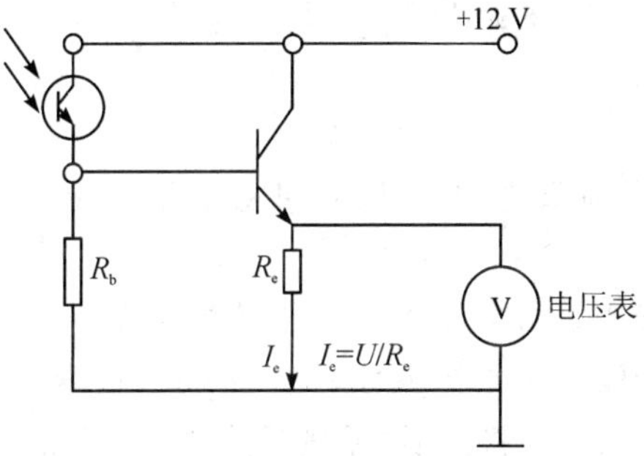

图 S12.2　光电三极管测量电路

六、实验方法与步骤

1. 直流稳压电源置于±12 V 挡，光电二极管探头用专用导线一端连接后，插入照度实验架上传感器安装孔，导线另一端插入面板上“光电二极管 Ti”插口。

2. 开启光强开关，并将光强/加热开关置于“5”挡，此时入射照度最大。

3. 在“光电二极管单元”如图 S12.1 接线，并在负载单元中选择 $R=200\ \text{k}\Omega$ 作为 R_f 接入 I/V 变换器。

4. 关闭光强开关，记下电压表的读数(暗电流)，并将数据填入表 S12.1。随后将光强/加热开关置于“1”挡。

表 S12.1 数据记录表 1

光强	0	1	2	3	4	5
电压/V						
电流(U/R_f)/mA						

5. 开启光强开关，记下电压表读数，并逐步将“光强/加热”开关转换到“5”挡，记下每一挡的电压表读数并填入表 S12.1。

6. 作出照度-电流曲线($I_{Li}=U/R_f$)。

7. 将光电二极管的“+”极与“⊥”之间连线拆去，在“+”极接入−4 V 电压使光电二极管处于偏压状态。重复步骤 4～5，比较一下与零偏压时有什么区别。

8. 开启光强开关，并将光强/加热开关置于“5”挡，同时检查加热开关是否关闭，仍按图 S12.1 接线(零偏压)。

9. 记录下这时电压表读数，并填入表 S12.2。

表 S12.2 数据记录表 2

偏压/V	0	−4	−6	−8	−10
电压 U_o/V					
电流 $\|U_o/R_f\|$/mA					

10. 将光电二极管的“+”极与“⊥”之间连线拆去，将“直流稳压电源”单元中“$-V_o$”端口与光电二极管“+”极相连，给二极管加上偏压。

11. 直流稳压电源从−4 V 逐步调整至−10 V，记录下每一步的电压表读数值，并填入表 S12.2。

12. 作出 $U-I$ 曲线。

13. 将光强/加热开关分别调至“4—3”挡，重复步骤 9～12，比较三条 $U-I$ 曲线有什么不同。

14. 直流稳压电源置于±12 V 挡，光电三极管探头用专用导线一端连接后，插入照度实验架上传感器安装孔，导线另一端插入面板上“光电二极管 Ti”插口。

15. 开启电源及光强开关，并将光强/加热开关置于“5”档，此时入射照度最大。同时检查加热开关是否关闭。

16. 在“光电三极管单元”如图 S12.2 接线，选择“$R_e=200\ \Omega$”“$R_b=2\ k\Omega$”。

17. 关闭光强开关，记下电流表的读数(暗电流)，并将数据填入表 S12.3。随后将光强/加热开关置于“1”挡。

表 S12.3 数据记录表 3

光强	0	1	2	3	4	5
电流/mA						

18. 开启光强开关，记下电流表读数，并逐步将光强/加热开关转换到“5”挡，记下每一挡的电流表读数并填入表 S12.3。

19. 作出照度-电流曲线。

20. 重复步骤 14～15，记录下这时电流表读数，并填入表 S12.4。

表 S12.4　数据记录表 4

U	+4 V	+6 V	+8 V	+10 V	+12 V
I/mA					

21. 直流稳压电源从±12 V 逐步降至±4 V，每隔一步记录下电压表读数，并填入表 S12.4。

22. 作出 $U-I$ 曲线。

23. 将光强/加热开关分别调至“4—3”挡，重复步骤 7～9，比较三条 $U-I$ 曲线有什么不同。

七、实验报告内容与要求

1. 填写实验数据表格。
2. 作出光电二极管不同挡位伏安特性曲线图。
3. 作出光电三极管不同挡位伏安特性曲线图。

八、思考

比较光电二极管、光电三极管的伏安特性曲线图的不同之处。

第9章 半导体传感器与湿度、气体检测

9.1 湿敏传感器与湿度检测

湿度的检测与控制在工业、农业、气象、医疗以及日常生活中的地位越来越重要。例如：

(1) 许多储物仓库在湿度超过某一程度时，物品易发生变质或霉变现象；

(2) 居室的湿度希望适中；

(3) 纺织厂要求车间的湿度保持在60%～70%RH；

(4) 农业生产中的温室育苗、食用菌培养、水果保鲜等都需要对湿度进行检测和控制。

湿度与气体检测传感器

9.1.1 湿度检测的物理基础

所谓湿度，是指大气中水蒸气的含量。它通常有绝对湿度、相对湿度和露点等几种表示方法。

1. 湿度的定义及其表示方法

1) 绝对湿度(AH)

绝对湿度是指在一定温度和压力条件下，单位体积空气内所含水蒸气的质量，也就是指空气中水蒸气的密度。一般用1 m^3 空气中所含水蒸气的克数表示，其数学表达式为

$$H_a = \frac{m_V}{V} \tag{9-1}$$

式中，m_V—— 待测空气中水蒸气的质量；

V—— 待测空气的总体积；

H_a—— 绝对湿度，其单位一般用 g/m^3 或 kg/m^3 表示。

绝对湿度也可以用空气中水蒸气的密度(ρ_V)来表示。设空气中水蒸气的分压为 P_V，根据理想气体状态方程，可得出其数学表达式为

$$\rho_V = \frac{P_V m}{RT} \tag{9-2}$$

式中，m—— 水蒸气的摩尔质量；

R—— 理想气体常数；

T—— 空气的绝对温度。

绝对湿度给出了水分在空气中的具体含量。

2) 相对湿度(%RH)

相对湿度是指被测气体的绝对湿度与同一温度下达到饱和状态的绝对湿度之比，或待

测空气中实际的水蒸气分压与相同温度下饱和水蒸气分压比值的百分数。其数学表达式为

$$H_T = \frac{P_V}{P_W} \times 100\% \tag{9-3}$$

式中，P_V—— 待测空气中实际的水蒸气分压；

P_W—— 相同温度下饱和水蒸气分压；

H_T—— 相对湿度(无量纲)。

通常，用 H_T 表示相对湿度。当温度和压力变化时，因饱和水蒸气分压变化，所以气体中的水蒸气分压即使相同，其相对湿度也发生变化。显然，绝对湿度给出了水分在空间中的具体含量，相对湿度则给出了大气的潮湿程度，故使用更广泛。

日常生活中所说的空气湿度，实际上就是指相对湿度。

3）露点

在一定大气压下，将含有水蒸气的空气冷却，当温度下降到某一特定值时，空气中的水蒸气达到饱和状态，开始从气态变成液态而凝结成露珠，这种现象称为结露，这一特定温度就称为露点温度，简称露点。在一定大气压下，湿度越大，露点越高；湿度越小，露点越低。

2. 湿敏传感器的定义

湿敏传感器是能感受外界湿度变化，并通过器件材料的物理或化学性质变化，将湿度转换成可用信号的器件或装置。

湿敏元件是最简单的湿敏传感器。其基本形式是在基片上涂覆感湿材料形成感湿膜。空气中的水蒸气吸附于感湿材料后，元件的阻抗、介质常数发生很大的变化，从而制成湿敏元件。

湿敏元件是指对环境湿度具有响应的元件。湿敏传感器是由湿敏元件及转换电路组成的，具有把环境湿度转换为电信号的能力。

3. 湿敏传感器的主要参数及特性

湿敏传感器的主要参数及特性如下：

(1) 感湿特性。

(2) 湿度量程。

(3) 灵敏度。

(4) 湿滞特性。

(5) 响应时间。

(6) 感湿温度系数。

(7) 老化特性。

4. 湿敏传感器的分类

湿敏传感器种类繁多，分类方法也很多，按输出的电学量可分为电阻式、电容式等；按探测功能可分为绝对湿度型、相对湿度型和结露型等；按感湿材料可分为陶瓷式、高分子式、半导体式和电解质式等。

9.1.2　湿敏传感器的分类和测量原理

1. 电阻式湿敏传感器

电阻式湿敏传感器是利用器件电阻值随湿度变化的基本原理来进行工作的，其感湿特

征量为电阻值。根据使用的感湿材料不同，电阻式湿敏传感器可分为电解质式、陶瓷式和高分子式三类。

电阻式湿敏传感器的优点是灵敏度高，主要缺点是线性度和产品的互换性差。

1）电解质式电阻式湿敏传感器

（1）基本原理。电解质式电阻式湿敏传感器的典型代表是氯化锂湿敏电阻，它是利用吸湿性盐类“潮解”离子导电率发生变化而制成的测湿元件，其结构如图 9-1 所示。它由引线、基片、感湿层和电极组成。感湿层是在基片上涂敷的按一定比例配制的氯化锂-聚乙烯醇混合溶液。

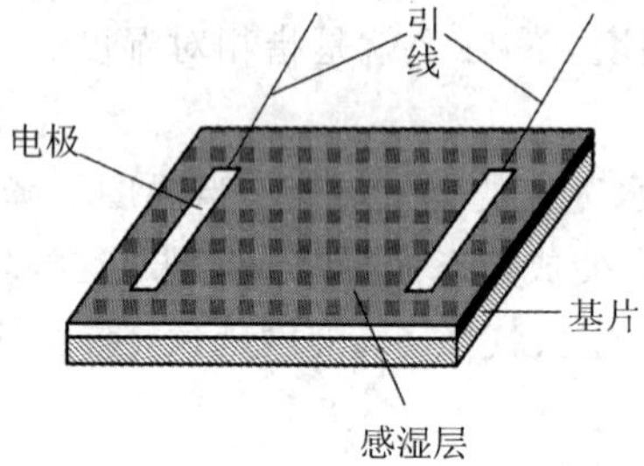

图 9-1　氯化锂湿敏电阻结构

氯化锂通常与聚乙烯醇组成混合体，在高浓度的氯化锂（LiCl）溶液中，Li^+ 和 Cl^- 均以离子的形式存在，其溶液的离子导电能力与溶液浓度成正比。当溶液置于一定温度的环境中时，若环境相对湿度变高，由于 Li^+ 对水分子的吸引力强，离子水合程度高，溶液将吸收水分，浓度降低，因此，溶液导电能力随之下降，电阻率升高；反之，当环境相对湿度变低时，溶液浓度升高，导电能力随之增强，电阻率下降。由此可见，氯化锂湿敏电阻的阻值会随环境相对湿度的改变而变化，从而实现对湿度的测量。

（2）氯化锂湿敏电阻的特点。

优点：滞后小；不受测试环境（如风速）影响；检测精度高达±5%。

缺点：耐热性差；不能用于露点以下测量；器件重复性差；使用寿命短；电流必须用交流，以免出现极化。

2）陶瓷式电阻式湿敏传感器

陶瓷式电阻式湿敏传感器通常是由两种以上金属氧化物混合烧结而成的多孔陶瓷，是根据感湿材料吸附水分后其电阻率会发生变化的原理来进行湿度检测的。陶瓷的化学稳定性好，耐高温，多孔陶瓷的表面积大，易于吸湿和脱湿，所以响应时间可以短至几秒。这种湿敏器件的感湿体外常罩一层加热丝，以对器件进行加热清洗，排除周围恶劣环境对器件的污染。

制作陶瓷式电阻式湿敏传感器的材料有 $ZnO-LiO_2-V_2O_5$ 系、$Si-Na_2O-V_2O_5$ 系、$TiO_2-MgO-Cr_2O_3$ 系和 Fe_3O_4 系等。前三种材料的电阻率随湿度的增加而下降，称为负特性湿敏半导体陶瓷；最后一种材料的电阻率随湿度的增加而增加，称为正特性湿敏半导体陶瓷。

陶瓷式电阻式湿敏传感器的优点是：① 传感器表面与水蒸气的接触面积大，易于水蒸气的吸收与脱却；② 陶瓷烧结体能耐高温，物理、化学性质稳定，适合采用加热去污的方法恢复材料的湿敏特性；③ 可以通过调整烧结体表面晶粒、晶粒界和细微气孔的构造，改善传感器湿敏特性。

3）高分子式电阻式湿敏传感器

这类传感器是利用高分子电解质吸湿而导致电阻率发生变化的基本原理来进行测量的。通常将含有强极性基的高分子电解质及其盐类（如 $-NH_4^+Cl^-$ —、$-NH_2$、$-SO_3^-H^+$）等高分子材料制成感湿电阻膜。当水吸附在强极性基高分子上时，随着湿度的增加吸附量增大，吸附水分子凝聚成液态。在低湿吸附量少的情况下，由于没有荷电离子产生，电阻值很高；当相对湿度增加时，凝聚化的吸附水就成为导电通道，高分子电解质的成对离子主要起载流子作用。此外，由吸附水自身离解出来的质子（H^+）及水和氢离子（H_3O^+）也能起电荷载流子作用，这就使得载流子数目急剧增加，传感器的电阻急剧下降。利用高分子电解质在不同湿度条件下电离产生的导电离子数量不等使阻值发生变化，就可以测定环境中的湿度。

高分子式电阻式湿敏传感器测量湿度范围大，工作温度在 0～50℃，响应时间小于 30 s，测量范围为 0～100%RH，误差在±5%RH 左右。

2. 电容式湿敏传感器

电容式湿敏传感器是有效利用湿敏元件电容量随湿度变化的特性来进行测量的，属于变介电常数型电容式传感器，可通过检测其电容量的变化值，从而间接获得被测湿度的大小。其结构如图 9-2 所示。上、下两极板间夹着由湿敏材料构成的电介质，并将下极板固定在玻璃或陶瓷基片上。当周围环境的湿度发生变化时，由湿敏材料构成的电介质的介电常数将发生改变，相应的电容量也会随之发生变化，因此只要检测到电容的变化量就能检测周围湿度的大小。

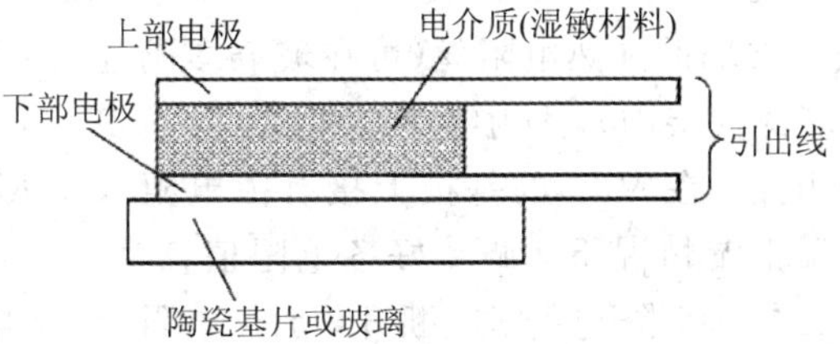

图 9-2　电容式湿敏传感器结构

电容式湿敏传感器按照极间介质分为高分子和陶瓷材料两大类。

电容式湿敏传感器的主要优点是：灵敏度高、产品互换性好、响应速度快、湿度的滞后量小、便于制造、容易实现小型化和集成化。其精度一般比湿敏电阻要低一些。

9.1.3　湿敏传感器的应用

对于不同环境的湿度测量应选用不同的湿敏传感器。例如，当环境温度为－40～＋70℃时，可采用高分子式电阻式湿敏传感器和陶瓷式电阻式湿敏传感器；环境温度在 70～100℃范围内和超过 100℃时使用陶瓷式电阻式湿敏传感器；在干净的环境中通常使用高分子式电阻式湿敏传感器，在污染严重的环境则使用陶瓷式电阻式湿敏传感器。为了使传感器准确稳定地工作，还需附加自动加热清洗装置。下面介绍几种典型的应用实例。

1. 湿敏传感器测量电路

在大多数情况下，湿敏传感器难以得到相对于湿度变化而线性变化的输出电压，这给湿度的测量、控制和补偿带来了困难。因此，在需要精确测量湿度的场合，必须加入线性化电路，使传感器测量电路的输出信号转换成正比于湿度变化的电压。湿敏传感器在低湿、中湿或高湿状态下的线性关系一般会有所不同，因此，可采用放大倍数随输入值变化的放大电路，使其输出与输入呈折线近似线性关系(即分段近似关系)，常用运算放大器。

在实际应用中，还要考虑温度补偿。图 9-3 所示电路为一种带温度补偿的湿度测量电路，图中 R_t 是热敏电阻(20 kΩ，B=4100 K)，R_H 为 H204C 湿敏传感器，运算放大器型号为 LM2904。该电路的湿度电压特性及温度特性表明：在相对湿度为 30%～90%RH、温度为 15～35℃时，输出电压表示的湿度误差不超过 3%RH。

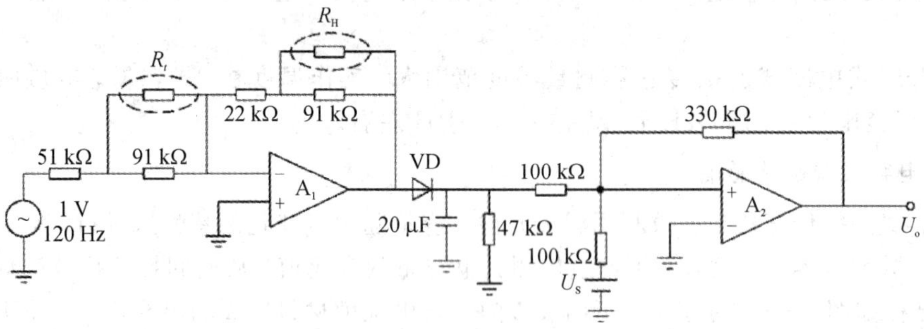

图 9-3　湿度测量电路

2. 汽车后窗玻璃自动去湿装置

图 9-4 所示为汽车后窗玻璃自动去湿装置。图 9-4 中，R_H 为设置在后窗玻璃上的湿敏传感器电阻，R_L 为嵌入玻璃的加热电阻丝(可在玻璃形成过程中将电阻丝烧结在玻璃内，或将电阻丝加在双层玻璃的夹层内)，J 为继电器线圈，J_1 为其常开触点。半导体管 VT_1 和 VT_2 接成施密特触发器电路，在 VT_1 的基极上接有由电阻 R_1、R_2 及湿敏传感器电阻 R_H 组成的偏置电路。在常温常湿情况下，调节好各电阻值，因 R_H 阻值较大，使 VT_1 导通，VT_2 截止，继电器 J 不工作，其常开触点 J_1 断开，加热电阻 R_L 无电流流过。当汽车内外温差较大，且湿度过大时，将导致湿敏电阻 R_H 的阻值减小，当其减小到某值时，R_H 与 R_2 的并联电阻阻值小到不足以维持 VT_1 导通，此时 VT_1 截止，VT_2 导通，使其负载继电器 J 通电，控制常开触点 J_1 闭合，加热电阻丝 R_L 开始加热，驱散后窗玻璃上的湿气，同时加热指示灯亮。当玻璃上湿度减小到一定程度时，随着 R_H 增大，施密特电路又开始翻转到初始状

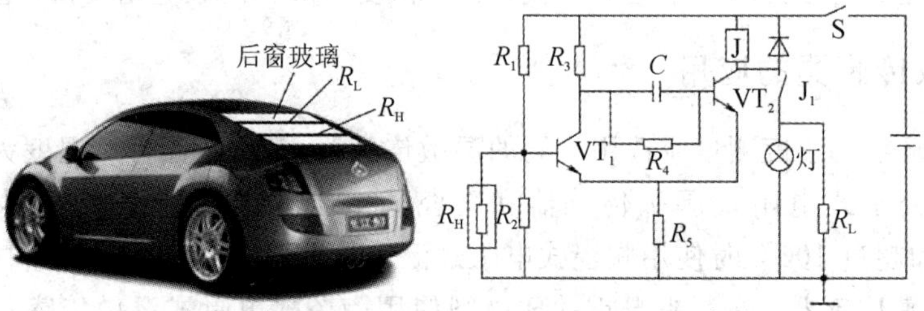

(a) 安装示意图　　(b) 电路

图 9-4　汽车后窗玻璃自动去湿装置

态，VT_1 导通，VT_2 截止，常开触点 J_1 断开，R_L 断电停止加热，从而实现防湿自动控制。该装置也可广泛应用于汽车、仓库、车间等的湿度的控制。

3. 湿度控制器

湿度控制器采用 KSC-6V 集成相对湿敏传感器，将湿敏传感器电容置于 RC 振荡电路中，直接将湿敏元件输出的电容信号转换成电压信号。其具体工作原理为：由双稳态触发器及 RC 组成双振荡器，其中一条支路由固定电阻和湿敏电容组成，另一条支路由多圈电位器和固定电容组成。设定在 0%RH 时，湿敏支路产生某一脉冲宽度的方波，调整多圈电位器使其所在支路产生方波与湿敏支路方波脉宽相同，则两信号差为 0。当湿度发生变化时，湿敏支路产生的方波脉宽将发生变化，两信号差不再为 0，此信号差通过 RC 滤波后经标准化处理得到电压输出。输出电压随相对湿度的增加几乎成线性递增，其相对湿度 0%～100%RH对应的输出电压为 0～100 mV。

KSC-6V 湿敏传感器的控制电路原理图如图 9-5 所示。将湿敏传感器输出的电压信号分成三路，分别接在电压比较器 A_1 的反相输入端、电压比较器 A_2 的同相输入端和显示器的正输入端，A_1 和 A_2 由可调电阻 R_{P1} 和 R_{P2} 根据设定值调到适当的位置。当房间内湿度下降时，传感器的输出电压下降，当降到 A_1 设定数值时，A_1 同相输入端电压高于反相输入端电压，因此输出高电平，使 VT_1 导通，LED_1 发出绿光，表示空气干燥，继电器 J_1 吸合接通加湿器。当房间内相对湿度上升时，传感器输出电压升高，当升到一定数值即超过设定值时，A_1 输出低电平，J_1 释放，加湿器停止工作。同理，当房间内湿度升高时，传感器输出电压随之升高，当升到 A_2 设定数值时，A_2 输出高电平，使 VT_2 导通，LED_2 发出红光，表示空气太潮湿，继电器 J_2 吸合接通排气扇排除潮气，当相对湿度降到设定值时，J_2 释放，排气扇停止工作，这样就可以控制室内空气的湿度，维持我们所需求的空气湿度环境。

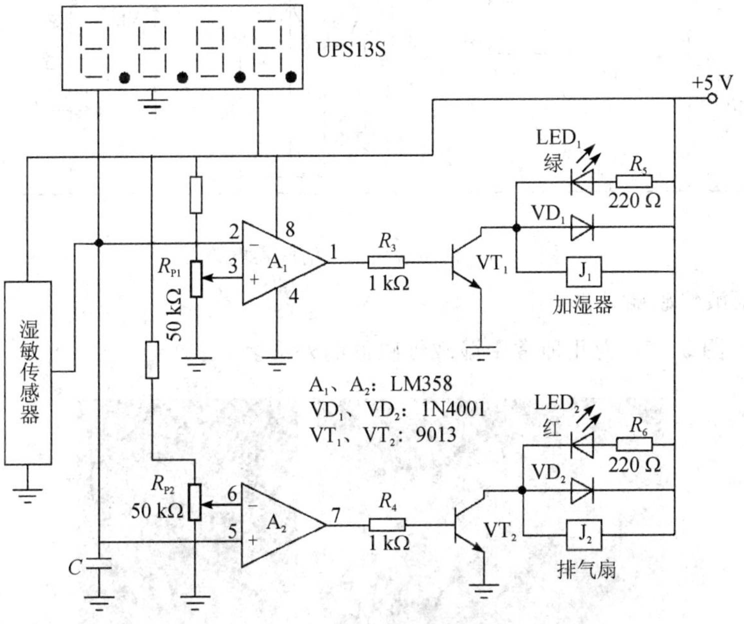

图 9-5　KSC-6V 湿敏传感器电路原理图

4. 浴室镜面水汽清除器

浴室镜面水汽清除器由电热丝、结露传感器、控制电路等组成，其中电热丝和结露传感器安装在玻璃镜子的背面，用导线将它们和控制电路连接。

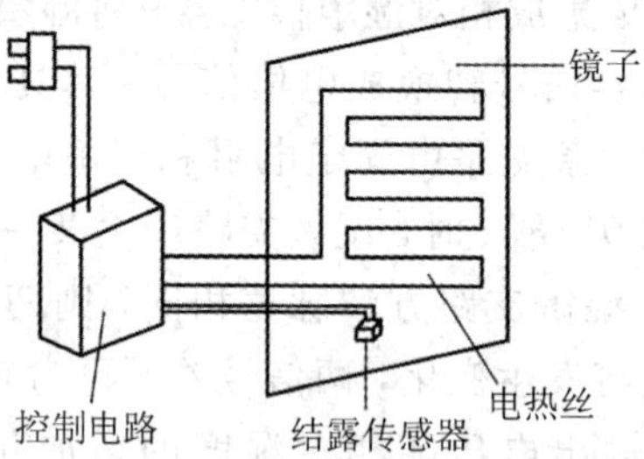

图 9-6　浴室镜面水汽清除器的结构

图 9-7 中，B 为结露传感器，感知水汽后阻值变化，如果玻璃镜面周围的湿度变低，结露传感器阻值变小到 2 kΩ 时，VT_1 截止，VT_2 导通，VT_3、VT_4 截止，则 VT 中无电流流过。调节 R_1 阻值，可使加热丝在确定的某一相对湿度条件下开始加热，则 VT_1 导通，VT_2 截止，VT_3-VT_4 导通，因此 VT 中有电流流过，玻璃镜面加热，随着镜面温度逐步升高，镜面水汽被蒸发恢复清晰。

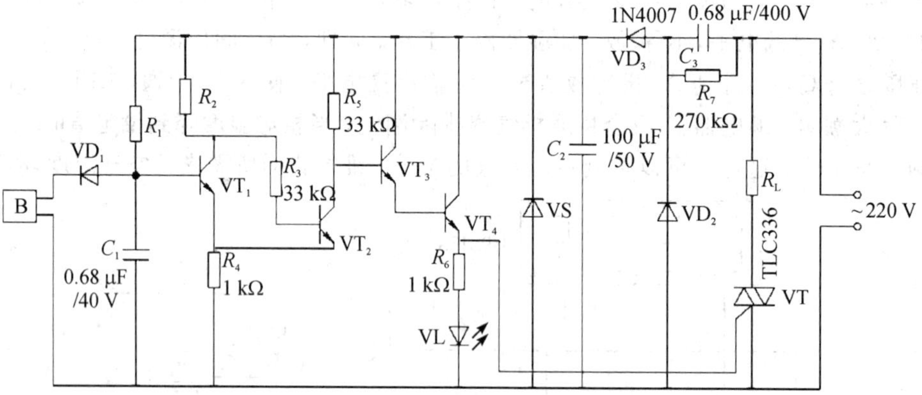

图 9-7　浴室镜面水汽清除器电路图

5. 常用湿敏传感器外形

图 9-8 至图 9-10 为几种常用湿敏传感器的外形。

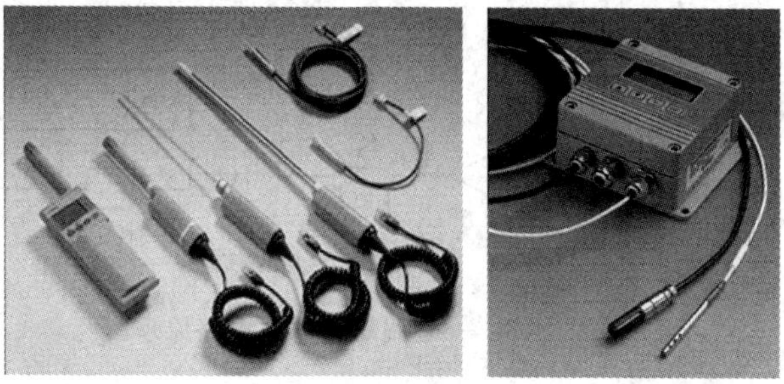

图 9-8　露点传感器外形

(a) Honeywell电容式湿度传感器　　(b) 瑞士Sensiron公司电容式相对湿度传感器

图 9－9　电容式湿敏传感器外形

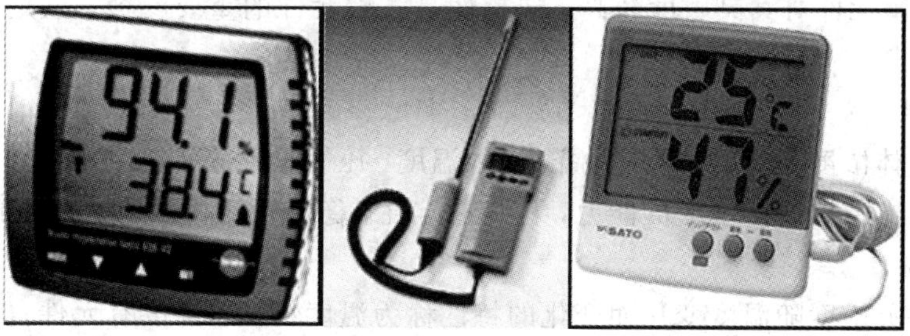

图 9－10　电子式湿度计外形

9.2　气敏传感器与气体检测

人类的日常生活和生产活动与周围环境气氛紧密相关。气氛的变化对人类有极大的影响。例如：

(1) 气氛中缺氧或存在有毒气体会使人感到窒息甚至昏迷致死；

(2) 可燃性气体的泄漏会引起爆炸和火灾，使人们的生命和财产遭受巨大的损失；

(3) 在生产中使用的气体原料和生产过程中产生的气体种类和数量也在不断增加，特别是石油、化工、煤矿及汽车等工业的飞速发展以及火灾事故的不断发生，大气日益受到污染。

因此，我们需要使用大量的气敏传感器来检测气体的成分及浓度。

气敏传感器就是能够感知环境中气体成分及其浓度的一种敏感器件，它将气体种类及其浓度等有关的信息转换成电信号，根据这些电信号的强弱便可获得与待测气体在环境中存在情况有关的信息，从而可以进行检测、监控、报警，还可以通过接口电路与计算机组成自动检测、控制和报警系统。

9.2.1　气体检测的方法分类

1. 气敏传感器的主要参数及特性

1) *灵敏度*

灵敏度(S)是气敏元件的一个重要参数，它标志着气敏元件对气体的敏感程度，用其阻值变化量 ΔR 与气体浓度变化量 ΔP 之比来表示：

$$S = \frac{\Delta R}{\Delta P} \tag{9-4}$$

灵敏度还有另一种表示方法，即气敏元件在空气中的阻值 R_0 与在被测气体中的阻值 R

之比，用 K 表示：

$$K = \frac{R_0}{R} \tag{9-5}$$

2）响应时间

从气敏元件接触到一定浓度的被测气体开始，至气敏元件的阻值达到该浓度下新的恒定值所需要的时间称为响应时间。它表示气敏元件对被测气体浓度的响应速度。

3）选择性

选择性指在多种气体共存的条件下，气敏元件区分气体种类的能力。对某种气体选择性好，表明气敏元件对其灵敏度较高。选择性是气敏元件的重要参数，也是目前较难解决的问题之一。

4）稳定性

当被测气体浓度不变时，若其他条件(如温度、压力、磁场等)发生改变，在规定的时间内气敏元件输出特性保持不变的能力，称为稳定性。稳定性反映了气敏元件的抗干扰能力。

5）温度特性

气敏元件灵敏度随温度变化而变化的特性称为温度特性。温度有元件自身温度与环境温度之分，这两种温度对灵敏度都有影响。元件自身温度对灵敏度的影响较大，主要通过温度补偿方法来解决。

6）湿度特性

气敏元件灵敏度随环境湿度变化而变化的特性称为湿度特性。该特性主要影响检测精度，可通过湿度补偿方法加以解决。

7）电源电压特性

电源电压特性指气敏元件灵敏度随电源电压变化而变化的特性。可通过采用恒压源来改善这种特性。

8）时效性与互换性

气敏元件由于工作环境恶劣，温度较高，长期使用易造成气敏特性漂移，而且传统元件性能参数分散，互换性差，给实用带来不便。反映元件气敏特性稳定程度的时间，就是时效性；同一型号元件之间气敏特性的一致性，反映了它的互换性。

2. 气敏传感器的分类

由于被测气体的种类繁多，性质各不相同，不可能用一种传感器来检测所有的气体，所以气敏传感器的种类也很多。气敏传感器类型及其特点见表 9－1。

表 9－1 气敏传感器类型及其特点

类型	原　理	检测对象	特　点
半导体式	若气体接触到加热的金属氧化物（SnO_2、Fe_2O_3、ZnO 等)，电阻值会增大或减小	还原性气体、城市排放气体、丙烷气体等	灵敏度高，构造与电路简单，但输出与气体浓度不成比例
接触燃烧式	可燃性气体接触到氧气就会燃烧，使得作为气敏材料的铂丝温度升高，电阻值相应增大	可燃气体	输出与气体浓度成比例，但灵敏度较低

续表

类型	原　理	检测对象	特　点
化学反应式	利用化学溶剂与气体反应产生的电流、颜色、电导率的变化等	CO、H_2、CH_4、C_2H_5OH、SO_2 等	气体选择性好，但不能重复使用
光干涉式	利用与空气的折射率不同而产生的干涉现象	与空气折射率不同的气体，如 CO_2 等	寿命长，但选择性差
热传导式	根据热传导率差而放热的发热元件的温度降低进行检测	与空气热传导率不同的气体，如 H_2 等	构造简单，但灵敏度低，选择性差
红外线吸收散射式	根据红外线照射气体分子谐振而产生的吸收或散射进行检测	CO、CO_2 等	能定性测量，但装置大，价格高

半导体式气敏传感器具有灵敏度高、响应快、稳定性好、使用简单等特点，应用极其广泛。下面重点介绍半导体式气敏传感器及其气敏元件。

3. 气敏传感器的发展方向

气敏传感器的研究涉及面广、难度大，属于多学科交叉的研究领域。目前气敏传感器的发展方向主要表现为：

(1) 气敏材料的开发；

(2) 新型气敏传感器的设计；

(3) 气敏传感器传感机理的研究；

(4) 气敏传感器的智能化。

9.2.2 半导体式电阻型气敏传感器

半导体式气敏传感器是利用半导体气敏元件(主要是金属氧化物)同待测气体接触，造成半导体的电导率等物理性质发生变化的原理来检测特定气体的成分或者浓度的。

半导体式气敏传感器可分为电阻型和非电阻型两类。电阻型气敏传感器用氧化锡、氧化锌等金属氧化物材料制作成敏感元件，利用敏感元件接触气体时其电阻值的变化来检测气体的成分或浓度；非电阻型气敏传感器也是一种半导体器件，它们与被测气体接触后，如二极管的伏安特性或场效应管的阈值电压等将会发生变化，根据这些特性的变化来测定气体的成分或浓度。

1. 基本原理

构成半导体式电阻型气敏传感器的核心——气敏元件的材料一般都是金属氧化物，在合成材料时，按化学计量比的偏离和杂质缺陷合成。金属氧化物半导体分为 N 型半导体(如氧化锡、氧化锌、氧化铁等)和 P 型半导体(如氧化钼、氧化铬、氧化钴、氧化铅、氧化铜、氧化镍等)。为了提高气敏元件对某些气体成分的选择性和灵敏度，在合成材料时还可添加其他一些金属元素催化剂，如钯、铂、银等。

如图 9－11 所示，半导体气敏器件被加热到稳定状态下，当气体接触器件表面而被吸附时，吸附分子首先在表面上自由地扩散(物理吸附)，失去其运动能量，其间一部分分子蒸发，残留分子产生热分解而固定在吸附处(化学吸附)。这时，如果器件的功函数小于吸附分子的电子亲和力，则吸附分子将从器件夺取电子而变成负离子吸附。具有这种倾向的气体有 O_2 和 NO_2 等，称为氧化型或电子接收型气体。如果器件的功函数大于吸附分子的离解能，吸附分子将向器件释放出电子，而成为正离子吸附。具有这种倾向的气体有 H_2、CO、碳氢化合物、酒类等，称为还原型或电子供给型气体。

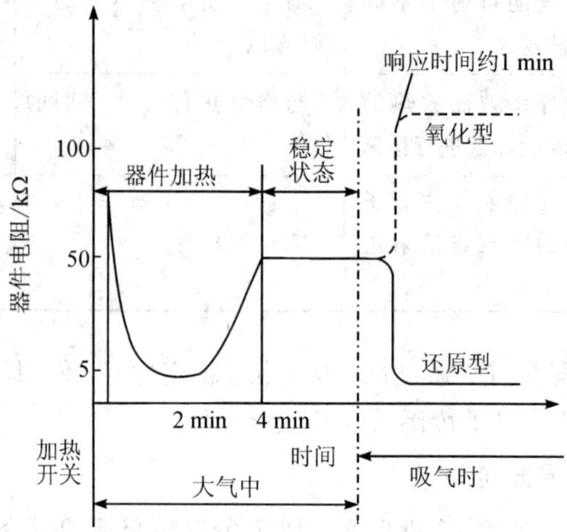

图 9-11　N 型半导体吸附气体时器件阻值变化

由半导体表面态理论知道，当氧化型气体吸附到 N 型半导体(如 SnO_2、ZnO)上，或还原型气体吸附到 P 型半导体(如 MoO_2、CrO_3)上时，将使多数载流子(价带空穴)减少，电阻增大。相反，当还原型气体吸附到 N 型半导体上，或氧化型气体吸附到 P 型半导体上时，将使多数载流子(导带电子)增多，电阻下降。

电阻型气敏元件通常都工作在高温状态下，一般温度范围为 200～450℃，其目的是使附着在器件上的油雾、尘埃等有害物质去掉，并加速气体与金属氧化物的氧化还原反应，提高器件的灵敏度和响应速度。因此，SnO_2 气敏元件结构中有电阻丝加热器。SnO_2 气敏电阻的基本测量电路如图 9-12 所示，当所测气体浓度变化时，气敏器件的阻值发生变化，从而使输出发生变化。

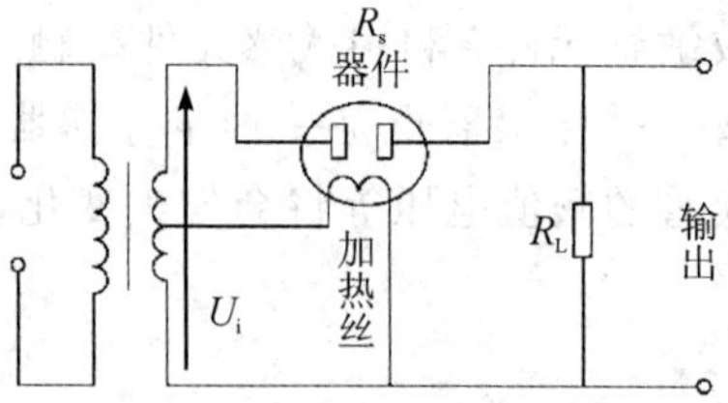

图 9-12　SnO_2 气敏电阻的基本测量电路

2. 主要类型

半导体式电阻型气敏传感器是目前使用较为广泛的气敏传感器之一。其按结构可分为三类：烧结型、薄膜型和厚膜型。

3. 特点

(1) 优点：工艺简单，价格便宜，使用方便；气体浓度发生变化时响应迅速；即使是在低浓度下，灵敏度也较高。

(2) 缺点：稳定性差，老化较快，气体识别能力不强，各器件之间的特性差异大等。

目前半导体式电阻型气敏传感器已广泛应用于液化石油气、管道煤气等可燃性气体的泄漏检测及(浓度)定限报警等领域。

9.2.3　气敏传感器的应用

各种易燃、易爆、有毒、有害气体对人们的生产、生活以及人身安全造成极大的危害，人们可以应用气敏传感器及其相关电路来实现对这些气体的检测和报警，从而减少有害气体的危害。下面通过几个典型实例来说明气敏传感器的应用。

1. 便携式矿井瓦斯超限报警器

便携式矿井瓦斯超限报警器体积小、质量轻，电路简单，工作可靠。其电路如图 9-13 所示，气敏传感器 QM-N5(N 型半导体)为对瓦斯敏感的元件。闭合开关 S，4 V 电源通过 R_1 对气敏元件 QM-N5 预热。当矿井无瓦斯或瓦斯浓度很低时，气敏元件的 A 与 B 间等效电阻很大，经与电位器 R_P 分压，其动触点电压 $U_g<0.7$ V，不能触发晶闸管 VT。因此，由 LC179 和 R_2 组成的警笛电路无供电，扬声器不发声；如果瓦斯浓度超过安全标准，气敏元件的 A 和 B 间的等效电阻迅速减小，致使 $U_g>0.7$ V 而触发 VT 导通，接通警笛电路的电源，警笛电路产生振荡，扬声器发出报警声。电位器 R_P 用于设定报警浓度。图 9-14 所示是瓦斯泄漏报警器的组成简图。

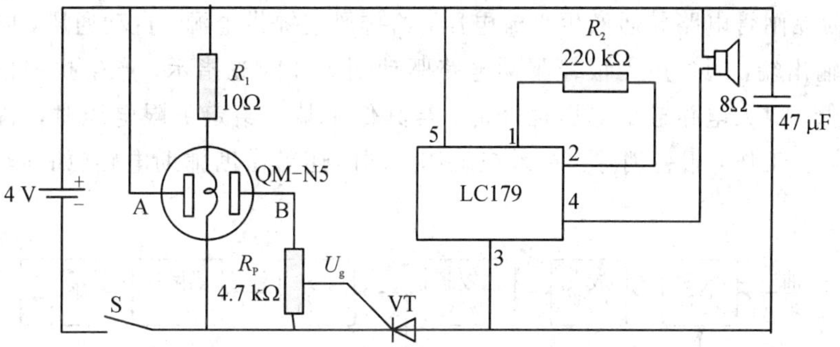

图 9-13　便携式矿井瓦斯超限报警器电路

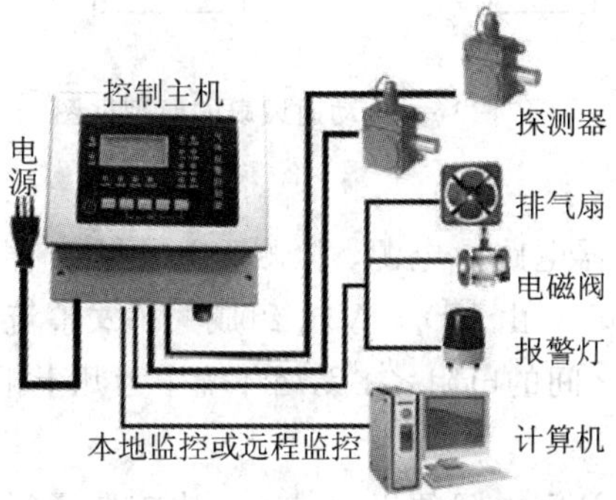

图 9-14　瓦斯泄漏报警器的组成简图

2. 自动通风扇

采用 SnO_2 半导体式气敏电阻的 TGSl09 型气敏传感器可以用于各种可燃性气体、有毒气体的预警，其结构如图 9－15 所示，图中兼作电极的加热器直接埋入块状 SnO_2 半导体内。

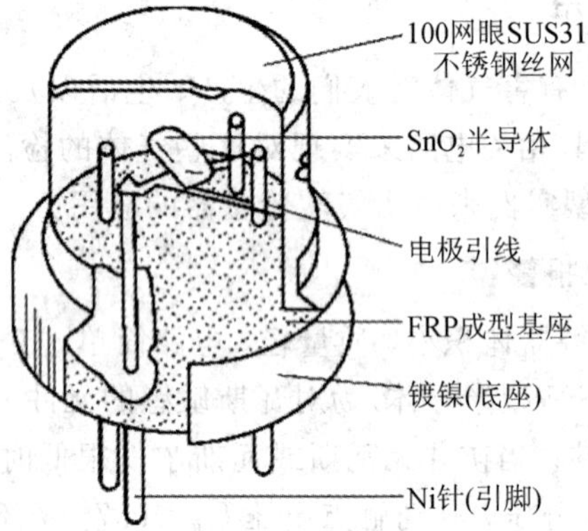

图 9－15　TGSl09 型气敏传感器结构

图 9－16 是自动通风扇的原理框图。当气敏电阻感受到被测气体(如油烟、煤气等)的浓度达到一定值时，气敏电阻的阻值将发生变化，经放大电路放大并转换成电压信号输出，再送入比较器电路与给定上限电压(即报警电压)进行比较，如果高于报警电压，就会产生触发脉冲，使晶闸管电路导通产生直流电压，给排风扇提供电源，自动通风，同时还可以从比较器电路输出端，通过声光报警驱动电路驱动喇叭和闪光指示，产生报警信号。随着气体浓度的降低，放大电路输出电压也降低，当其低于某一给定下限电压时，晶闸管电路截止，通风扇停止工作，报警消除。在系统工作的同时还需借助辅助电路(如加热电源、温度补偿)。

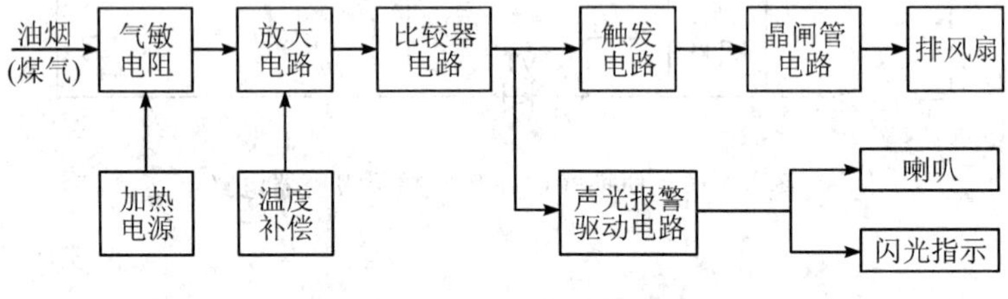

图 9－16　自动通风扇的原理框图

3. 烟雾报警器

图 9－17 所示烟雾报警器电路由电源、检测、定时报警输出三部分组成。电源部分将 220 V 市电经变压器降至 15 V，由 VD_1～VD_4 组成的桥式整流电路整流并经滤波成直流。

HQ－2 气敏管 A 和 B 之间的电阻，在无烟环境中为几十千欧，在有烟雾环境中可下降到几千欧。

一旦有烟雾存在，A 和 B 间电阻便迅速减小，比较器通过电位器 R_{P1} 所取得的分压随之增加，IC_1 翻转输出高电平使 VT_2 导通。IC_2 在 IC_1 翻转之前输出高电平，因此 VT_1 也处

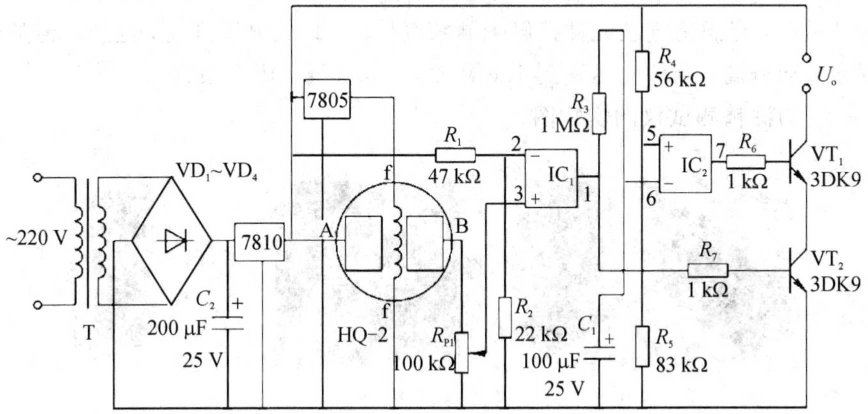

图 9-17　烟雾报警器电路

于导通状态。只要 IC_1 一翻转，输出端便可输出报警信号。输出端可接蜂鸣器或发光器件。

IC_1 翻转后，由 R_3、C_1 组成的定时器开始工作(改变 R_3 阻值可改变报警信号的长短)。当电容 C_1 被充电达到阈值电位时，IC_2 翻转，则 VT_1 关断，停止输出报警信号。烟雾消失后，比较器复位，C_1 通过 IC_1 放电。该报警器长期搁置首次使用时，在没有遇到可燃性气体时电阻也将减小，需经 10 min 左右的初始稳定时间后方可正常工作。

4. 酒精检测报警器

由于 SnO_2 气敏元件不但对酒精敏感，而且对于汽油、香烟也敏感，经常造成检测驾驶员是否饮酒的报警器发生误动作而不能普遍推广使用，因此，必须选用只对酒精敏感的 QM-NJ9 型酒精检测报警器，要求当检测报警器接触到酒精气味后立即发出连续不断的“酒后别开车”响亮语音报警，并切断车辆的点火电路，强制车辆熄火。酒精检测报警器电路如图 9-18 所示。

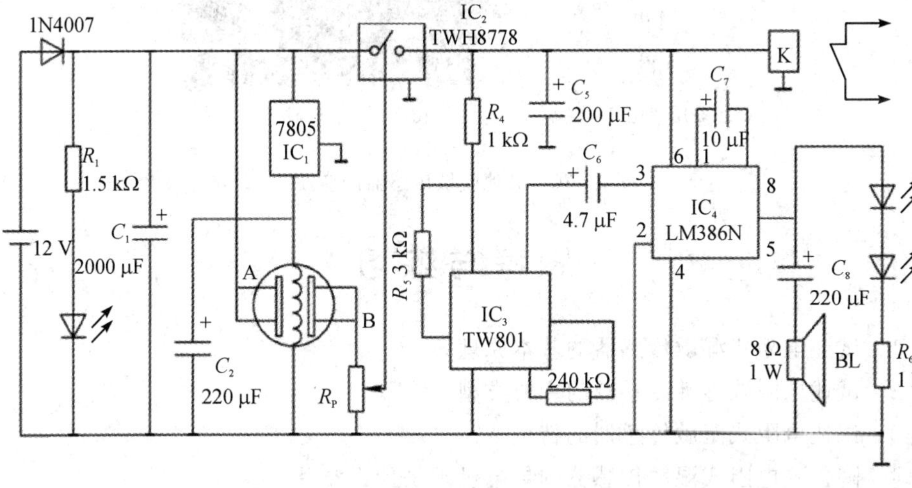

图 9-18　酒精检测报警器电路

三端稳压器 7805 将传感器的加热电压稳定在 5 V±0.2 V，保证该传感器工作稳定并具有高的灵敏度，当酒精气敏元件接触到酒精气体后，B 点电压升高，且升高值随检测到的酒精浓度增大而升高，当该电压达到 1.6 V 时，IC_2 导通，语言报警。

图 9-19 为酒精测试仪的实物图。

图 9-19　酒精测试仪

5. 其他气敏传感器的应用

常见的气敏传感器应用还有烟雾报警器、燃气报警器、家庭用液化气报警器和汽车尾气分析仪等，如图 9-20 所示。

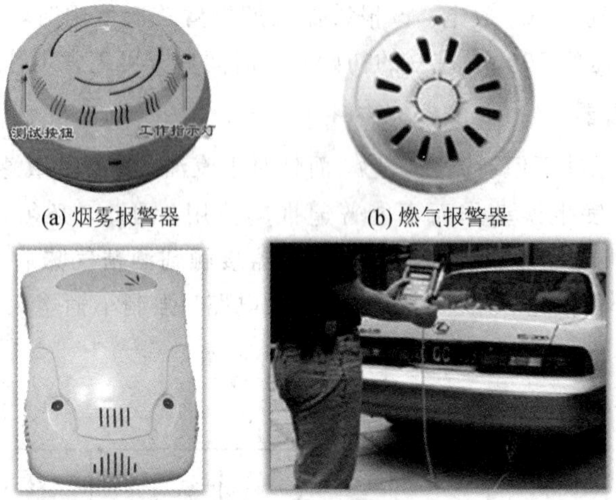

(a) 烟雾报警器　(b) 燃气报警器

(c) 家庭用液化气报警器　(d) 汽车尾气分析仪

图 9-20　其他气敏传感器的应用

思考与练习

9-1　试述电阻式湿敏传感器的基本原理。

9-2　试述电阻式湿敏传感器的主要类型。

9-3　试述电阻式湿敏传感器的特点。

9-4　陶瓷式电阻式湿敏传感器的导电机理是什么？

9-5　简述陶瓷式电阻式湿敏传感器的特点。

9-6　气敏传感器必须满足哪些基本条件？

9－7　请简要介绍一下气敏传感器在汽车领域的一些应用。

9－8　请简要介绍一下半导体式电阻型气敏传感器。

9－9　请简要介绍一下半导体式非电阻型气敏传感器。

9－10　气敏传感器有哪几种类型？

9－11　简述半导体式电阻型气敏传感器的工作原理。

9－12　气敏传感器一般应用于哪些方面？

实验十三　湿敏电阻传感器测试

一、实验目的

热敏电阻实验

了解湿敏传感器的原理与应用。

二、实验器材

电压放大器、F/V 表、电桥、RH 湿敏电阻、直流稳压电源等。

三、实验原理

本实验采用的是集成湿度传感器，该传感器的敏感元件采用的是水分子亲和力型中的高分子材料湿敏元件(湿敏电阻)。它的原理是采用具有感湿功能的高分子聚合物(高分子膜)涂敷在带有导电电极的陶瓷衬底上，导电机理为水分子的存在影响高分子膜内部导电离子的迁移率，形成阻抗随相对湿度变化成对数变化的敏感部件。由于湿敏元件阻抗随相对湿度变化成对数变化，一般应用时都经放大转换电路处理将对数变化转换成相应的线性电压信号输出以制成湿度传感器模块形式。原理图如图 S13.1 所示。

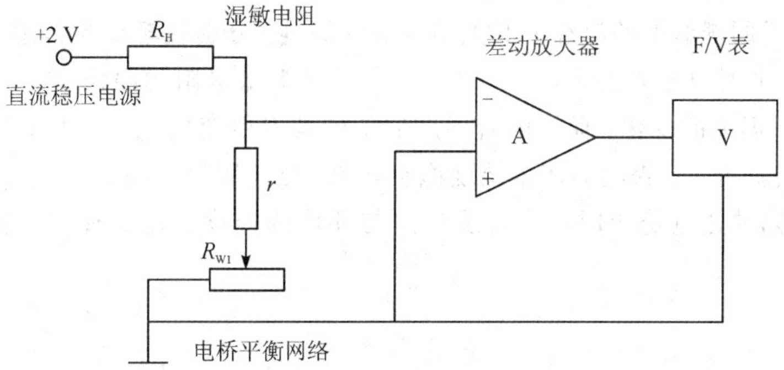

图 S13.1　接线参考图

四、实验步骤

1. 观察湿敏电阻结构，它是在一块特殊的绝缘基底上溅射了一层高分子薄膜而形成的，按图 S13.2 接线。

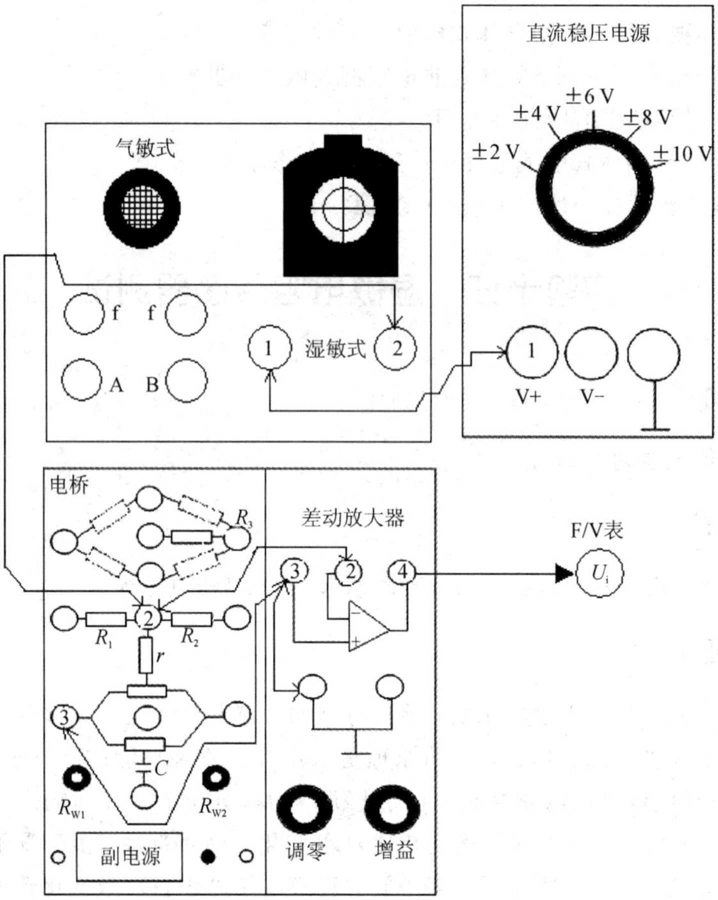

图 S13.2　接线图

2. 取两种不同潮湿度的海绵或其他易吸潮的材料，分别轻轻地与传感器接触，观察电压表数字变化，此时电压表的指示________，也就是湿敏电阻的阻值变 ________，说明湿敏电阻检测到了温度的变化，而且随着湿度的不同其阻值变化也不一样。注意取湿材料不要太湿，有点潮就行了，否则会产生湿度饱和现象，延长脱湿时间。

3. 湿敏电阻的通电稳定时间、脱湿时间与环境的湿度、温度有关，这点请在实验时注意。

第 10 章　新型传感器及应用

随着集成光、机、电系统技术的迅速发展，以及光导、光纤、超导、纳米、智能材料等新技术的应用，传感器功能得到了进一步增强和完善，性能不断提高，更加灵敏、可靠，从而更好地实现了信息的采集与传输、处理的集成化和智能化。

10.1　超声波传感器及应用

超声波传感器是应用超声波的特性研制成的传感器，利用超声波检测技术，将被测对象的信息转换成可用输出信号(主要是电信号)。以超声波作为检测手段，在检查过程中必须具备产生超声波和接收超声波的装置，完成这种功能的装置就是超声波传感器，习惯上称为超声波换能器或者超声波探头。

超声波传感器

10.1.1　超声波及其物理特性和特点

1. 超声波

物体机械振动状态的传播形式是波，能为人耳所闻的机械波称为声波，低于 16 Hz 的机械波称为次声波。超声波是指振动频率大于 20 000 Hz 的机械波，其每秒的振动次数很高，超出了人耳听觉的上限，人们将这种听不见的声波叫作超声波。超声波频率图如图 10－1 所示。

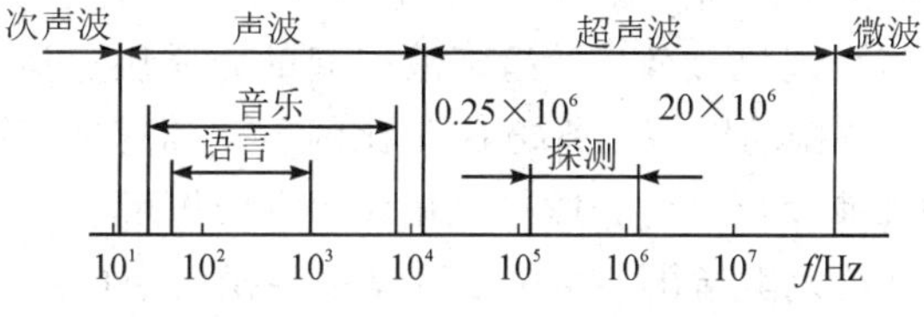

图 10－1　超声波频率图

超声波作为一种在弹性介质中的机械振荡，主要存在两种形式：横向振荡(横波)及纵向振荡(纵波)。其传导介质可以是气体、液体及固体，不同介质中超声波的传播速度是不同的。另外，同其他波一样，超声波也有折射和反射、散射现象，而且在传播过程中有衰减，这一点与可听声波的规律并没有本质上的区别。其主要具备的特异性表现在以下几个方面。

(1) 传播特性：超声波的衍射本领较差，在均匀介质中它能够定向直线传播，而且波长越短，这一特性就表现得越显著。

(2) 功率特性：机械振动在传播过程中要对媒介做功，如当声音在空气中传播时，推动空气中的微粒往复振动而对微粒做功。由于超声波频率很高，所以超声波与一般声波相比，它的功率是非常大的。

(3) 空化作用：当超声波在液体中传播时，对媒介做功，使液体微粒剧烈振动，会在液体内部产生小空洞。随着波的传递这些小空洞迅速胀大和闭合，导致液体微粒之间发生猛烈的撞击作用，液体的温度骤然升高，使两种不相溶的液体(如水和油)发生乳化，并且加快溶质的溶解，加速化学反应。这种由超声波作用在液体中所引起的各种效应称为超声波的空化作用。

2. 超声波的物理特性

超声波在密度均匀的介质中传播时，不产生反射和散射；当通过声阻抗不同的介质时，在两种介质的交界面上产生反射与折射或散射与绕射。

(1) 反射与折射：当超声束所遇界面的直径大于超声波波长(称大界面)时，产生反射与折射。进入第二介质的超声波继续往前传播，遇到不同声阻抗的介质时，再产生反射，依次类推，被检测的物体密度越不均匀，界面越多，则产生的反射也越多。

(2) 散射与绕射：超声波在传播时，遇到直径与超声波波长近似或小于波长(小界面)的介质时，产生散射与绕射。散射以小介质为中心向四周发散超声波，又成为新的声源；绕射是超声波绕过障碍物的边缘，继续向前传播。散射回声强度与超声波入射角无关。

(3) 超声波的衰减：超声波在介质中传播时，随着传播距离的增加，声强逐渐减弱，这种现象称为超声波的衰减，衰减系数经常以 dB/cm 或 10^{-3} dB/mm 为单位来表示。这种能量的衰减主要受到了声波在媒介中的扩散、散射和吸收的影响。扩散衰减，即随声波传播距离增加而引起声能的减弱。散射衰减是固体介质中的颗粒界面或流体介质中的悬浮粒子使声波散射。吸收衰减是由介质的导热性、黏滞性及弹性滞后造成的，介质吸收声能并转换为热能。

(4) 多普勒效应：声源和接收体做相对运动时，接收体在单位时间内收到的振动次数(频率)，除取决于声源发出者外，还由于接收体向前(后)运动而多(少)接收到(距离/波长个)振动，即收到的频率增加(减少)了。这种由相对运动导致频率增加或减少的现象称为多普勒效应。

(5) 机械效应：超声波在传播过程中，会引起介质质点交替地压缩和扩张，构成了压力的变化，这种压力变化将引起机械效应。超声波引起的介质质点运动，虽然产生的位移和速度不大，但是，与超声波振动频率的平方成正比的质点加速度却很大，有时超过重力加速度的数万倍。这样的加速度足以对介质造成强大的机械作用。

(6) 空化效应：流体动力学指出，存在于液体中的微气泡(空化核)在声场的作用下振动，当声压达到一定值时，气泡将发生膨胀、闭合、振动等一系列动力学过程，称为声空化。这种声空化现象是超声学及其应用的基础。

(7) 热效应：其产生有两方面的原因。其一，超声波作用于介质时有能量被介质吸收；其二，由于超声波的振动，介质产生强烈的高频振荡，介质间互相摩擦而发热，这种能量会使固体、流体介质温度升高。超声波的热效应在工业、医疗上都得到了广泛应用。

超声波与介质作用除了以上几种效应外，还有声流效应、触发效应和弥散效应等，都具有很高的应用价值。

3. 超声波的特点

(1) 超声波在传播时，方向性强，能量易于集中。

(2) 超声波可在各种不同媒质中传播，传播足够远的距离。

(3) 超声波与传声媒质的相互作用适中，易于携带有关传声媒质状态的信息(诊断或对传声媒质产生效应)。

10.1.2　超声波探头及耦合技术

1. 超声波探头

超声波探头是利用超声波在超声场中的物理特性和各种效应而研制的转换装置，作为可逆的声电转换元件，起发射和接收高频脉冲弹性波的作用。

超声波探头又可称为超声波换能器、探测器或传感器。其按结构可分为直探头、斜探头、双探头和液浸探头；按工作原理可分为压电式、磁致伸缩式、电磁式等，其中以压电式较为常用。

超声波探头的结构如图 10-2 所示，其主要由外壳、接线片、吸收块(阻尼块)、压电晶片、保护膜组成。超声波探头的核心是塑料或者金属外壳中的一块压电晶片。外壳主要起保护固定内部元件的作用，阻尼块则起着吸收声能加大阻尼的作用，压电晶片主要实现声电相互转换，接线片则实现压电晶片和电缆连接。

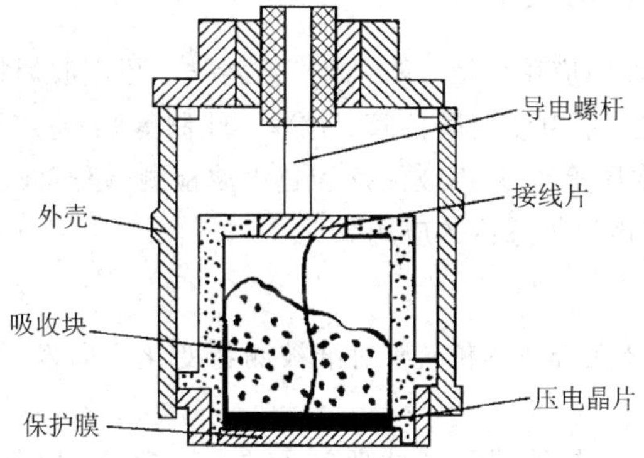

图 10-2　超声波探头

2. 压电式超声波探头的耦合技术

压电式超声波探头常用的材料是压电晶体和压电陶瓷，它是利用压电材料的压电效应来工作的，作为发射探头使用逆压电效应将高频电振动转换成高频机械振动，从而产生超声波，进而利用正压电效应，将超声振动波转换成电信号，其可又用作接收探头。

压电晶片多为圆板形，作为超声波探头的重要组件，既可以发射超声波，也可以接收超声波，其厚度与超声波频率成反比。压电晶片的两面镀有银层，作为导电的极板，其材料主要有压电晶体(电致伸缩)如锆钛酸铅(PZT)等，以及镍铁铝合金(磁致伸缩)两类。阻尼块的作用是降低压电晶片的机械品质，吸收声能量。当激励的电脉冲信号停止时，如果没有阻尼块，压电晶片将会继续振荡，加长超声波的脉冲宽度，使分辨率变差。

对射式超声波传感器如图 10-3 所示，主要的工作原理是利用压电效应的原理将电能和超声波相互转化，即在发射超声波的时候，将电能转换成机械振动发射超声波，而在收到回波的时候，则将超声振动转换成电信号，整个检测工作由超声波换能器、处理单元和输出级几个部分协同完成。换能器由发送器与陶瓷振子组成，换能器的作用是将陶瓷振子的电振动能量转换成超声能量并向空中辐射，而接收传感器由陶瓷振子换能器与放大电路组成，换能器接收机械振动，将其变换成电能量，作为传感器接收器的输出，从而对发送的超声进行检测。控制部分主要对发送器发出的脉冲链频率、占空比及稀疏调制和计数及探测距离等进行控制。

图 10-3　对射式超声波传感器

10.1.3　超声波传感器的应用

超声波传感器在工业中应用广泛，如：超声波清洗、超声波焊接、超声波加工(超声波钻孔、切削、研磨、抛光，超声波金属拉管、拉丝、轧制等)、超声波处理(搪锡、凝聚、淬火，超声波电镀、净化水质等)、超声波治疗和超声波检测(超声波测厚、检漏、探伤、成像等)等。下面介绍几种超声波传感器的应用。

1. 超声波测厚

将超声波传感器安装在合适的位置，对准被测物变化方向发射超声波，就可测量物体表面与传感器的距离。

其测厚过程为：超声波换能器受到处理单元的电压激励，以脉冲形式发出超声波，然后超声波换能器转入接受状态，当处理单元接收到超声波脉冲后，就进行分析，判断收到的信号是不是所发出的超声波的回声。如果是，就测量超声波的行程时间，根据测量的时间换算为行程，即为反射超声波的物体距离。

图 10-4 所示为脉冲回波法测厚的原理框图。如果超声波在工件中的声速 v 已知，设工件厚度为 s，可用图 10-4 的方法将发射脉冲和反射回波脉冲加至示波器垂直偏转板上。标记发生器输出已知时间间隔的脉冲，也加至示波器垂直偏转板上。线性扫描电压加在水平偏转板上。由此，可以从显示屏上直接观测发射和反射回波脉冲，并由波峰间隔及时基求出时间间隔 t。因此可求出工件厚度为

$$s = \frac{vt}{2}$$

超声波测距可用于高精度的中长距离测量，大致有以下方法：① 脉冲电压法，取输出脉冲的平均电压值，该电压（其幅值基本固定)与距离成正比，测量电压即可测得距离；② 脉冲回波法，脉冲回波法在超声波测厚中较为常用，通过测量输出脉冲的宽度，即发射超声波与接收超声波的时间间隔 t，来测量被测距离。如果测距精度要求很高，则应通过温度补偿的方法加以校正。

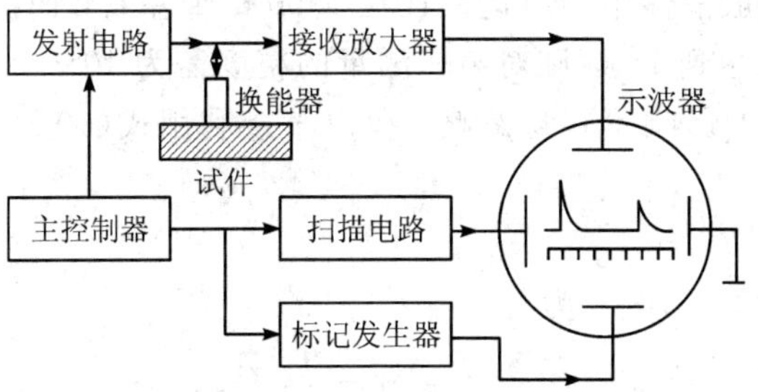

图 10-4　脉冲回波法测厚原理框图

2. 超声波流量计

根据超声波在流体中的传播速度与流体的流动速度有关，可以实现超声波流量测量，由于这种方法不会造成压力损失，并且适合非导电性、强腐蚀性的液体或气体的流量测量，所以应用较为广泛。

1) 时差法

将两个超声换能器如图 10-5 所示斜向安装在管道的两侧，安装时要求两换能器轴线重合在一条斜线上，设 L 为两换能器间传播距离，c 为超声波在静止流体中的速度，v 为被测流体的平均流速。当换能器 A 发射、B 接收时超声波基本上顺流传播，速度快、时间短，可表示为

$$t_1 = \frac{L}{c+v} \tag{10-1}$$

B 发射而 A 接收时，超声波逆流传播，速度慢、时间长，即

$$t_2 = \frac{L}{c-v} \tag{10-2}$$

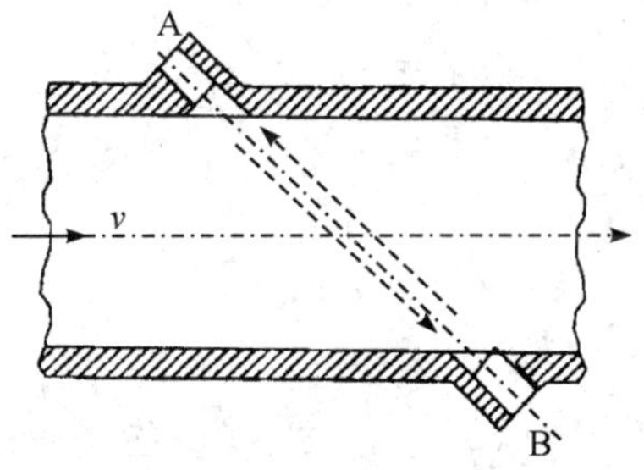

图 10-5　超声流量计结构示意图

两种方向传播的时间差 Δt 为

$$\Delta t = t_2 - t_1 = \frac{2Lv}{c^2 - v^2} \tag{10-3}$$

因 $v \ll c$，故 v^2 可忽略，故得

$$\Delta t = \frac{2Lv}{c^2} \quad 或 \quad v = \frac{c^2 \Delta t}{2L} \tag{10-4}$$

由式(10-4)可知，当流体中的超声波速度 c 为常数时，流体的流速 v 与 Δt 成正比，测出时间差即可求出流速 v 进而得到流量。

需要注意的是，一般液体中的声速往往在 1500 m/s 左右，而流体流速只有每秒几米，如要求流速测量的精度达到 1%，则对声速测量的精度需为 $10^5 \sim 10^6$ 数量级，这是难以做到的。加上声速受温度的影响不容易忽略，所以直接利用式(10－4)不易实现流量的精确测量。

2) 速差法

在时差法中将式(10－1)改写为

$$c + v = \frac{L}{t_1} \tag{10-5}$$

同理，式(10－2)也可改写为

$$c - v = \frac{L}{t_2} \tag{10-6}$$

以上两式相减，得

$$2v = \frac{L}{t_1} - \frac{L}{t_2} = \frac{L(t_2 - t_1)}{t_1 t_2} \tag{10-7}$$

将顺流和逆流的传播时间差 Δt(式(10－3))代入式(10－7)可得

$$v = \frac{L\Delta t}{2t_1 t_2} = \frac{L\Delta t}{2t_1(t_2 - t_1 + t_1)} = \frac{L\Delta t}{2t_1(\Delta t + t_1)} \tag{10-8}$$

由于(10－8)式中，$L/2$ 为常数，只要测出顺流传播时间 t_1 和时间差 Δt，就能求出 v，进而求得流量，这就避免了测声速 c 的困难。这种方法还不受温度的影响，容易得到可靠的数据。因为式(10－5)和式(10－6)相减即双向声速之差，故称此法为速差法。

3) 频差法

用放大器将超声波发射探头和接收探头接成闭环，将接收到的脉冲放大之后去驱动发射探头，从而构成了振荡器，由于振荡频率取决于从发射到接收的时间，即前述的 t_1 或 t_2。如果 A 发射，B 接收，则频率为

$$f_1 = \frac{1}{t_1} = \frac{c + v}{L} \tag{10-9}$$

反之，B 发射，A 接收，其频率为

$$f_2 = \frac{1}{t_2} = \frac{c - v}{L} \tag{10-10}$$

以上两频率之差为

$$\Delta f = f_1 - f_2 = \frac{2v}{L} \tag{10-11}$$

由式(10－11)可见，频差与速度成正比，式中也不含声速 c，测量结果不受温度影响，这种方法更为简单实用。不过，一般频差 Δf 很小，直接测量不精确，往往采用倍频电路。

4) 多普勒法

多普勒(Doppler)效应测量流量主要应用于工业中非纯净流体检查，若流体中含有悬浮颗粒或气泡，最适于采用，其原理如图 10－6 所示。

将发射探头 A 和接收探头 B 迎着流向，安装在与管道轴线夹角为 θ 的两侧。设平均流速为 v，声波在静止流体中的速度为 c，根据多普勒效应，接收到的超声波频率(靠流体里的悬浮颗粒或气泡反射而来)f_2 将比原发射频率 f_1 略高，其差 Δf 即多普勒频移，可用下式表示：

$$\Delta f = f_2 - f_1 = \frac{2v\cos\theta}{c} f_1 \tag{10-12}$$

由此可见，在发射频率 f_1 恒定时，频移与流速成正比。如果在超声波探头上设置声楔，使超声波先经过声楔再进入流体，声楔材料中的声速为 c_1，流体中的声速为 c，声波由声楔材料进入流体时的入射角为 β，在流体中的折射角为 φ，如图 10－7 所示。则根据折射定律可以写出

$$\frac{c}{\cos\theta} = \frac{c}{\sin\varphi} = \frac{c_1}{\sin\beta} = \frac{c_1}{\cos\alpha} \tag{10-13}$$

将上述关系代入式(10－12)，得

$$\Delta f = f_1 - f_2 = \frac{2v\cos\alpha}{c_1} f_1 \tag{10-14}$$

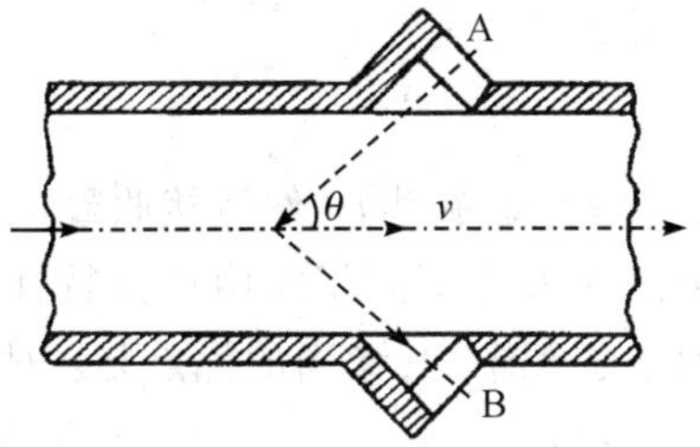

图 10－6　超声多普勒流量计原理图

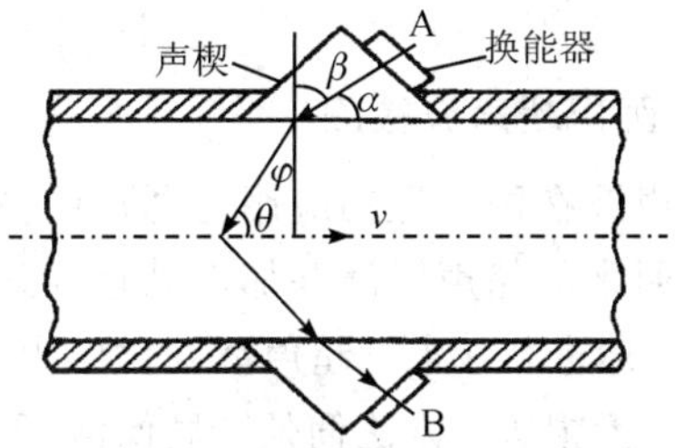

图 10－7　有声楔的超声多普勒流量计原理图

由此可得流速 $v = \dfrac{c_1 \Delta f}{2 f_1 \cos\alpha}$，进而可求得流量。可见，采用声楔之后，流速 v 中不含流体的声速 c，而只有声楔材料中的声速 c_1，声楔为固体材料，其声速 c_1 受温度影响比液体中声速受温度的影响要小一个数量级，因而可以减小温度引起的测量误差。

对于煤粉和油的混合流体(COM)及煤粉和水的混合流体(CWM)，多普勒法有着广阔的应用前景。

5) *相关法*

超声技术与相关法结合起来也可测流量。这种方法特别适合气液、液固、气固等两相流甚至多相流的流量测量，它也不需要在管道内设置任何阻力体，而且与温度无关。

我国大连引进的日本索尼(Sonic)公司的超声流量计，是按时差原理工作的。管径范围 50～6000 mm，基本误差不大于±1%，流体温度－40～250℃，变送器输出 4～20 mA 或 0～2 kHz的方波，并且带有 RS－232 接口可与计算机联网。需要累积总量时，利用方波脉冲输出接计数器即可显示总量。

3. 超声波液位检测与控制

超声波测量液位的基本原理是：由超声波探头发出的超声脉冲信号，在气体中传播，遇到空气与液体的界面后被反射，接收到回波信号后计算超声波往返的传播时间，即可换算出液位高度。超声波液位检测原理如图 10－8 所示。液面位置越高，信号越大；液位越低，则信号就越小。超声波测量方法有很多其他方法不可比拟的优点：

(1) 属于非接触式测量，不用担心电磁干扰，不怕酸碱等强腐蚀性液体等，因此性能稳定、可靠性高、寿命长。

(2) 响应时间短，可以方便地实现无滞后的实时测量。

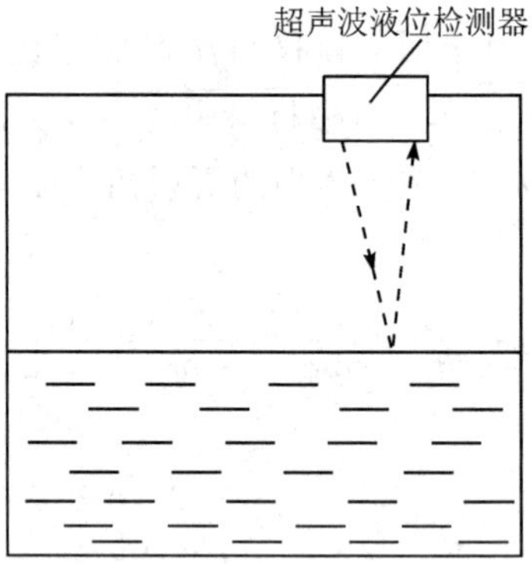

图 10-8　超声波液位检测原理

4. 医用超声波检测

超声波在医疗上的应用是通过向体内发射超声波(主要是纵波)，然后接收经人体各组织反射回来的超声回波并加以处理和显示，根据超声波在人体不同组织中传播特性的差异(表 10—1)进行诊断。超声波在医学上主要应用于疾病的诊断，其诊断的优点是：对受检者无痛苦、无损害、方法简便、显像清晰、诊断的准确率高等。

表 10-1　诊断超声在人体组织中的声速

组织类型	肺	脂肪	肝	血	肾	肌肉	晶体状(眼)	骨(头颅骨)
声速/ms	600	1460	1555	1560	1565	1600	1620	4080

超声波诊断仪类型很多，最常用的有：A 型超声波诊断仪，又称振幅型诊断仪；M 型超声波诊断仪，主要用于运动器官诊断，常用于心脏疾病的诊断，故又称为超声波心动图仪；B 型超声波诊断仪，是辉度调制(brightness modulation)式诊断仪，其诊断功能强于 A 型和 M 型，是全世界范围内普遍使用的临床诊断仪。

10.2　磁敏传感器及应用

磁敏传感器

磁敏传感器测量属于非接触测量，利用电、磁的相互关系，检测位移、振动、力、转速、加速度、流量、电流、电功率等物理量，由于在很多情况下，可采用永久磁铁来产生磁场，不需要另外附加驱动能源，因此这一类传感器获得了极为广泛的应用。

10.2.1　磁敏电阻

利用材料的电阻值受磁场的影响而改变的磁阻效应，所制成的元件为磁敏电阻。磁敏电阻根据其制作材料的不同，可分为半导体磁敏电阻和强磁性金属薄膜磁敏电阻。利用磁敏电阻可以制成磁场探测仪、位移和角度检测器、安培计及磁敏交流放大器等。

1. 半导体磁敏电阻

半导体材料的磁阻效应包括物理磁阻效应和几何磁阻效应。物理磁阻效应是指当半导体沿长度方向通电时，在垂直于电流的宽度方向上施加一个磁场，半导体长度方向上就会发生电阻率增大的现象。几何磁阻效应是指半导体材料磁阻效应。如图 10－9 所示，形状不同的半导体薄片都处在垂直于纸面向外的磁场中，电子运动的轨迹都将向左前方偏移，因此出现图中箭头所示的路径(箭头代表电子运动方向)。

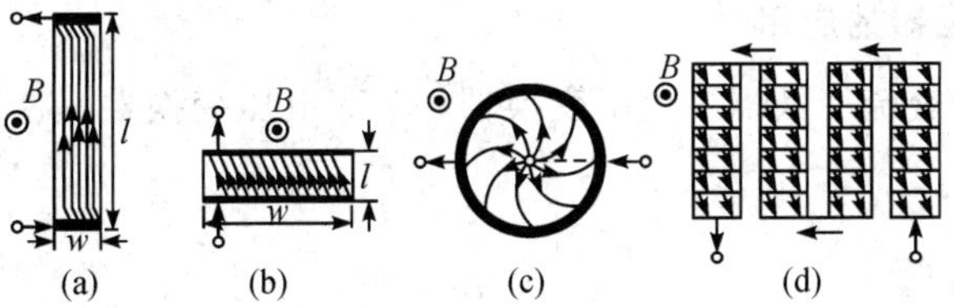

图 10－9　半导体磁敏电阻元件内电流分布

图 10－9(a)所示为纵长方形片，电子运动路径改变得并不显著，只有两端才是倾斜的，电阻增加得也不多，主要原因是霍尔电场 E_H 对电子施加的电场力 f_e 和磁场对电子施加的洛伦兹力 f_L 平衡时，所有电子运动轨迹就不再继续偏移。

图 10－9(b)所示为横长方形结构，由于不能形成较大的霍尔电场 E_H，因此其磁阻效应效果比前者显著。

图 10－9(c)所示为圆形片结构，这种圆形片叫作"科比诺圆盘"，由于初始电阻值较小，实用性较差。

图 10－9(d)所示为用金属导体将横长片串联而成的"弓"字形结构，由于导体把霍尔电压短路了，电子运动方向总是倾斜的，电阻增加得比较多。

2. 强磁性金属薄膜磁敏电阻

强磁性金属是指具有高磁导率的金属。处于磁场中的强磁性金属，主要产生强制磁阻效应和定向磁阻效应。目前对强磁性磁阻器件主要利用它的定向磁阻效应。特别值得注意的是，在一定的磁场强度范围内，定向磁阻效应所引起的电阻变化不受磁场强度的影响，仅仅与磁场方向有关。

强磁性金属薄膜磁敏电阻用真空镀膜技术在玻璃衬底上淀积一层厚度为 20～100 nm 的合金薄膜，再用光刻腐蚀工艺制成图 10－10(a)所示的三端元件。AB 间及 BC 间几何尺寸和阻值都一样，但两者的栅条方向成 100°。若有磁场强度 H 按图 10－10 中方向平行纸面作用于该器件，且与 AB 间栅条平行，与 BC 间栅条垂直，则电阻 R_{AB} 最大而 R_{BC} 最小，这时按图10－10(b) 接成的分压电路输出电压 U_o 最低；若 H 的方向顺时针或逆时针转过 $\theta = 100°$，则 R_{AB} 最小而 R_{BC} 最大，输出 U_o 将最高。

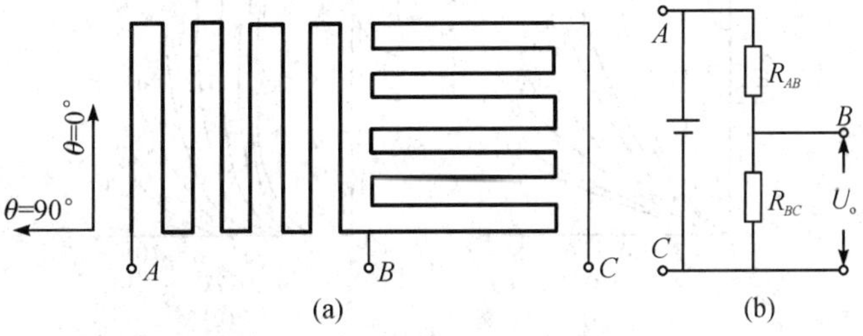

图 10－10　强磁性金属薄膜磁敏电阻结构及应用电路

若采用较强的磁场使得 $H > H_s$（H_s 为饱和磁场强度），并且令磁场的方向平行于纸面旋转方向，则分压输出 U_o 将只取决于磁场的转角 θ，运用这一原理就能构成无滑点的电位器。若磁场连续不断地旋转，则 U_o 将呈正弦曲线变化，于是便可构成正弦信号发生器或转速传感器。

3. 磁敏电阻传感器的应用

磁敏电阻可用于交流变换器、频率变换器、功率电压变换器、磁通密度电压变换器和位移电压变换器等。

10.2.2　磁敏二极管

磁敏二极管(图 10－11)是长“基区”的 PN 结型的磁电转换元件，它们具有输出信号大、灵敏度高(比霍尔元件大 2～3 个数量级)、工作电流小和体积小等特点，比较适合于磁场、转速、探伤等方面的检测和控制。

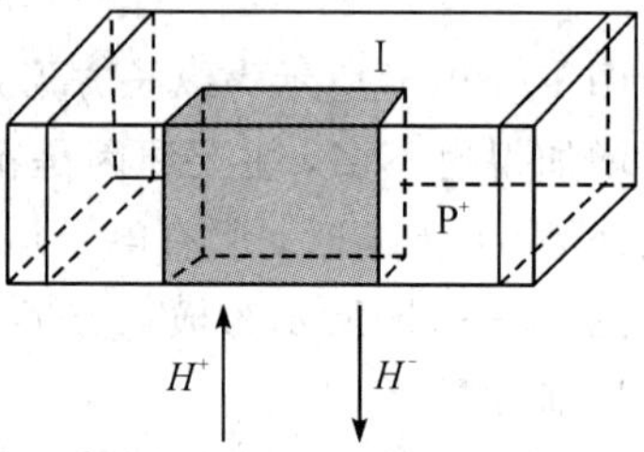

图 10－11　磁敏二极管

为避免载流子在基区里复合，普通二极管 PN 结的基区一般很短，而磁敏二极管 PN 结的基区很长，一般为载流子扩散长度的 5 倍以上，由接近本征半导体的高阻材料构成。如果外加正向偏压，即 P 区接正，N 区接负，那么将会有大量空穴从 P 区注入 Ⅰ 区，同时也有大量电子从 N 区注入 Ⅰ 区，如将这样的磁敏二极管置于磁场中，则注入的电子和空穴都要受到洛仑兹力的作用而向一个方向偏转，当磁场方向使电子和空穴向复合面偏转时，它们将因复合而消失，因而电流很小；当磁场方向使电子和空穴向光滑面偏转时它们的复合率变小，电流就大。由此可见，高复合面与光滑面的复合率差别愈大，磁敏二极管的灵敏度也就愈高。磁敏二极管在不同的磁场强度和方向下具有不同的伏安特性，利用这些特性曲线就能根据某一偏压下的电流值来确定磁场的大小和方向。

1. 磁敏二极管的正向伏安特性

磁敏二极管的材料不同，其表现的伏安特性也是不同的，图 10－12(a)所示为锗磁敏二极管的伏安特性，图 10－12(b)所示为硅磁敏二极管的伏安特性。

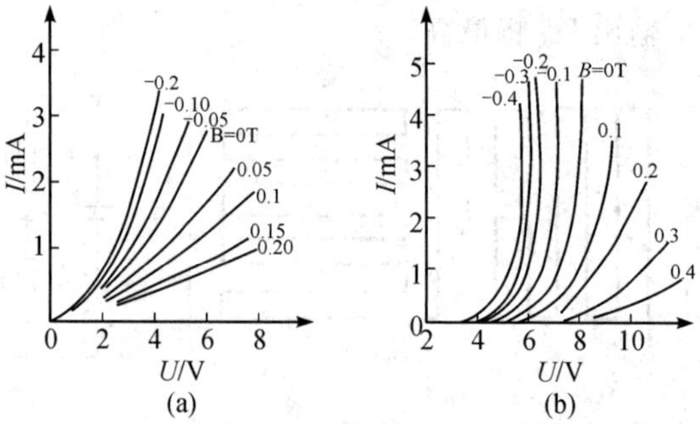

图 10－12　磁敏二极管的伏安特性

2. 磁敏二极管的磁电特性

在给定条件下，磁敏二极管输出电压变化与外加磁场的关系称为磁敏二极管的磁电特性。磁敏二极管通常有单只使用和互补使用两种方式。单只使用时，正向磁灵敏度大于反向磁灵敏度；互补使用时，正、反向磁灵敏度曲线对称，且在弱磁场(－0.1～＋0.1T)下有较好的线性，如图 10－13 所示。

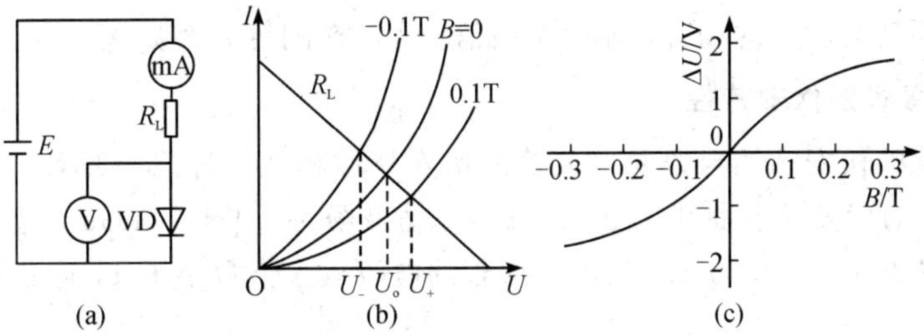

图 10－13　磁敏二极管灵敏度测试

3. 磁敏二极管的温度特性及其补偿

磁敏二极管受温度影响较大，对于锗磁敏二极管，在 0～40℃温度范围内，输出电压的温度系数为－60 mV/℃；对于硅磁敏二极管，在－20～＋120℃温度范围内，其输出电压的温度系数为＋10 mV/℃，受温度的影响较大。锗磁敏二极管的磁灵敏度温度系数为－1%/℃，在温度高于 60℃时，灵敏度很低，不能应用；硅磁敏二极管的磁灵敏度温度系数为－0.6%/℃，它在 120℃时仍有较高的磁灵敏度。

4. 频率特性

磁敏二极管的频率特性由注入载流子在“基区”被复合和保持动态平衡的弛豫时间所决定。因为半导体的弛豫时间很短，所以其有较高的响应频率。锗磁敏二极管的磁灵敏度截止频率为 2 kHz，而硅磁敏二极管的可达 100 kHz。

10.2.3　磁敏三极管

磁敏三极管是在磁敏二极管的基础上研制出来的。它的一端为集电极 c 和发射极 e(N^+区)、另一端 P^+区为基极 b(图 10－14)。

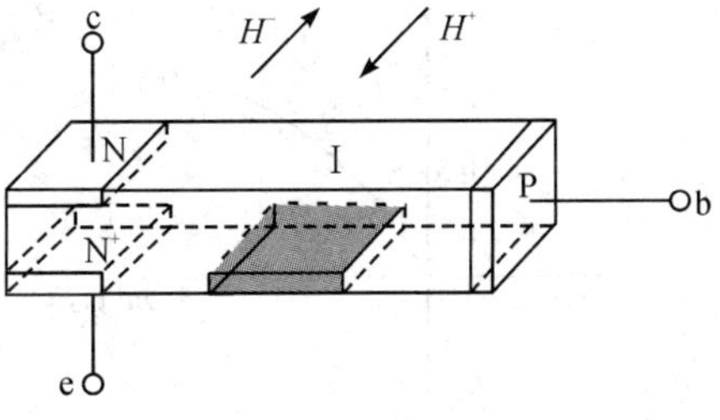

图 10－14　磁敏三极管

磁场的作用使集电极的电流增加或减少。它的电流放大倍数虽然小于 1，但基极电流和电流放大系数均具有磁灵敏度，因此可以获得远高于磁敏二极管的灵敏度。其原理如图 10－14 所示，当磁敏三极管未受到磁场作用时，在 be 间加一定的偏压后，发射结的载流子分别飞向两个基区。由于基区长度大于载流子有效扩散长度，大部分载流子通过 e—i—b 形成基极电流；少数载流子输入到 c 极。因而形成了共发射极直流电流增益。当磁敏三极管处于共发射极偏置时，受到正向磁场 H^+ 作用时，由于磁场的洛伦兹力作用，载流子向复合区偏转，导致集电极电流显著下降；同理，加反向磁场 H^- 时，载流子背离高复合区而偏向输运基区，使集电极电流增加。由此可见即使基极电流 I_b 恒定，外加磁场变化可以改变集电极电流 I_c，利用磁敏三极管这一特性，可以测量磁场、电流、转速、位移等物理量，尤其适用于某些需要高灵敏度的场合，如微型引信、地震探测等方面。

1. 磁敏三极管的伏安特性

磁敏三极管的伏安特性与普通三极管的伏安特性相似。图 10－15(a)为不受磁场作用时，磁敏三极管的伏安特性曲线；图 10－15(b)是磁场为±0.1 T(kGs)、基极电流为 3 mA 时的伏安特性曲线。由该图可知，磁敏三极管的电流放大倍数小于 1，但其集电极电流有很高的磁灵敏度。

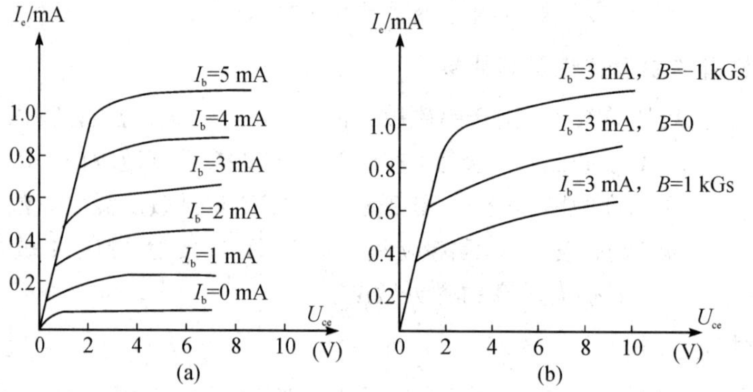

图 10－15　磁敏三极管的伏安特性曲线

2. 磁敏三极管的磁电特性

磁敏三极管的磁电特性是指在给定条件下，外加磁场与集电极电流的变化关系，通常用磁灵敏度表示。它是磁敏三极管应用的基础，图 10－16 为国产 NPN 型 3BCM(锗)磁敏三极管的磁电特性。而 3CCM 型硅管在 $I_b=3$ mA 时，线性区为±0.2 T。

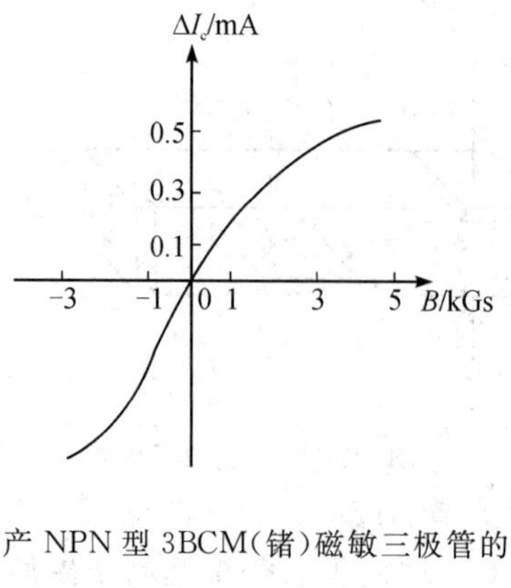

图 10－16　国产 NPN 型 3BCM(锗)磁敏三极管的磁电特性曲线

3. 磁敏三极管的温度特性及其补偿

温度会影响磁敏三极管的使用，实际使用时必须采用适当的方法进行温度补偿。对于3ACM、3BCM 等锗磁敏三极管，其磁灵敏度的温度系数为 0.8%/℃；硅磁敏三极管(3CCM)磁灵敏度的温度系数为−0.6%/℃。所以，对于硅磁敏三极管可用正温度系数的普通三极管来补偿因温度而产生的集电极电流的漂移。

4. 频率特性

载流子渡越基区的时间决定了长基区磁敏三极管的截止频率。如 3CCM 型硅磁敏三极管对可变磁场的响应时间约为 0.4 μs，截止频率为 2.5 MHz；3BCM 型锗磁敏三极管对可变磁场的响应时间为 1 μs，截止频率为 1 MHz 左右。

10.2.4　磁敏传感器的应用

随着我国磁敏传感器技术的发展，其产品种类不断增多，质量不断提高。磁敏传感器已在军事、汽车、民用仪表方面有了一定的应用。

1. 位移测量

如图 10－17(a)所示，在两块同级永久磁铁中间放置集成霍尔器件，由于磁场的相互排斥，其磁感应强度为零，以此作为位移的零点。当霍尔器件沿 Z 轴方向移动了 ΔZ 的距离时，霍尔器件就会输出电压 ΔU，位移和电压特性如图 10－17(b)所示。可见只要测出 U_H 值，即可得到位移的数值。

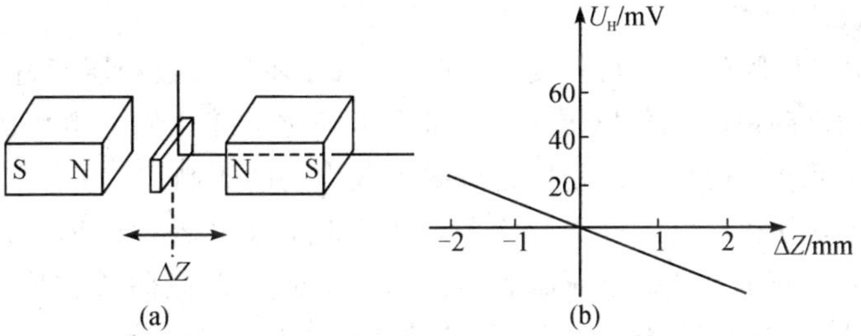

图 10－17　霍尔位移测量

2. 力(压力)测量

如图 10－18 所示，在悬臂梁上作用集中载荷 F 时，梁将发生弯曲变形，只要有变形的位移量，霍尔器件就会有电压输出，电压与力成正比关系，通过测试电压大小即可测出力的大小。

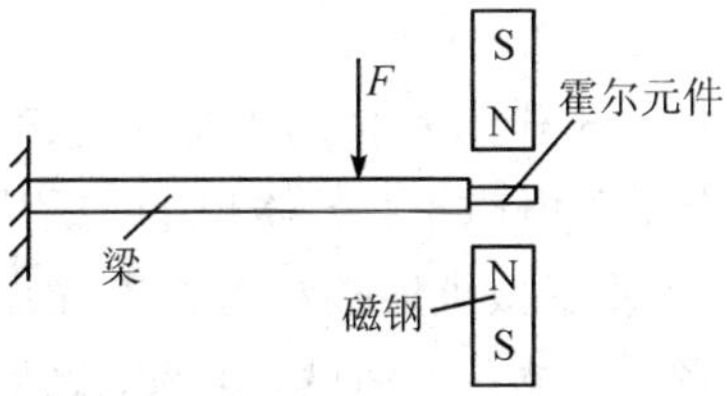

图 10－18　霍尔力传感器

3. 磁敏三极管电位器

图 10－19 所示为利用磁敏三极管制成的无触点电位器。在 0.1 T 磁场作用下，改变磁敏三极管基极电流，该电路的输出电压将在 0.7～15 V 范围内连续变化，这样就等效于一个无触点电位器，可用于变化频繁、调节迅速、噪声要求低的场合。

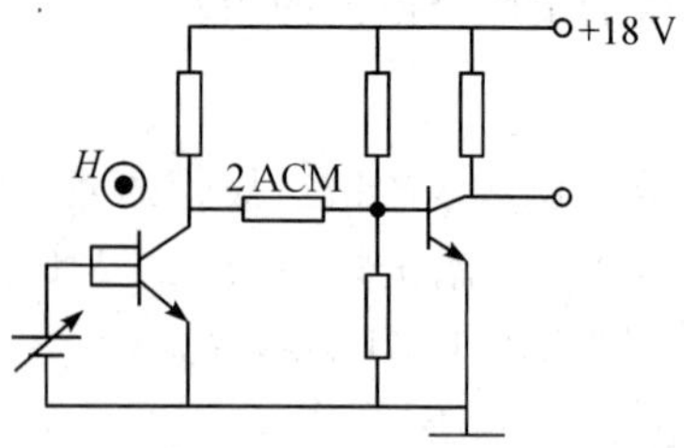

图 10－19　无触点电位器

4. 磁敏传感器的发展

(1) 将硅集成电路技术应用于磁敏传感器，已经出现了磁敏电阻电路、巨磁阻电路等多种功能性的集成磁传感器。

(2) InSb 薄膜技术的开发成功，使霍尔器件及传感器产量大增，成本大幅度下降。

(3) 强磁合金薄膜磁敏电阻器利用的是强磁合金薄膜中磁敏电阻各向异性效应。在与薄膜表面平行的磁场作用下以铁镍合金为代表的强磁性合金薄膜的电阻率呈现出 2%～5% 的变化。利用这种效应已制成三端、四端磁阻器件。四端磁阻桥已大量用于磁编码器中，用来检测和控制电机的转速。

(4) 巨磁电阻多层膜的研究与开发。由不同金属、不同层数和层间材料的不同组合，可以制成不同机制的巨磁电阻磁传感器。它们呈现出随磁场变化的电阻率比单层的各向异性磁敏电阻器要高出几倍，可用于高密度记录磁盘读出头的研制。

(5) 各种不同成分和比例的非晶合金材料的采用，及其各种处理工艺的引入，给磁敏传感器的研制注入了新的活力，已研制和生产出了双芯多谐振荡桥磁传感器、非晶力矩传感器、压力传感器、热磁传感器、非晶大巴克豪森效应磁传感器等。

(6) Ⅲ－Ⅴ族半导体异质结构材料的开发应用。例如，在 InP 衬底上用分子束外延技术生长 In0.52Al0.48As/In0.8Ga0.2As，形成异质结构，产生二维电子气 2DEG 层，其层厚是分子级的，这种材料的能带结构发生了改变。用这种材料来制作霍尔器件，其灵敏度高于 InSb 和 GaAs 器件。

10.3 光纤传感器及应用

光纤传感器技术是 20 世纪 70 年代随着光通信技术发展而逐步形成的一门新技术，与传统的传感器技术相比，它具有不受电磁干扰、体积小、质量轻、可绕曲、灵敏度高、耐高温、耐腐蚀、电绝缘、防爆性好、便于微机连接和遥控等优点，可应用于位移、速度、加速度、转角、压力、温度、液位、流量、水声、浊度、电流、磁场、电压等物理量的测量，同时还能应用于气体(尤其是可燃性气体)浓度等化学量的检测，在生物医学领域中也有广阔的应用前景。

10.3.1　光纤的结构

光纤，是光导纤维的简称，通常光纤的一端为发射装置，主要使用发光二极管(LED)或一束激光将光脉冲传送至光纤，另一端为接收装置，主要使用光敏元件检测脉冲。在日常生活中，由于光在光导纤维中的传导损耗比电在电线中的传导损耗低得多，所以光纤常被用于长距离的信息传递。

大多数光纤在使用前必须由几层保护结构包覆，包覆后的缆线即被称为光缆，如图10－20所示。从结构上看光缆和同轴电缆相似，只是没有网状屏蔽层。光缆中心是用于光传播的纤芯。纤芯通常是由石英玻璃制成的横截面积很小的双层同心圆柱体，它质地脆，易断裂，因此需要外加保护层，纤芯材料的主体是二氧化硅，里面掺极微量的其他材料，例如二氧化锗、五氧化二磷等。纤芯外面有包层，包层有一层、二层(内包层、外包层)或多层(称为多层结构)，但是总直径在 100～200 μm。包层的材料一般用纯二氧化硅，包层外面还要涂一种涂料，可用硅铜或丙烯酸盐。涂料的作用是保护纤芯不受外来的损害，增加光缆的机械强度。光缆的最外层是套层，它是一种塑料管，也是起保护作用的，不同颜色的塑料管还可以用来区别各条光纤。

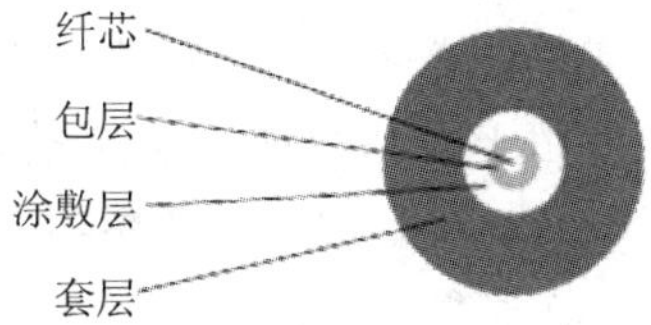

图 10－20　光缆

10.3.2　光纤传感器的原理及分类

光纤传感器就是一种利用光纤反应被测量变化关系的传感器。当光纤受到一点很微小的外力作用时，就会产生微弯曲，而其传光能力则会发生很大的变化。其基本工作原理是将来自光源的光经过光纤送入调制器，使待测参数与进入调制区的光相互作用后，导致光的光学性质(如光的强度、波长、频率、相位、偏正态等)发生变化，称为被调制的信号光，再经过光纤送入光探测器，经解调后，获得被测参数。例如，声音是一种机械波，在传播过程中使光纤受力并产生弯曲，利用光纤的弯曲就能够得到声音的强弱。

目前光纤传感器作为一种新型的传感器，可以用来测量多种物理量，比如声场、电场、压力、温度、角速度、加速度等，特别是在狭小的空间里，在强电磁干扰和高电压的环境里，光纤传感器都显示出了独特的能力。目前光纤传感器已经有 70 多种，大致上分成光纤自身传感器和利用光纤的传感器，即一类是功能型(传感型)传感器；另一类是非功能型(传光型)传感器。

1. 功能型传感器

功能型传感器利用光纤本身的特性把光纤作为敏感元件，被测量对光纤内传输的光进行调制，使传输的光的强度、相位、频率或偏振态等特性发生变化，再通过对被调制过的信号进行解调，得出被测信号。

光纤在其中不仅是导光媒质，也是敏感元件，光在光纤内受被测量调制，多采用多模光纤。其优点是结构紧凑、灵敏度高，但其需用特殊光纤，成本高，如光纤陀螺、光纤水听器等。

2. 非功能型传感器

非功能型传感器利用其他敏感元件感受被测量的变化，光纤仅作为信息的传输介质，常采用单模光纤。光纤在其中仅起导光作用，光照在光纤型敏感元件上受被测量调制。其优点是不需要特殊光纤及其他特殊技术，比较容易实现，成本低，但其灵敏度较低。

能实用化的大都是非功能型传感器。光纤中传输的相位受外界影响的灵敏度很高，利用干涉技术能够检测出 10^{-4} 弧度的微小相位变化所对应的物理量。利用光纤的绕性和低损耗，能够将很长的光纤盘成直径很小的光纤圈，以增加利用长度，获得更高的灵敏度。

10.3.3 光纤传感器的应用

1. 光纤光栅传感器

光纤光栅传感器是一种波长调制型光纤传感器，其传感过程是通过外界物理参量对光纤布拉格波长的调制来获取传感信息，当其所处环境的温度、应力、应变或其他物理量发生变化时，光栅的周期或纤芯折射率将发生变化，从而使反射光的波长发生变化，通过测量物理量变化前后反射光波长的变化，就可以获得待测物理量的变化情况。

光纤光栅传感器目前已逐步应用于多种物理量的测量，制成了各种传感器，如光纤光栅应变传感器(见图 10－21)、温度传感器、加速度传感器、位移传感器、加速度计等。

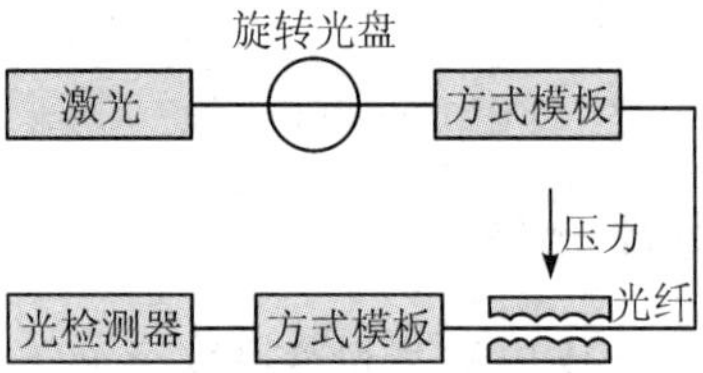

图 10－21　应变传感器

1) 光纤光栅应变传感器

此种传感器是在工程领域中应用最广泛，技术最成熟的光纤传感器。应变直接影响光纤光栅的波长漂移，在工作环境较好或是待测结构要求精度高的情况下，将裸光纤光栅作为应变传感器直接粘贴在待测结构的表面或者是埋设在结构的内部，当压力发生变化时，光纤的折射率将随着发生变化。由于光纤光栅比较脆弱，在恶劣工作环境中非常容易被破坏，因此需要对其进行封装后才能使用。目前常用的封装方式主要有基片式、管式和基于管式的两端夹持式。

2) 光纤光栅温度传感器

目前，比较常用的电类温度传感器主要是热电偶温度传感器和热敏电阻温度传感器。光纤光栅温度传感与传统的传感器相比有很多优点，如灵敏度高、体积小、耐腐蚀、抗电磁辐射、光路可弯曲、便于遥测等。基于光纤光栅技术的温度传感器，采用波长编码技术，消除了光源功率波动及系统损耗的影响，适用于长期监测；而且多个光纤光栅组成的温度传感系统，采用一根光缆，可实现准分布式测量。

3）光纤光栅位移传感器

目前光纤光栅进行位移测量的研究都是通过测量悬臂梁表面的应变，然后通过计算求得悬臂梁垂直变形，即悬臂梁端部垂直位移。这种“位移传感器”不是真正意义上的位移传感器，但在实际工程已取得了应用，国内市场已经有相关产品。

4）光纤光栅加速度计

如图 10－22 所示的加速度传感器，由两个矩形梁和一个质量块组成，质量块通过点接触焊接在两平行梁中间，光纤光栅贴在第二个矩形梁的下表面。当传感器振动时，在惯性力的作用下，质量块带动两个矩形梁振动，使其产生应变并传递给光纤光栅，从而引起波长移动，相位改变的激光束由单模测量光纤射出后与参考激光束会合产生干涉效应。移动的干涉条纹可由光电接收装置转换为电信号，经过处理电路处理后便可正确地测出加速度值。

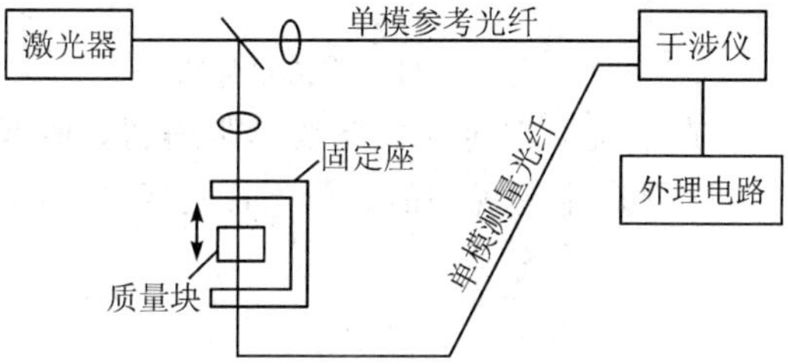

图 10－22　加速度传感器

2. 光纤温度传感器

光纤温度传感器根据工作原理可分为相位调制型、光强调制型和偏振光型等。图 10－23 所示为半导体光吸收型光纤温度传感器的结构原理图。其主要由半导体光接收器、光纤、光信号源和包括光控制器在内的信号处理系统等组成。这种传感器利用了多数半导体的能带随温度的升高而减小的特性，材料的吸收光波长将随温度增加而向长波方向移动，如果适当地选定一种波长在该材料工作范围内的光源，就可以使透射过半导体材料的光强随温度而变化，从而达到测量温度的目的。

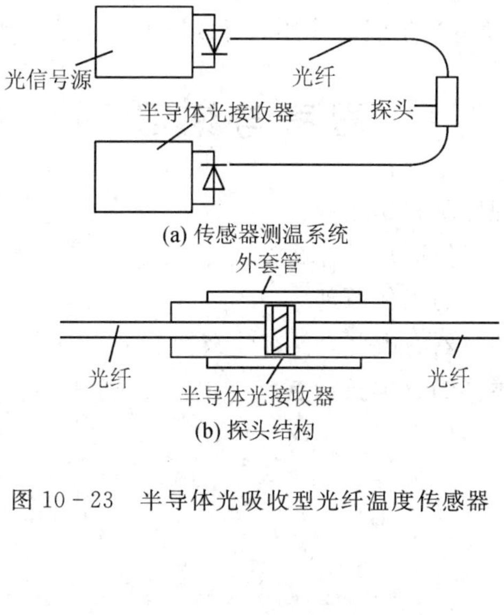

图 10－23　半导体光吸收型光纤温度传感器

3. 光纤旋涡流量传感器

光纤旋涡流量传感器(见图 10－24)是将一根多模光纤垂直地装入流管，当液体或气体流经与其垂直的光纤时，光纤受到流体涡流的作用而振动，振动的频率与流速有关系，测出频率便可知流速。

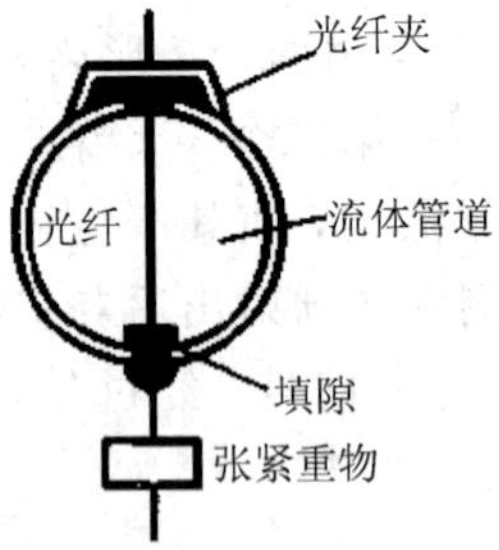

图 10－24　光纤旋涡流量传感器

当流体流动受到一个垂直于流动方向的非流线体阻碍时，根据流体力学原理，在某些条件下，在非流线体的下游两侧产生有规则的旋涡，其旋涡的频率 f 近似与流体的流速成正比，即

$$f = \frac{Sv}{d} \tag{10-15}$$

式中，v—— 流速；

d—— 流体中物体的横向尺寸；

S—— 斯特罗哈数，是一个无量纲的常数，仅与雷诺数有关。

由此可见，流体流速与涡流频率呈线性关系，在多模光纤中，光以多种模式进行传输，在光纤的输出端，各模式的光就形成了干涉花样，这就是光斑。一根没有外界扰动的光纤所产生的干涉图样是稳定的，当光纤受到外界扰动时，干涉图样的明暗相间的斑纹或斑点发生移动。如果外界扰动是由流体的涡流引起的，干涉图样的斑纹或斑点就会随着振动的周期变化来回移动，那么测出斑纹或斑点移动，即可获得对应于振动频率 f 的信号，再根据式(10－15)推算流体的流速。这种流量传感器可测量液体和气体的流量，因为该传感器没有活动部件，对流体流动不产生阻碍作用，所以压力损耗非常小。

思考与练习

10－1　超声波的物理性质有哪些？

10－2　超声波探头的工作原理是什么？

10－3　简述磁敏传感器的工作原理。

10－4　常见的磁敏传感器有哪些，各有什么特点？

10－5　简述光纤传感器的分类及特点。

实验十四　光纤位移传感器的静态测试

一、实验目的

了解光纤位移传感器的原理、结构和性能。

光纤传感器的静态测定

二、实验器材

电源、电压表、光纤(位移)传感器、振动平台、测微头、光纤变换器。

三、实验步骤

1. 观察光纤(位移)传感器结构，它是由两束光纤扭合后，组成 Y 形光纤，探头固定在光纤固定件安装架上，外表为螺丝的端面(半圆分布)。

2. 了解振动平台在实验仪上的位置以及反光部位(反光部位为铝片)。

3. 按图 S14.1 接线：因光/电转换器内部已安装好，所以可将电信号直接经差动放大器放大。电压表的切换开关置于 20 V 挡，开启电源。

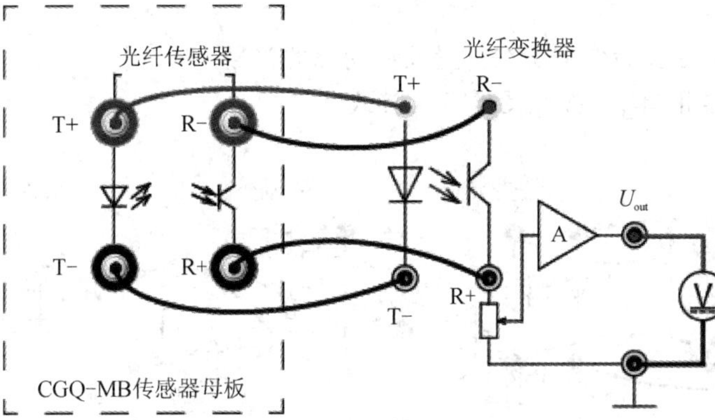

图 S14.1　接线参考图

4. 安装好测微头，再旋转测微头，使其与振动圆盘吸合且高度居中，再调节光纤固定支架，使光纤探头与振动平台面反光部位接触，调节光纤变换器中差动放大器旋钮至增益最大，再旋转测微头，使电压表读数尽量为零，旋转测微头使反光部位慢慢离开探头，观察电压读数小—大—小的变化。

5. 旋转测微头使电压表指示重新回零，记下测微头读数，旋转测微头，每隔 0.5 mm 读出电压表的读数，并将其填入表 S14.1。

表 S14.1　数据记录表

ΔX/mm	0.5	1.0	1.5	2.0	…	10.0
指示/V						

6. 关闭电源，把所有旋钮复原到初始位置。

7. 作出 $U-\Delta X$ 曲线，计算灵敏度 $S=\Delta U/\Delta X$ 及线性范围。

实验十五 光纤位移传感器的动态测试

光纤传感器振幅测量一　　光纤传感器振幅测量二

一、实验目的

了解光纤位移传感器的动态应用。

二、实验器材

电源、差动变换器Ⅱ、光纤(位移)传感器、低通滤波器、振动平台、低频振荡器、振动源、示波器、光纤变换器等。

三、实验步骤

1. 了解振动源在实验仪上所在位置及振动源的符号。

2. 差动变换器Ⅱ调零，按照图 S15.1 接线。

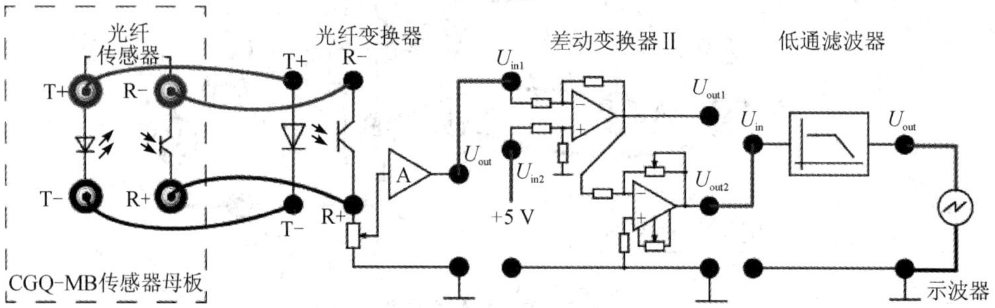

图 S15.1　接线参考图

3. 将测微头与振动平台脱离，测微头远离振动平台。将光纤探头与振动平台反射部位的距离调整在光纤传感器工作点即线性段中点上(利用静态特性实验中得到的特性曲线，选择线性中点的距离为工作点，目测振动平台上的反射面与光纤探头端面之间的相对距离即线性区 ΔX 的中点)。

4. 将低频振荡的输出端接入振动源，开启电源，调节低频振荡器的频率与幅度旋钮，使振动平台振动且振动幅度适中。

5. 保持低频振荡器输出的 U_{pp} 幅值不变，改变低频振荡器的频率(用示波器观察低频振荡器输出的 U_{pp} 值为一定值，在改变频率的同时如幅值发生变化则调整幅度旋钮使 U_{pp} 相同)，将频率和示波器上所测的峰峰值(此时的峰峰值 U_{pp} 是指经低通后的 U_{pp})填入表 S15.1，并作出幅频特性图。

表 S15.1 数据记录表

幅度(U_{pp})/V						
频率/Hz						

6. 关闭电源，把所有旋钮复原到原始最小位置。

第 11 章　现代传感器与虚拟仪器技术

传统的传感器检测系统需要人工配置设备的相关参数，还存在测试不同传感器需要更换不同的设备，测试设备本身体积过大，不易运输，测试环境较为固定等问题，使得测试的效率较低。随着集成电路技术、电子技术与计算机技术的飞速发展，传感器的功能越来越丰富，随之诞生了智能传感器、无线传感器网络以及多传感器数据融合技术。提高测试效率，实现传感器的高精度稳定测试，一直是自动测试技术所追求的目标。虚拟仪器通过有机融合计算机硬件设备，使得测试技术在数据的采集、处理、分析等各个方面取得了相当大的突破，给传统测试带来了极大的活力。随着虚拟技术的不断发展，测试仪器正在向着网络化、便携式、高精度方向迈进，数据的采集分析过程更加简便化。

11.1　现代传感器技术

11.1.1　多传感器数据融合

随着自动化技术在各个领域的深入渗透，有效地运用传感器所提供的信息进行信号的综合处理，提高系统的性能，满足系统完成各种复杂任务的需要，显得愈来愈重要，尤其在智能系统中，要求系统能够快速地获取周围环境的信息并对这些信息加以解释和处理。采用具有多级别、多方面和多层次处理能力的多传感器数据融合(multi-sensor data fusion)技术，融合来自多种传感器的信息，综合分析而得到对周围环境的稳定可靠信息，使系统具有容错性，提高了系统信息处理的速度和决策的正确性。多传感器数据融合方法主要有：经典推理法、卡尔曼滤波法、贝叶斯估计法、Dempster-Shafer证据推理法、聚类分析法、估计理论法和专家系统法等。近年来，模糊集合理论、神经网络、粗集理论、小波分析理论和支持向量机等也被用于多传感器数据融合的计算智能里。其中，神经网络是在现代神经生物学和认知科学对人类信息处理研究成果的基础上提出的，它具有良好的容错性、层次性、可塑性、自适应性、联想记忆和并行处理能力。使用神经网络的主要优点是能够自适应样本数据，当样本数据中有噪声、形变和非线性时，它也能正常地工作，很容易继承现有的领域知识，使用灵活，能够处理来自多个资源和决策系统的信息；提供简单工具进行自动特征获取，产生有用的数据表示，可作为智能系统的前端(预处理器)。

由于数据融合应用领域相当广泛，单独采用一种方法往往具有一定的局限性，将各种方法进行优势集成逐渐成为数据融合算法研究的主要方向，其中将神经网络与其他方法相结合进行数据融合技术的研究效果显著，已经形成了一种趋势。如D-S证据理论与神经网络、模糊集与神经网络、小波分析与神经网络以及遗传算法与神经网络等的结合。

1. 数据融合的基本原理

多传感器数据融合，实际上是对人脑综合处理复杂问题的一种功能模拟。在多源系统中，各种传感器提供的信息可能具有不同的特征：时变的或者非时变的，实时的或者非实时的，快变的或者缓变的，确定的或者模糊的，精确的或者不完整的，可靠的或者非可靠的，相互支持的或者互补的，也可能是相互矛盾或冲突的。多传感器数据融合的基本原理就像人脑综合处理信息的过程一样，它充分利用多传感器资源，通过对各种传感器及其观测信息的合理支配与使用，将各种传感器在空间和时间上的互补与冗余信息依据某种优化准则组合起来，产生对观测环境的一致性解释和描述。数据融合的目标是基于各传感器分离观测信息，通过对信息的优化组合导出更多的有效信息。这是最佳协同作用的结果，它的最终目的是利用多个传感器共同或联合操作的优势，来提高整个传感器系统的有效性。

多传感器信号处理或低层次的多传感器数据处理都是对人脑信息处理过程的一种低水平模仿，而多传感器数据融合系统则是通过有效地利用多传感器资源，来最大限度地获取被探测目标和环境的信息量。多传感器数据融合与经典信号处理方法之间也存在着本质差别，其关键在于前者所处理的多源信息具有更复杂的形式，而且通常在不同的信息层次上出现。

多传感器数据融合是在不同层次上，通过不同方式进行的，数据融合的最终完成是在数据融合中心。根据信息数据处理方式的不同，多传感器数据融合的拓扑结构主要分为集中式、分布式、混合式和反馈式。

1）集中式多传感器数据融合

集中式多传感器数据融合又称为前传感器数据融合，其结构图如图 11－1 所示。其中，数据融合中心对多传感器的原始信息不做任何处理而直接进行数据的融合处理，这种融合方式的优势是可以实现实时数据融合，对数据的处理精度高，但同时因为需要处理的数据量大，对处理器的要求较高，因此其可靠性较低，一般在数据融合较简单的环境当中应用。

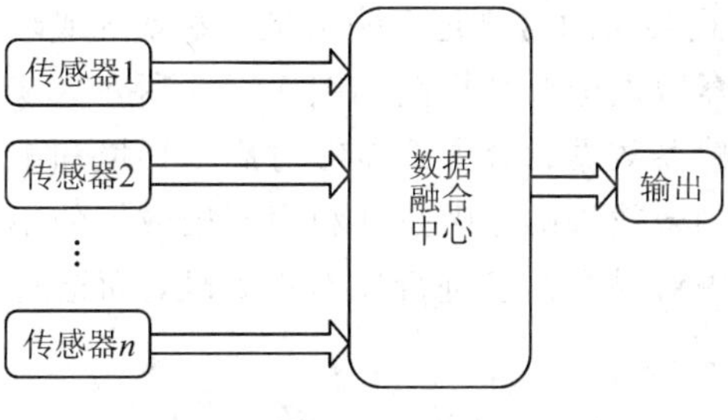

图 11－1　集中式多传感器数据融合结构图

2）分布式多传感器数据融合

分布式多传感器数据融合也称为后传感器数据融合，其结构图如图 11－2 所示。该结构中传感器自身所带的处理器会预先对传感器所获得的原始数据进行局部处理，然后再将经过局部处理的结果送入数据融合中心。这种融合方式的优势是对通信信道的要求低，融合信息的结构冗余度高，可以对负荷进行合理的计算和分配，但由于需要融合的信息已经被各传感器进行了局部处理，因此可能会导致部分原始信息的丢失，从而不能实现数据的实时融合，也为后续的融合带来了误差及其他影响。

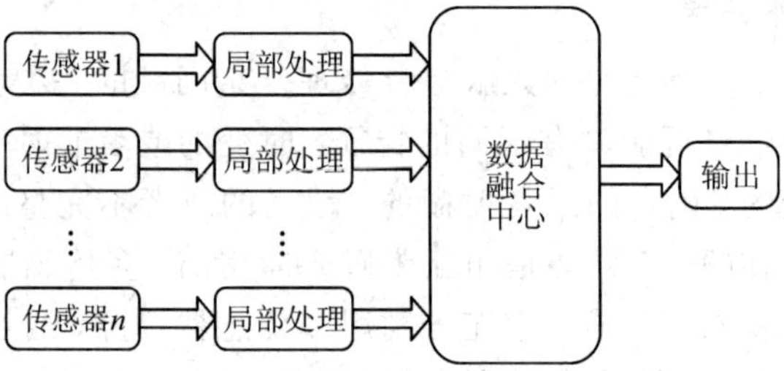

图 11-2　分布式多传感器数据融合结构图

3）混合式多传感器数据融合

混合式多传感器数据融合结构图如图 11-3 所示，其实际上是吸收了集中式和分布式的优点并将两者进行了一种组合的数据融合方式，因而其结构更加可靠有效。这种数据融合方式的优势是对复杂环境下的数据融合能够得到比较理想的融合结果，但同时其结构也变得复杂，计算量也在增加。

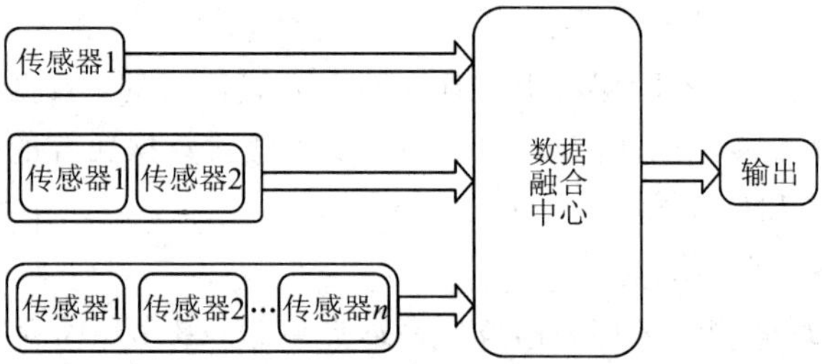

图 11-3　混合式多传感器数据融合结构图

4）反馈式多传感器数据融合

前面所述三种融合方式共同的劣势是无法满足一些系统或环境对于数据融合实时性很高的要求，反馈式多传感器数据融合结构图如图 11-4 所示，该方式正是为了解决这一问题而提出的。反馈式多传感器数据融合方式能够对周围环境和事件发生进行比较准确的描述和解释，能够达到这样融合效果的原因是其利用原始数据的不断积累和短时间内信息的相对稳定性，在融合过程中对融合信息进行反馈再处理，而这对于新输入的信息的融合过程具有非常重要的指导意义。

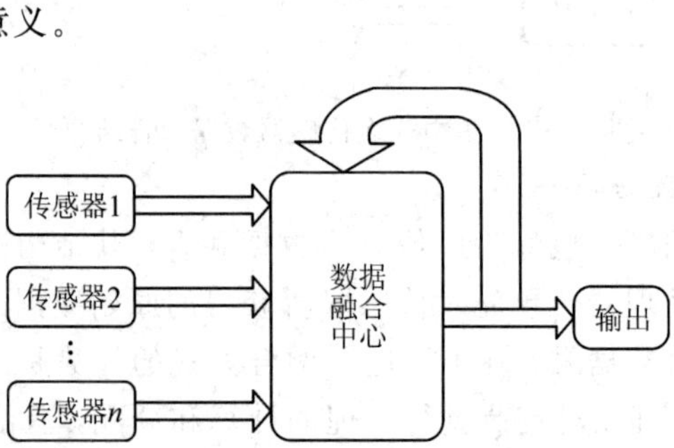

图 11-4　反馈式多传感器数据融合结构图

2. 数据融合的层次结构

数据融合实质上是指对多源信息进行综合提炼以得到一个一致性的描述或解释。在模拟人脑对信息进行综合处理能力方面，多传感器数据融合与单一传感器信息处理或者低级的多传感器信息处理相比，具有对信息资源能够更加有效地利用，对被测目标或周围环境信息的获取更加准确的优势。在对多传感器信息进行融合处理时，必须对其进行抽象化、分层化处理，因为只有经过了上述处理的信息才能在数据层、特征层和决策层等不同层次上进行数据的融合处理。为了达到良好的融合效果，在实际融合时应该根据传感器及其数据预处理类型选择相应的数据融合方法，必要时可以将几种方法结合在一起使用。数据融合由浅到深可分为数据层融合、特征层融合、决策层融合三个层次。

1）数据层融合

数据层融合是直接在采集到的原始数据层上进行的融合，是最低层次上的融合。数据层融合处理是对大量的测量数据、人工观测数据并结合传感器自身信息，进行校准、关联、跟踪等局部融合处理，以达到对测量范围内的物理现象及性质进行估计的目的。数据层融合的作用是消除测量数据中大量的冗余，提取出有关现象(征兆)的信息或分析出可能出现的征兆信息，形成数据层处理的输出，供在特征层的进一步融合处理使用。在数据层融合方法中，匹配的传感器数据直接融合，而后对融合数据进行特征提取和状态(属性)说明。实现数据层融合的传感器必须是相同的或匹配的，在原始数据上实现关联，且保证同一目标或状态的数据进行融合。传感器的原始数据融合后，识别的处理等价于对单传感器信息的处理。数据层融合所达到的精度依赖于可得到的物理模型的精度。最简单、最直观的数据层融合方法是算术平均法和加权平均法。

数据层融合的优点是能保持尽可能多的现场数据，提供其他融合层次所不能提供的细微信息；缺点是所要处理的传感器数据量大，处理时间长，导致实时性差，同时在原始信息不精确、不完整和不稳定时，要求在数据融合时有较高的纠错能力。其融合过程如图 11－5 所示。

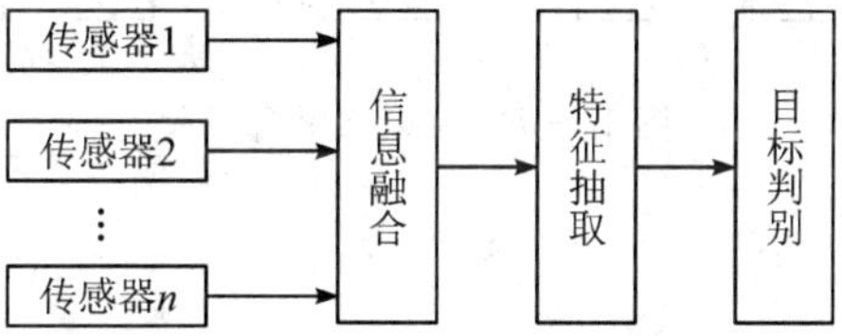

图 11－5　数据层融合过程

2）特征层融合

特征层融合就是特征层的联合识别，它实际上是模式识别问题，属于中间层次融合。

多传感器系统为识别提供了比单传感器更多的有关目标(状态)的特征信息，增大了特征空间维数。具体的融合方法仍是模式识别的相应技术，只是在融合前，融合系统首先对传感器数据进行预处理以完成特征提取及数据配准，即通过传感器信息变换，把各传感器输入数据变换成统一的数据表达形式(即具有相同的数据结构)。在数据配准后，还必须对特征进行关联处理。对目标(状态)进行的融合识别，就是基于关联后的联合特征矢量。具体实现技术包括参量模板法、特征压缩和聚类分析、人工神经网络及基于知识的技术等。

特征层融合的优点是实现了信息压缩，有利于实时处理，并且由于所提取的特征直接与决策有关，因而融合结果能最大限度地给出决策分析所需要的特征信息。目前大多数 C^3I 系统的数据融合研究都是在该层次上展开的。其融合过程如图 11－6 所示。

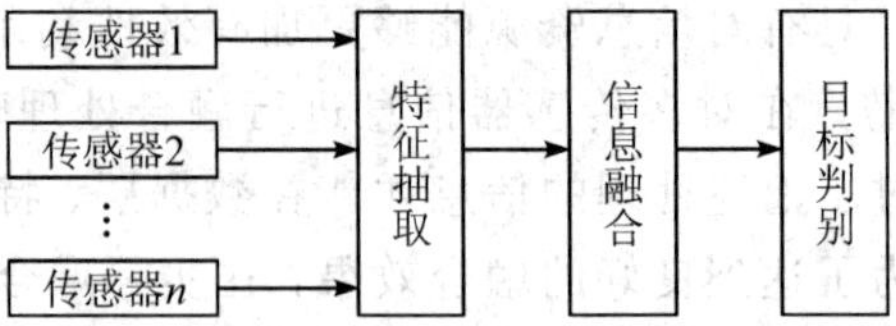

图 11－6　特征层融合过程

3）决策层融合

决策层融合的基本概念是：不同类型的传感器监测同一个目标或状态，每个传感器各自完成变换和处理，其中包括预处理、特征提取、识别或判决，以建立对所监测目标或状态的初步结论。而后通过关联处理、决策层融合判决，最终获得联合推断结果，是一种高层次融合。决策层融合输出是一个联合决策结果，所采用的主要方法有 Bayesian 推断、Dempster-Shafer 证据理论、模糊集理论、专家系统等。

决策层融合的主要优点是数据量小，所以融合中心处理代价低，同时系统对信息、传输带宽要求也降低了；另外，对传感器的依赖性小，当一个或几个传感器出现错误时，通过适当的融合，系统还能获得正确的结果，所以具有容错性。决策层融合的缺点是要对原传感器信息进行预处理以获得各自的判定结果，所以预处理代价高。其融合过程如图 11－7 所示。

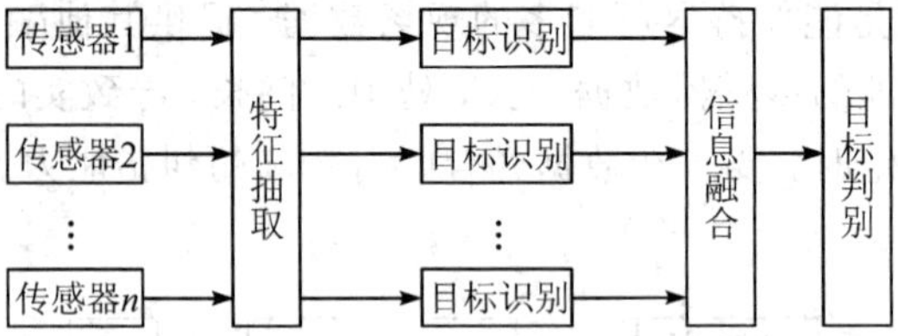

图 11－7　决策层融合过程

11.1.2　智能传感器

智能传感器是美国宇航局(NASA)在开发宇宙飞船的过程中产生的。宇宙飞船需要速度、加速度、位置和姿态等传感器，宇航员的生活环境需要温度、气压、空气成分和微量气体传感器，科学观测也要用大量的各种传感器。宇宙飞船观测到的各种数据是很庞大的，处理这些数据需要用超大型计算机。要不丢失数据，并降低成本，就必须有能实现传感器与计算机一体化的灵巧传感器，以便实现数据处理由集中处理变为分散处理，从而避免使用超大型计算机，由此产生了智能传感器。智能传感器是微电子技术、微型电子计算机技术与检测技术相结合的产物，具备学习、推理、感知、通信以及管理等功能，这种功能相当于一个具备知识与经验丰富的专家的能力。一般而言，智能传感器是指具有信息检测、信息处理、信息记忆、逻辑思维和判断功能的传感器。它不仅具有传统传感器的各种功能，还具有数据处理、故障诊断、非线性处理、自校正、自调整以及人机通信等能力。

早期的智能传感器是将传感器的输出信号经处理和转换后由接口送到微处理器进行运算处理。20 世纪 80 年代的智能传感器主要以微处理器为核心，把传感器信号调节电路、微电子计算机存储器及接口电路集成到一块芯片上，使传感器具有一定的人工智能。20 世纪 90 年代，智能化测量技术有了进一步的提高，使传感器实现了微型化、结构一体化、阵列式、数字式，使用方便、操作简单，并具有自诊断功能、记忆与信息处理功能、数据存储功能、多参量测量功能、联网通信功能、逻辑思维以及判断功能。

1. 智能传感器的功能与特点

1）智能传感器的功能

（1）自我完善能力方面：具有改善静态性能，提高静态测量精度的自校正、自校零、自校准功能；具有提高系统响应速度，改善动态特性的智能化频率自动补偿功能；具有抑制交叉敏感，提高系统稳定性的多信息融合功能。

（2）自我管理与自适应能力方面：具有自检验、自诊断、自寻故障、自恢复功能；具有判断、决策、自动量程切换与控制功能。

（3）自我识别与运算处理能力方面：具有从噪声中辨识微弱信号与消噪功能；具有多维空间的图像识别与模式识别功能；具有数据自动采集、存储、记忆与信息处理功能。

（4）交互信息能力方面：具有双向通信、标准化数字输出以及拟人类语言符号等多种输出功能。

2）智能传感器的特点

（1）精度高。智能传感器可通过自动校零去除零点，与标准参考基准实时对比自动进行整体系统标定、非线性等系统误差的校正，实时采集大量数据进行分析处理，消除偶然误差影响，保证智能传感器的高精度。

（2）高可靠性与高稳定性。智能传感器能自动补偿因工作条件与环境参数发生变化而引起的系统特性的漂移，如因环境温度、系统供电电压波动而产生的零点和灵敏度的漂移；在被测参数变化后能自动变换量程，实时进行系统自我检验、分析、判断所采集数据的合理性，并自动进行异常情况的应急处理。

（3）高信噪比与高分辨力。智能传感器具有数据存储、记忆与信息处理功能，通过数字滤波等相关分析处理，可去除输入数据中的噪声，自动提取有用数据；通过数据融合、神经网络技术，可消除多参数状态下交叉灵敏度的影响。

（4）强自适应性。智能传感器具有判断、分析与处理功能，它能根据系统工作情况决策各部分的供电情况、与高/上位计算机的数据传输速率，使系统工作在最优低功耗状态并优化传输效率。

（5）较高的性能价格比。智能传感器具有的高性能，不是像传统传感器技术那样通过追求传感器本身的完善、对传感器的各个环节进行精心设计与调试，而是通过与微处理器/微计算机相结合，采用廉价的集成电路工艺和芯片以及强大的软件来实现的，所以具有较高的性能价格比。

2. 智能传感器的发展历史及发展趋势

1）智能传感器的发展历史

智能传感器的发展经历了一个内涵不断丰富的过程。20 世纪 80 年代初，将信号处理电路(滤波、放大、调零)与传感器设计在一起，输出 0～5 V 电压或 4～20 mA 电流，这样的传感器即为当时意义上的“智能传感器”；20 世纪 80 年代末期到 20 世纪 90 年代中后期，随着单片机技术的发展，将单片微处理器嵌入传感器中实现温度补偿、修正、校准，同时利用 A/D 转换器将原来的模拟信号转换成数字信号，将“智能传感器”所包含的含义向数字化推进了一步。这种类型的传感器在设计方法上已开始有所转变，不再像以前一样全部由硬件构成，而是通过软件对信号进行处理，相应输出的信号是数字信号。自“现场总线”概念提出以后，基于现场总线的测量控制系统得到了广泛应用，对传感器的设计也提出了新的要求。从发展的角度看，未来单个传感器独立使用的场合将越来越少，更多的是多传感器系统的综合应用以实现多参数的测量和多对象的控制。为了满足这种多传感器之间的信息交换，传感器设计时软件将占主要的地位，通过软件将传感器内部各个敏感单元或与外部的智能传感器单元联系在一起，软件对象不再是以前的单个的对象，而是整个系统，其输出的数字信号是符合某种通信协议格式的，从而可实现传感器与传感器之间、传感器与执行器之间、传感器与系统之间的数据交换和共享。

2）智能传感器的发展趋势

智能传感器是应现代自动化系统发展的需求而提出来的，同时也是传感器技术克服自身落后向前发展的必然趋势。推广应用微电子学与微处理器技术对传感器革新改造，已成为传感器发展的新动向。从技术的角度讲，大致可分以下四个方面：

(1) 广泛采用半导体集成技术，使传感器微电子化；

(2) 传感器与表面安装技术(SMT)相结合，使传感器模块化；

(3) 传感器与微处理器相结合，促进传感器向智能化发展；

(4) 传感器与近代技术相结合，促进传感器品种的增加和质量的提高。

3. 智能传感器的应用

1）智能红外线测温仪

红外测温技术与传统测温技术相比有巨大的优越性，因此在很多工业生产过程如电力系统、冶金系统中得到了广泛应用，红外测温产品有着广阔的应用前景。图 11－8 所示为智能红外线测温仪原理框图。

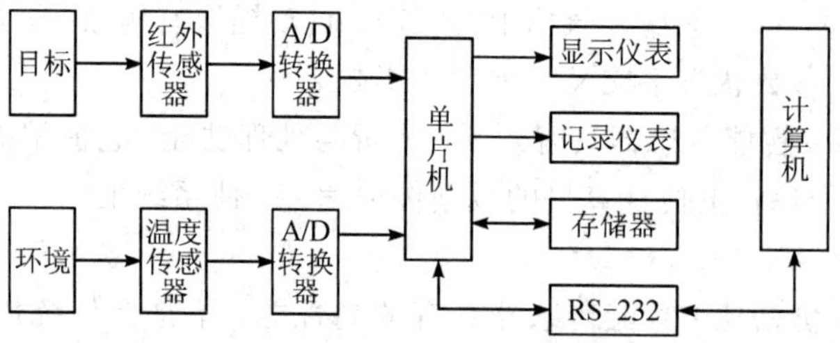

图 11－8 智能红外线测温仪原理框图

红外传感器将被检测目标的温度转换为电信号，经 A/D 转换后输入单片机。温度传感器将环境温度转换为电信号，经 A/D 转换后输入单片机。单片机中存放有红外传感器的非线性校正数据。红外传感器检测的数据经单片机计算处理，消除非线性误差后，可获得被测目标的温度特性与环境温度的关系，供记录、显示、存储备用。

2）轮速智能传感器

轮速智能传感器的硬件结构以单片机为核心，外部扩展 8 KB RAM 和 8 KB EPROM，外围电路有信号处理电路等，其原理框图如图 11－9 所示。轮速智能传感器检测到的轮子转动速度信号经滤波、整形变换为脉冲数字信号后，由光电隔离耦合接到 80C31 单片机端口。轮速和其他测控数据由仪表盘上的仪器仪表显示和使用。

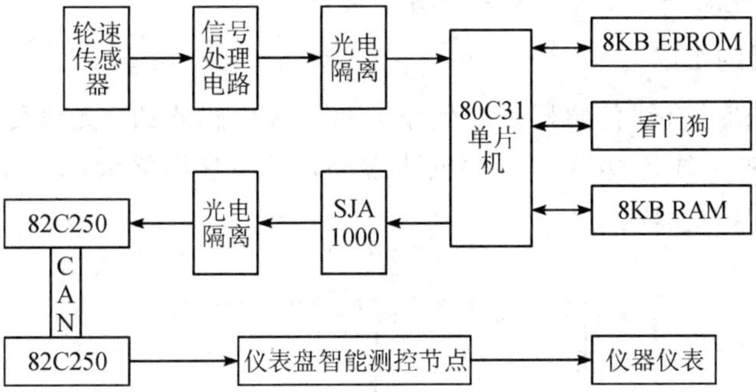

图 11－9　轮速智能传感器原理框图

3）汽车制动性能检测仪

制动性能的检测有路试法和台试法。台试法用得较多，它是通过在制动试验台上对汽车进行制动力的测量，并以车轮制动力的大小和左右车轮制动力的差值来综合评价汽车的制动性能。汽车制动性能检测仪由左轮、右轮制动力传感器及信号处理、A/D 转换等组成，其结构框图如图 11－10 所示。

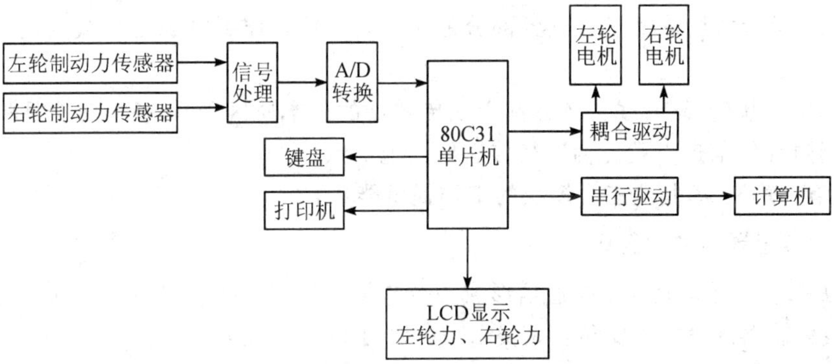

图 11－10　汽车制动性能检测仪结构框图

可见，智能传感器是具备了记忆、分析和思考能力，输出期望值的传感器，能提供更全面、更真实的信息，消除异常值、例外值；具有信号处理包括温度补偿、线性化等功能；能够随机调整和自适应；具有一定程度的存储、识别和自诊断能力；含有特定算法并可根据需要改变算法。

这些传感器不但在物理层面上检测信号，而且在逻辑层面上对信号进行分析、处理、存储和通信，相当于具备了人类的记忆、分析、思考和交流的能力，即具备了人类的智能，所以被称为智能传感器。

11.1.3　无线传感器网络

无线传感器网络(Wireless Sensor Networks，WSN)是一种分布式传感器网络，它的末梢是可以感知和检查外部世界的传感器。WSN 中的传感器通过无线方式通信，因此网络设置灵活，设备位置可以随时更改，还可以跟互联网进行有线或无线方式的连接。WSN 是通过无线通信方式形成的一个多跳自组织网络。

1. 无线传感器的组成

传感器是从最初的有线传感器发展到今天的无线传感器的，无线传感器是传感器中非常常见的一类。虽然无线传感器的种类也非常多，但是它们绝大部分组成如图 11－11 所示，主要包含以下四个模块。

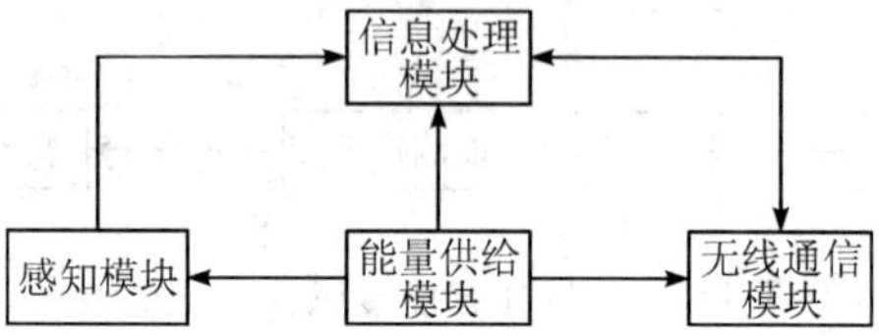

图 11－11　无线传感器组成

感知模块：主要由热敏元件、光敏元件、气敏元件、力敏元件、磁敏元件、湿敏元件、声敏元件、放射线敏感元件、色敏元件和味敏元件等敏感元件组成，用于记录被监控目标的一些物理学参数。

信息处理模块：由嵌入式系统构成，用于处理感知模块采集的数据以及其他节点发过来的数据，并负责协调传感器节点各部分的工作，还具有控制电源工作模式的功能，实现节能。

无线通信模块(传统有线传感器和无线传感器的最本质区别)：基本功能是将处理器输出的数据通过无线信道以及传输网络传送给其他节点。

能量供给模块：为其他三个模块的工作提供能量。

2. 无线传感器网络的组成

多个功能节点之间通过无线通信形成一个连接的网络，这个网络我们称为无线传感器网络。无线传感器网络中主要包含两类节点，如图 11－12 所示。

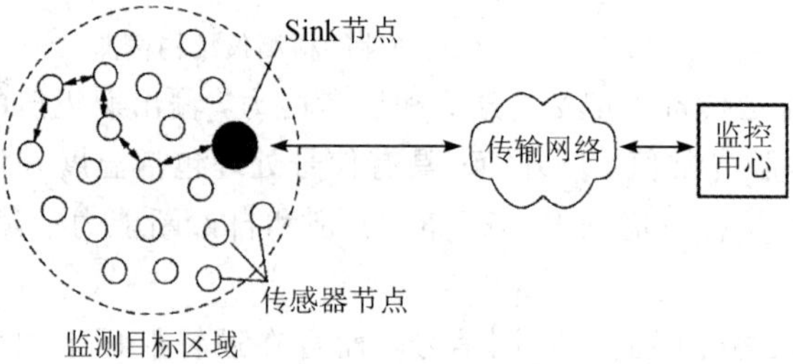

图 11－12　无线传感器网络组成

传感器节点：具有感知和通信功能的节点，在传感器网络中负责监测目标区域并获取数据，以及完成与其他传感器节点的通信，能够对数据进行简单的处理。

Sink 节点：又称为基站节点，负责汇总由传感器节点发送过来的数据，并做进一步数据融合以及其他操作，最终把处理好的数据上传至互联网。

3. 无线传感器网络的拓扑结构

无线传感器网络一般有三种常见的拓扑结构，即星形拓扑结构、网状拓扑结构和树状拓扑结构，如图 11-13 所示。

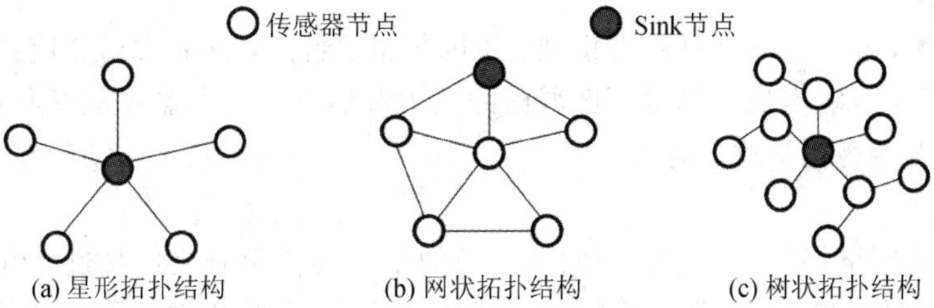

图 11-13　无线传感器网络的拓扑结构

星形拓扑结构：具有组网简单、成本低，但网络覆盖范围小的优点，一旦 Sink 节点发生故障，所有与 Sink 节点连接的传感器节点与网络中心的通信都将中断。星形拓扑结构组网时，电池的使用寿命较长。

网状拓扑结构：具有组网可靠性高、覆盖范围大的优点，但电池使用寿命短、管理复杂。

树状拓扑结构：具有星形和网状拓扑结构的一些特点，既保证了网络覆盖范围大，同时又不至于电池使用寿命过短，更加灵活、高效。

4. 无线传感器网络的基本特点

一般而言，无线传感器网络具有以下特点。

(1) 自组织方式组网：组网不依赖任何固定的网络设施，传感器节点通过分布式网络协议形成自组织网络，能够自动调整来适应节点的移动、加入和退出。因为传感器的维护成本很高，所以需要具备自我管理能力。

(2) 无中心结构：网络中所有传感器节点地位对等，并构成一个对等式网络。节点可以随时加入和离开网络，网络中部分节点发生故障不影响整个网络的运行。

(3) 网络有动态拓扑：无线传感器网络中的节点可能由于电池能量耗尽或者故障而从网络中退出，也可能是按照某种设定的程序从网络中退出(比如说休眠)；网络外的节点可随时加入网络中。

(4) 采用多跳路由通信：覆盖同样大小的区域时单跳路由消耗的能量远远超过了多跳路由，所以绝大部分传感器网络采用多跳路由，不过多跳路由也会导致数据传输出现延迟、路由计算复杂等新问题产生。

(5) 高冗余：传感器节点容易出现故障，为了使受损的传感器节点周围的其他传感器节点能够代替受损的节点继续工作，传感器网络的节点一般比较密集，具有高冗余的特点。

(6) 硬件资源及功能有限：无线传感器节点由于受价格、体积和携载能源的限制，其计算能力、数据处理能力、存储空间有限，决定了在节点操作系统的设计中，协议层次内容不能过于复杂。

(7) 电源续航能力较小：网络节点由电池供电，电池续航能力小，在许多应用场景中无法更换电池。传感器节点电能用完，该节点就失去了作用，所以在设计传感器网络时需要考虑节能。

5. 无线传感器网络的应用领域

无线传感器在生产和生活中处处可见，概括起来主要应用于以下八大领域。

1) 军事领域

在军事领域，由于WSN具有密集型、随机分布的特点，其非常适合应用于恶劣的战场环境。利用WSN能够实现监测敌军区域内的兵力和装备、实时监视战场状况、定位目标、监测核攻击或者生物化学攻击等。

2) 农业领域

无线传感器网络特别适用于以下农业方面的生产和科学研究：大棚种植室内及土壤的温度、湿度、光照监测，珍贵经济作物生长规律分析，葡萄优质育种和生产等。其可为农村发展与农民增收带来极大的帮助。采用WSN建设农业环境自动监测系统，用一套网络设备完成风、光、水、电、热和农药等的数据采集和环境控制，可有效提高农业集约化生产程度，提高农业生产种植的科学性。

3) 生态环境监测和预报

在生态环境监测和预报方面，无线传感器网络可用于监视农作物灌溉情况、土壤空气情况、家畜和家禽的环境和迁移状况、土壤生态等，还可用于行星探测、气象和地理研究、洪水监测等。基于无线传感器网络，可以通过数种传感器来监测降雨量、河水水位和土壤水分，并依此预测山洪暴发；可以描述生态多样性，从而进行动物栖息地生态监测；还可以通过跟踪鸟类、小型动物和昆虫进行种群复杂度的研究等。

4) 基础设施状态监测

无线传感器网络技术对于大型工程的安全施工以及建筑物安全状况的监测有积极的帮助作用。通过布置传感器节点，可以及时准确地观察大楼、桥梁和其他建筑物的状况，及时发现险情，及时进行维修，避免造成严重后果。

5) 工业领域

在工业安全方面，无线传感器网络技术可用于危险的工作环境，例如在煤矿、石油钻井、核电厂和组装线布置传感器节点，可以随时监测工作环境的安全状况，为工作人员的安全提供保证。另外，传感器节点还可以代替部分工作人员到危险的环境中执行任务，不仅降低了危险程度，还提高了对险情的反应精度和速度。

6) 智能交通领域

智能交通系统主要包括交通信息的采集、交通信息的传输、交通控制和诱导等几个部分。无线传感器网络可以为智能交通系统的信息采集和传输提供一种有效手段，用来监测道路各个方向的车流量、车速等信息；并运用计算方法计算出最佳方案，同时输出控制信号给执行子系统，以引导和控制车辆的通行，从而达到预设的目标。

7) 医疗系统和健康护理

无线传感器网络技术通过连续监测提供丰富的背景资料并做预警响应，可以大大提高医疗的质量和效率。无线传感器网络集合了微电子技术、嵌入式计算技术、现代网络及无线通信和分布式信息处理等技术，能够通过各类集成化的微型传感器协同完成对各种环境或监测对象的信息的实时监测、感知和采集。

8) 智能家居

在家电中嵌入传感器结点，通过无线网络与互联网连接在一起，利用远程监控系统可实现对家电的远程遥控，无线传感器网络使住户可以在任何可以上网的地方通过网络监控家中的水表、电表、煤气表、热水器、空调、电饭煲等，以及安防系统、煤气泄露报警系统、外人侵入预警系统等。

11.2 虚拟仪器技术

11.2.1 虚拟仪器概述

虚拟仪器(Virtual Instrumentation，VI)是基于计算机的仪器。计算机和仪器的密切结合是目前仪器发展的一个重要方向。一般来说这种结合有两种方式：一种是将计算机装入仪器，其典型的例子就是所谓的智能化的仪器。随着计算机功能的日益强大以及其体积的日趋缩小，这类仪器功能也越来越强大，目前已经出现含嵌入式系统的仪器。另一种方式是将仪器装入计算机，以通用的计算机硬件及操作系统为依托，实现各种仪器功能。虚拟仪器主要是指这种方式。图 11-14 为常见的虚拟仪器方案。

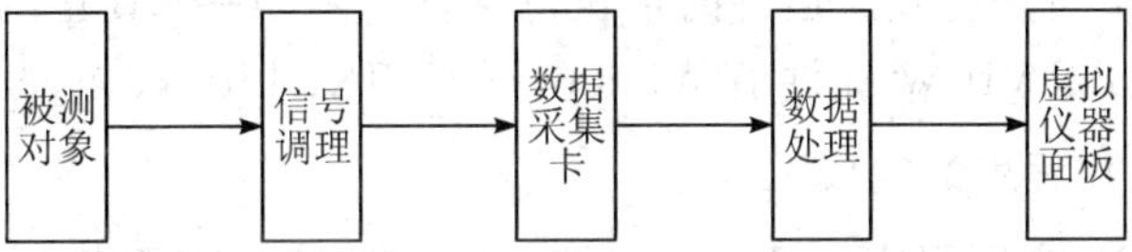

图 11-14 常见的虚拟仪器方案

虚拟仪器的主要特点包括三个方面：

第一，尽可能采用了通用的硬件，各种仪器的差异主要是软件。

第二，可充分发挥计算机的能力，有强大的数据处理功能，可以创造出功能更强的仪器。

第三，用户可以根据自己的需要定义和制造各种仪器。

虚拟仪器实际上是一个按照仪器需求组织的数据采集系统。虚拟仪器的研究中涉及的基础理论主要有计算机数据采集和数字信号处理。目前在这一领域内，使用较为广泛的计算机语言是美国 NI 公司的 LabVIEW。

虚拟仪器的起源可以追溯到 20 世纪 70 年代，那时计算机测控系统在国防、航天等领域已经有了相当的发展。PC 出现以后，仪器级的计算机化成为可能，甚至在 Microsoft 公司的 Windows 诞生之前，NI 公司已经在 Macintosh 计算机上推出了 LabVIEW2.0 以前的版本。对虚拟仪器和 LabVIEW 长期、系统、有效的研究开发使得该公司成为业界公认的该领域权威。

普通的 PC 有一些不可避免的弱点，用它构建的虚拟仪器或计算机测试系统性能不可能太高。目前作为计算机化仪器的一个重要发展是制定了 VXI 标准，这是一种插卡式的仪器。每一种仪器是一个插卡，为了保证仪器的性能，又采用了较多的硬件，但这些卡式仪器本身都没有面板，其面板仍然用虚拟的方式在计算机屏幕上出现。这些卡插入标准的 VXI

机箱，再与计算机相连，就组成了一个测试系统。VXI 仪器价格昂贵，目前又推出了一种较为便宜的 PXI 标准仪器。

虚拟仪器研究的另一个问题是各种标准仪器的互连及与计算机的连接。目前使用较多的是 IEEE 488 或 GPIB 协议。未来的仪器也应当是网络化的。

11.2.2 LabVIEW 开发环境

LabVIEW(Laboratory Virtual Instrument Engineering)是一种图形化的编程语言，它广泛地被工业界、学术界和研究实验室所接受，是一个标准的数据采集和仪器控制软件。LabVIEW 集成了 GPIB、VXI、RS-232 和 RS-485 协议的硬件及数据采集卡通信的全部功能。它还内置了便于应用 TCP/IP、ActiveX 等软件标准的库函数。这是一个功能强大且灵活的软件。利用它可以方便地建立自己的虚拟仪器，其图形化的界面使得编程及使用过程都生动有趣。

图形化的程序语言又称为“G”语言。使用这种语言编程时，基本上不写程序代码，取而代之的是流程图。它尽可能利用了技术人员、科学家、工程师所熟悉的术语、图标和概念，因此，LabVIEW 是一个面向最终用户的工具。它可以增强用户构建自己的科学和工程系统的能力，提供了实现仪器编程和数据采集系统的便捷途径。使用它进行原理研究、设计、测试并实现仪器系统时，可以大大提高工作效率。

利用 LabVIEW，可产生独立运行的可执行文件，它是一个真正的 32 位编译器。像许多重要的软件一样，LabVIEW 提供了 Windows、UNIX、Linux、Macintosh 的多种版本。

1. LabVIEW 应用程序的构成

所有的 LabVIEW 应用程序，即虚拟仪器(VI)，它包括前面板(front panel)、流程图(block diagram)以及图标/连接器(icon/connector)三部分。

1) 前面板

前面板是图形用户界面，也就是 VI 的虚拟仪器面板，这一界面上有用户输入和显示输出两类对象，具体表现有开关、旋钮、图形以及其他控制(control)和显示(indicator)对象。图 11-15 所示是随机信号发生器的前面板，上面有一个显示对象，以曲线的方式显示了所产生的一系列随机数。还有一个控制对象——开关，可以启动和停止工作。显然，并非简单地画两个控件就可以运行，在前面板后还有一个与之配套的流程图。

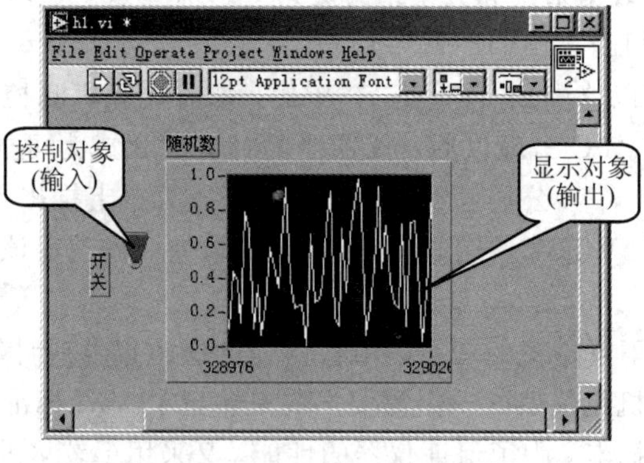

图 11-15　随机信号发生器的前面板

2）流程图

流程图提供 VI 的图形化源程序。可在流程图中对 VI 编程，以控制和操纵定义在前面板上的输入和输出功能。流程图中包括前面板上的控件的连线端子，还有一些前面板上没有，但编程必须有的东西，例如函数、结构和连线等。图 11-16 是与图 11-15 对应的流程图。我们可以看到流程图中包括了前面板上的开关和随机数显示器的连线端子，还有一个随机数发生器的函数及程序的循环结构。随机数发生器通过连线将产生的随机信号送到显示控件，为了使它持续工作下去，设置了一个 While Loop 循环，由开关控制这一循环的结束。

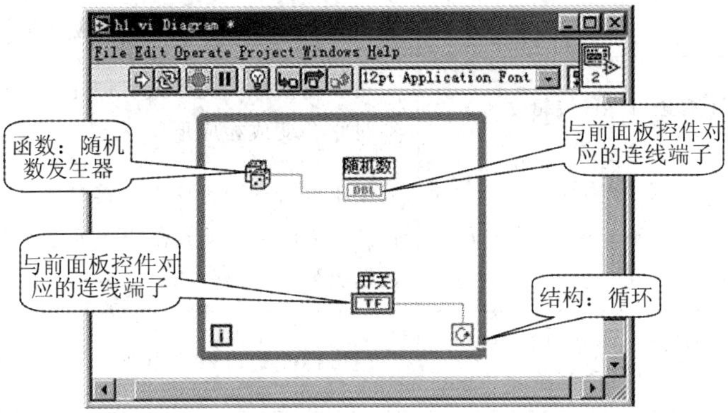

图 11-16 随机信号发生器的流程图

如果将 VI 与标准仪器相比较，那么前面板上的东西就是仪器面板上的东西，而流程图上的东西相当于仪器箱内的东西。在许多情况下，使用 VI 可以仿真标准仪器，不仅在屏幕上出现一个惟妙惟肖的标准仪器面板，而且其功能也与标准仪器相差无几。

3）图标/连接器

VI 具有层次化和结构化的特征。一个 VI 可以作为子程序，这里称为子 VI(Sub VI)，被其他 VI 调用。图标与连接器在这里相当于图形化的参数，限于篇幅对详细情况不再赘述。

2. LabVIEW 的操作模板

在 LabVIEW 的用户界面上，应特别注意它提供的操作模板，包括工具(Tools)模板、控制(Controls)模板和功能(Functions)模板。这些模板集中反映了该软件的功能与特征。下面我们来大致浏览一下。

1）工具(Tools)模板

该模板提供了各种用于创建、修改和调试 VI 程序的工具，如图 11-17 所示。如果该模板没有出现，则可以在 Windows 菜单下选择 Show Tools Palette 命令以显示该模板。当从模板内选择了任一种工具后，鼠标箭头就会变成该工具相应的形状。当从 Windows 菜单下选择了 Show Help Window 功能后，把工具模板内选定的任一种工具光标放在流程图程序的子程序(Sub VI)或图标上，就会显示相应的帮助信息。

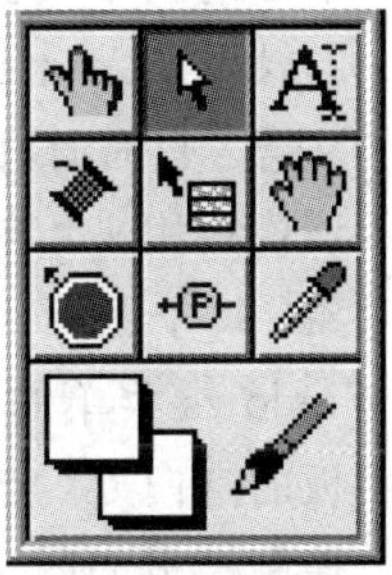

图 11-17 工具模板

表 11－1 列出了各工具的名称和功能，要注意 1 和 2 的区别，2 用于编程时，1 用于运行程序时。4 是一个特有的工具，它并不是一个简单的画线工具，而是一个符合 LabVIEW 语言规定的对象连接工具。

表 11－1　LabVIEW 工具模板中工具的名称和功能

序号	图标	名　称	功　能
1		Operate Value(操作值)	用于操作前面板的控制和显示。使用它向数字或字符串控制中键入值时，工具会变成标签工具
2		Position/Size/Select（选择）	用于选择、移动或改变对象的大小。当它用于改变对象的连框大小时，会变成相应形状
3		Edit Text(编辑文本)	用于输入标签文本或者创建自由标签。当创建自由标签时它会变成相应形状
4		Connect Wire(连线)	用于在流程图程序上连接对象。当联机帮助的窗口被打开时，把该工具放在任一条连线上，就会显示相应的数据类型
5		Object Shortcut Menu（对象菜单）	用鼠标左键可以弹出对象的弹出式菜单
6		Scroll Windows（窗口漫游）	使用该工具就可以不需要使用滚动条而在窗口中漫游
7		Set/Clear Breakpoint（断点设置/清除）	使用该工具可在 VI 的流程图对象上设置断点
8		Probe Data(数据探针)	可在框图程序内的数据流线上设置探针。可通过探针窗口来观察该数据流线上的数据变化状况
9		Get Color(颜色提取)	使用该工具可提取颜色用于编辑其他的对象
10		Set Color(颜色设置)	用来给对象定义颜色。它也显示出对象的前景色和背景色

下面的两个模板是多层的，其中每一个子模板下还包括多个对象。

2）控制(Control)模板

注意：只有打开前面板时才能调用该模板。

该模板用来给前面板设置各种所需的输出显示对象和输入控制对象。每个图标代表一类子模板。如果控制模板不显示，可以用 Windows 菜单的 Show Controls Palette 功能打开它，也可以在前面板的空白处，点击鼠标右键，以弹出控制模板。

控制模板如图 11－18 所示，它包括表 11－2 所示的一些子模板。

图 11－18　控制模板

表 11-2　LabVIEW 子模板

序号	图标	子模板名称	功　能
1		Numeric(数值量)	数值的控制和显示。包含数字式、指针式显示表盘及各种输入框
2		Boolean(布尔量)	逻辑数值的控制和显示。包含各种布尔开关、按钮以及指示灯等
3		String & Path (字符串和路径)	字符串和路径的控制和显示
4		Array & Cluster (数组和簇)	数组和簇的控制和显示
5		List & Table (列表和表格)	列表和表格的控制和显示
6		Graph(图形显示)	显示数据结果的趋势图和曲线图
7		Ring & Enum(环与枚举)	环与枚举的控制和显示
8		I/O(输入/输出功能)	输入/输出功能。用于操作 OLE、ActiveX 等功能
9		Refnum	参考数
10		Digilog Controls (数字控制)	数字控制
11		Clussic Controls (经典控制)	经典控制，指以前版本软件的面板图标
12		Activex	用于 ActiveX 等功能
13		Decorations(装饰)	用于给前面板进行装饰的各种图形对象
14		Select a Controls (控制选择)	调用存储在文件中的控制和显示的接口
15		User Controls(用户控制)	用户自定义的控制和显示

3) 功能(Functions)模板

注：只有打开了流程图程序窗口，才能出现功能模板。

功能模板是创建流程图程序的工具。该模板上的每一个顶层图标都表示一个子模板。

若功能模板不出现，则可以用 Windows 菜单下的 Show Functions Palette 功能打开它，也可以在流程图程序窗口的空白处点击鼠标右键以弹出功能模板。

功能模板如图 11－19 所示，其子模块见表 11－3。

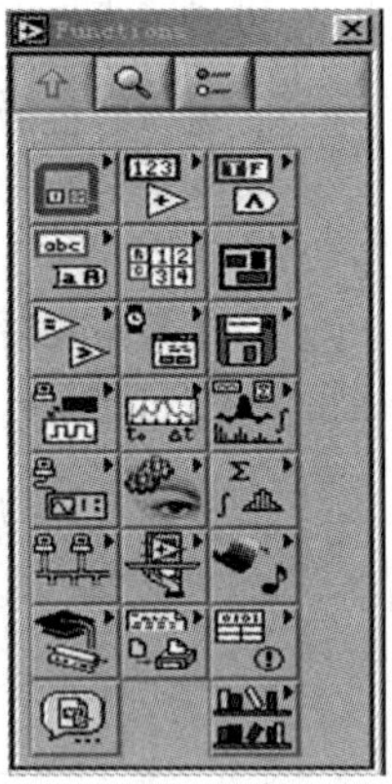

图 11－19　功能模板

表 11－3　LabVIEW 功能模板子模块

序号	图标	子模板名称	功　能
1		Structure(结构)	包括程序控制结构命令，例如循环控制等，以及全局变量和局部变量
2		Numeric(数值运算)	包括各种常用的数值运算，还包括数制转换、三角函数、对数、复数等运算，以及各种数值常数
3		Boolean(布尔运算)	包括各种逻辑运算符以及布尔常数
4		String(字符串运算)	包括各种字符串操作函数、数值与字符串之间的转换函数，以及字符(串)常数等
5	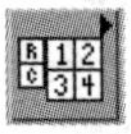	Array(数组)	包括数组运算函数、数组转换函数，以及常数数组等
6		Cluster(簇)	包括簇的处理函数，以及群常数等。这里的群相当于 C 语言中的结构
7		Comparison(比较)	包括各种比较运算函数，如大于、小于、等于
8		Time & Dialog (时间和对话框)	包括对话框窗口、时间和出错处理函数等
9		File I/O(文件输入/输出)	包括处理文件输入/输出的程序和函数

续表

序号	图标	子模板名称	功　能
10		Data Acquisition（数据采集）	包括数据采集硬件的驱动，以及信号调理所需的各种功能模块
11	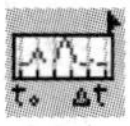	Waveform（波形）	各种波形处理工具
12		Analyze（分析）	信号发生、时域及频域分析功能模块及数学工具
13		Instrument I/O（仪器输入/输出）	包括 GPIB(488、488.2)、串行、VXI 仪器控制的程序和函数，以及 VISA 的操作功能函数
14		Motion & Vision（运动与景象）	包括图像格式、运动视觉以及阴影恢复
15	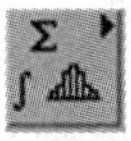	Mathematics（数学）	包括统计、曲线拟合、公式框节点等功能模块，以及数值微分、积分等数值计算工具模块
16		Communication（通信）	包括 TCP、DDE、ActiveX 和 OLE 等功能的处理模块
17		Application Control（应用控制）	包括动态调用 VI、标准可执行程序的功能函数
18		Graphics & Sound（图形与声音）	包括 3D、OpenGL、声音播放等功能模块，以及调用动态链接库和 CIN 节点等功能的处理模块
19		Tutorial（示教课程）	包括 LabVIEW 示教程序
20		Report Generation（文档生成）	包括在 Microsoft Word 和 Excel 环境下编程创建和修改报告
21		Advanced（高级功能）	包括 LabVIEW 高级应用
22		Select a VI（选择子 VI）	包括子程序调用
23		User Library（用户子 VI 库）	包括用户子程序

11.2.3　传感器与虚拟仪器应用案例

1. 基于 LabVIEW 的心血管监护系统设计

借助 LabVIEW 强大的数据采集、控制、分析和显示等功能，我们可以很方便地搭建监护系统。系统通过数字化心音、脉搏等传感器采集与心血管系统疾病相关的心音、脉搏等信号，经过计算机的处理与分析获取心血管系统的特征参数，利用智能化的信息融合方法诊断人体的心血管功能是否正常，系统可以将采集到的病人身体状况参数存储到数据库当中，方便医师等相关人员进行病人病情的诊断和记录的维护。

1）监护系统软件总体框图设计

监护系统软件的主要功能是实现心音和脉搏信号的采集、显示、信号处理、特征提取、存储、回放等功能。监护系统软件总体框图如图 11－20 所示。

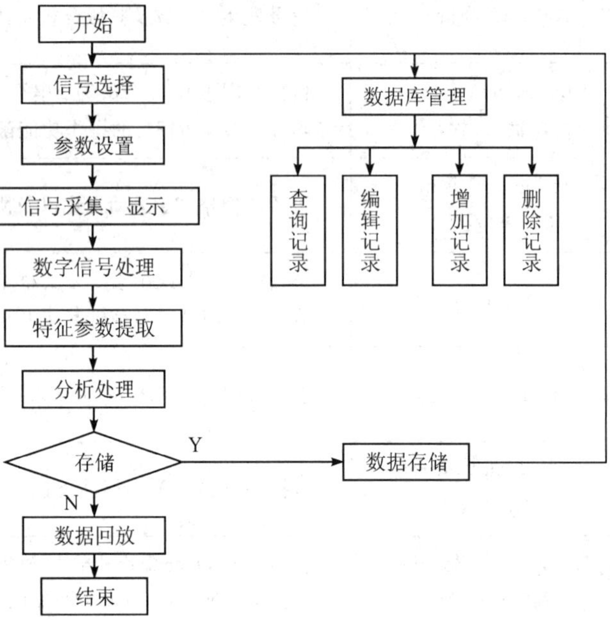

图 11－20　监护系统软件总体框图

2）监护系统软件用户界面设计

监护系统软件用户界面主要由三个部分组成，即实时数据采集界面、信号分析界面和记录管理界面。图 11－21 所示为监护系统实时数据采集界面，可以实时采集病人的心音信号和脉搏信号，且采样率和放大倍率可调。

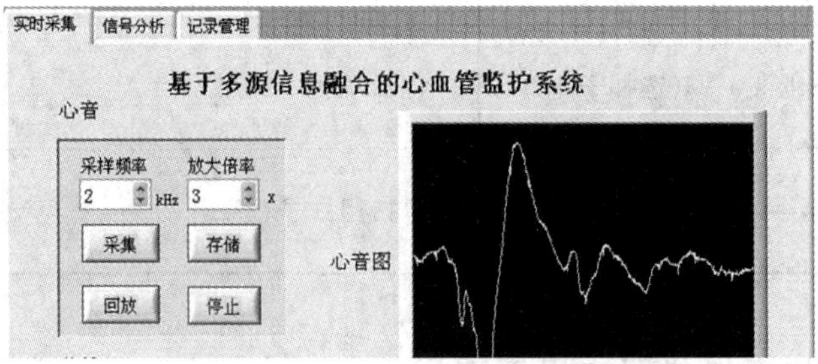

图 11－21　监护系统实时数据采集界面

信号分析界面主要包括信号选择框、分析结果框、时域显示、功率谱显示等。图 11－22 所示为监护系统信号分析界面。

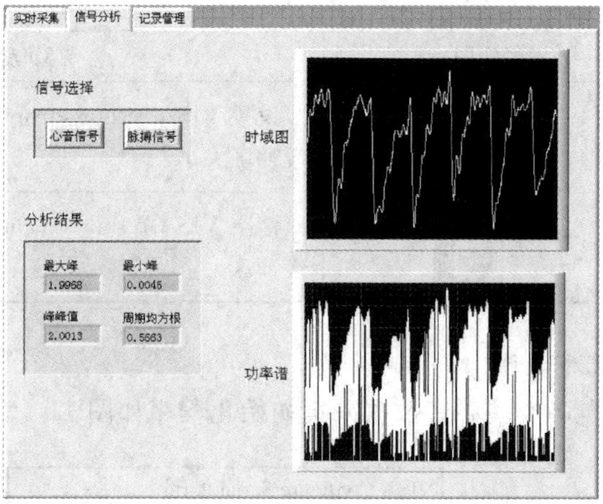

图 11－22　监护系统信号分析界面

3）串口数据采集子程序设计

USB 接口的 HKY－06C 型心音传感器和 HK－2000C 型脉搏传感器实际上是采用美国 SILICON 公司生产的高集成度 USB－UART 桥接电路——CP2102 来实现 USB－串口的转换。通过驱动程序将 PC 的 USB 口虚拟成 COM 口以达到扩展的目的。虚拟 COM 口(VCP)的器件驱动程序允许一个基于 CP210x 的器件以 PC 应用软件的形式作为一个增加的 COM 口独立于任何现有的硬件。COM 口使用运行在 PC 上的应用软件以访问一个标准硬件 COM 口的方式访问基于 CP210x 的器件，PC 与 CP210x 间的数据传输是通过 USB 完成的，因此，无须修改现有的软件和硬件就可以通过 USB 向基于 CP210x 的器件传输数据。因此，本设计数据采集程序实际是对虚拟串口的编程。

LabVIEW 的串口通信 VI 位于 Instrument I/O Palette 的 Serial 中，见表 11－4。

表 11－4　LabVIEW 中的串口通信 VI

VI 名称	VI 图标	VI 功能
VISA Configure Serial Port		初始化 VISA resource name 指定的串口通信参数
VISA Write		将输出缓冲区中的数据发送到 VISA resource name 指定的串口
VISA Read		将 VISA resource name 指定的串口接收缓冲区中的数据读取指定字节数的数据到计算机内存中
VISA Serial Break		向 VISA resource name 指定的串口发送一个暂停信号
VISA Bytes at Serial Port	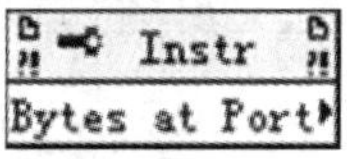	查询 VISA resource name 指定的串口接收缓冲区中的数据字节数
VISA Close		结束与 VISA resource name 指定的串口资源之间的会话

续表

VI 名称	VI 图标	VI 功能
VISA Set I/O Buffer Size		设置 VISA resource name 指定的串口的输入输出缓冲区大小
VISA Flush I/O Buffer		清空 VISA resource name 指定的串口的输入输出缓冲区

4）串口数据采集程序设计

(1) 串口通信参数初始化。心音数据采集初始化程序如图 11－23 所示。

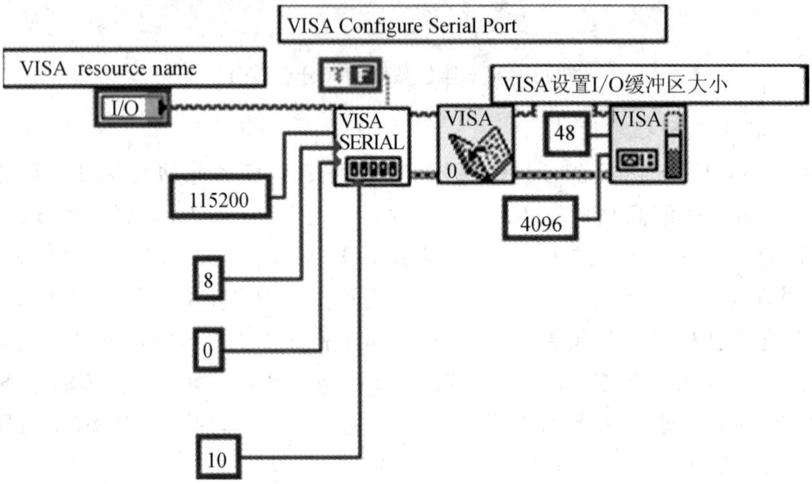

图 11－23　心音数据采集初始化程序

对于采集脉搏数据，只需调调整相应串口号和波特率即可。

(2) 串口读写程序。

串口读写程序如图 11－24 所示，首先将用户发送的指令分解，再逐次写入串口当中，这些指令主要包括采集的开始、终止、频率、放大倍率调整等。

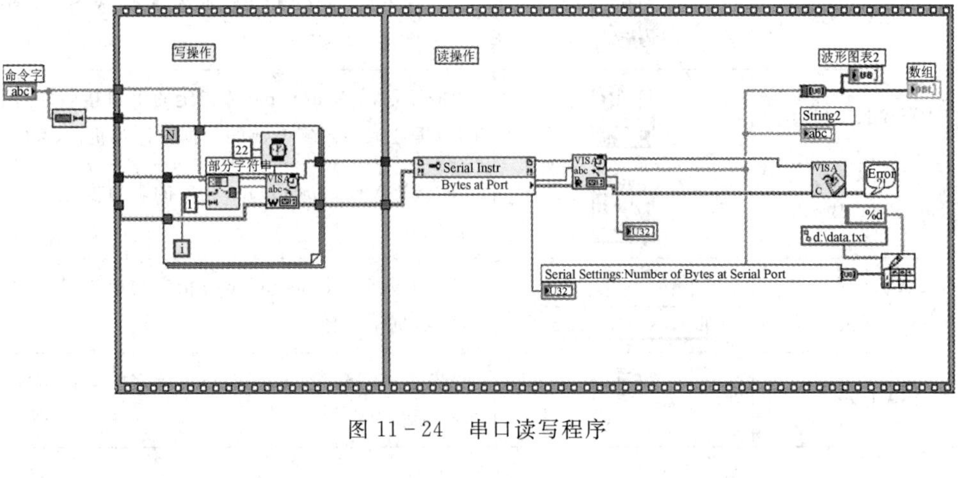

图 11－24　串口读写程序

5）信号波形存储、回放程序设计

为减少高采样率下大批心音、脉搏数据存取数据库的时间，提高系统的实时性，同时，又因数据的存储采用的是将数据文件路径存入数据库的方式，因此文件类型选用高速数据流文件 TDMS，它将动态类型数据存储为二进制文件，可以为每一个信号都添加一些有用的信息。图 11 - 25 所示为 TDM 流文件操作函数面板。

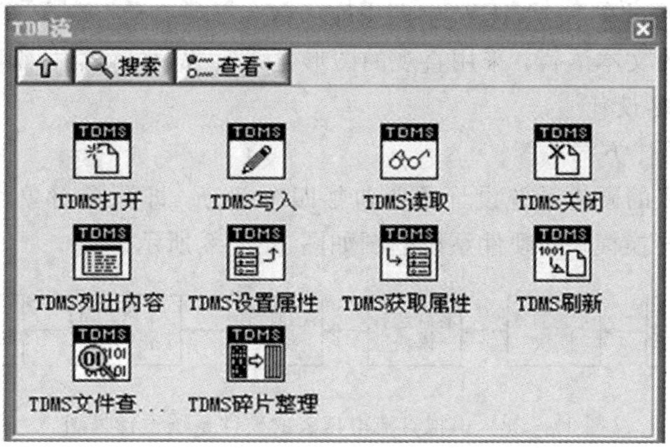

图 11 - 25　TDM 流文件操作函数面板

信号波形存储程序流图如图 11 - 26 所示，其中添加的信息有：姓名（Name）、年龄（Age）、性别（Gender）和联系电话（Tel）等。

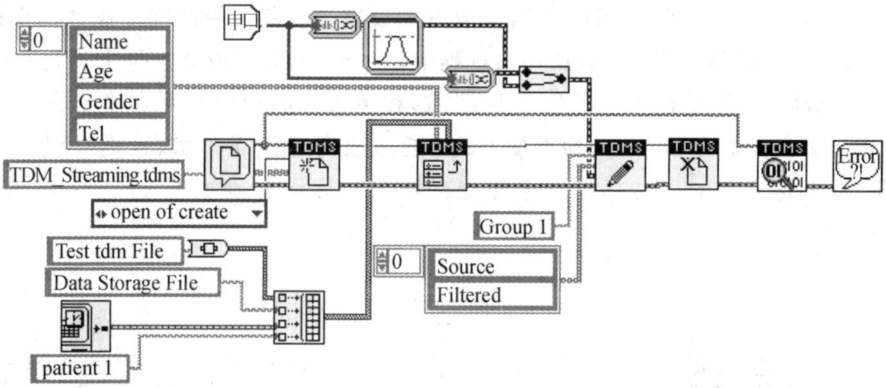

图 11 - 26　信号波形存储程序流图

信号波形回放程序流图如图 11 - 27 所示。

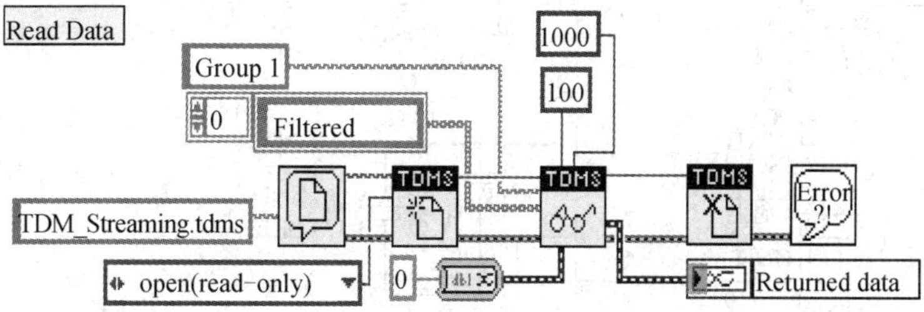

图 11 - 27　信号波形回放程序流图

2. 基于 LabVIEW 的虚拟直流电压表设计

传统仪器由于其本身存在的测量精度、测量误差、硬件固化以及维护成本等诸多缺陷，越来越不能适应当下测试测量行业发展的要求。本设计借助虚拟仪器 LabVIEW 软件，以计算机丰富的软硬件为平台，设计数据采集电路，其中主要包括 A/D 转换模块、增益选择模块以及通道输入模块；利用 LabWindows/CVI 和 Visual C++软件开发底层功能函数和 DLL 动态链接库，通过在 LabVIEW 中调用库函数，实现启动、选择、测量和显示等功能。软件编程摒弃传统的文本语言，采用直观的图形化语言——G 语言，编程方便、界面友好。

1）系统硬件电路设计

（1）硬件电路总体方案。

虚拟直流电压表的硬件系统设计主要包括四个部分，即测量对象、通道输入模块、增益选择模块、A/D 转换模块。硬件系统框图如图 11－28 所示。

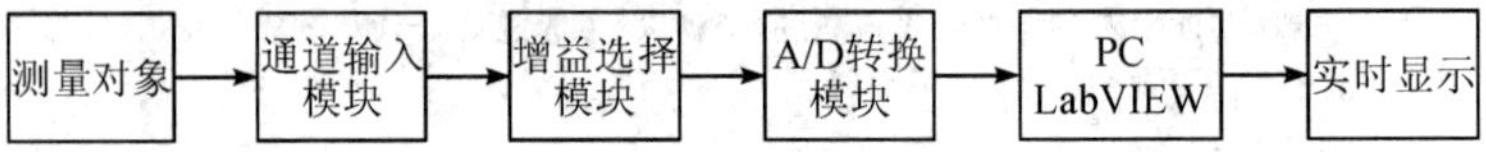

图 11－28　虚拟直流电压表的硬件系统设计框图

（2）A/D 转换模块。

A/D 转换电路设计采用双积分式 12 位 A/D 转换芯片 ICL7109，该芯片具有转换速度快、转换精度高等特点。为与微处理器通信方便，该芯片分别内置了两个 14 位的数据寄存器和锁存器，大大简化了外围电路设计。ICL7109 提供了两种数据交换方式，即间接方式和直接方式，可以通过设置 MODE 引脚完成方式设定。前者采用标准工业数据交换格式，主要针对远程数据采集；后者在数据输出过程中，由 B1～B8 完成低 8 位字节数据输出，由 B9～B12 完成高 4 位数据输出，该方式可在片选和字节使能的控制下直接读取数据。本次设计 MODE 引脚设置为低电平，为直接方式，通过改变电位器的状态，经 INH 引脚完成模拟电压 U_x 的输入。A/D 转换模块电路原理图与时序图分别如图 11－29 和图 11－30 所示。

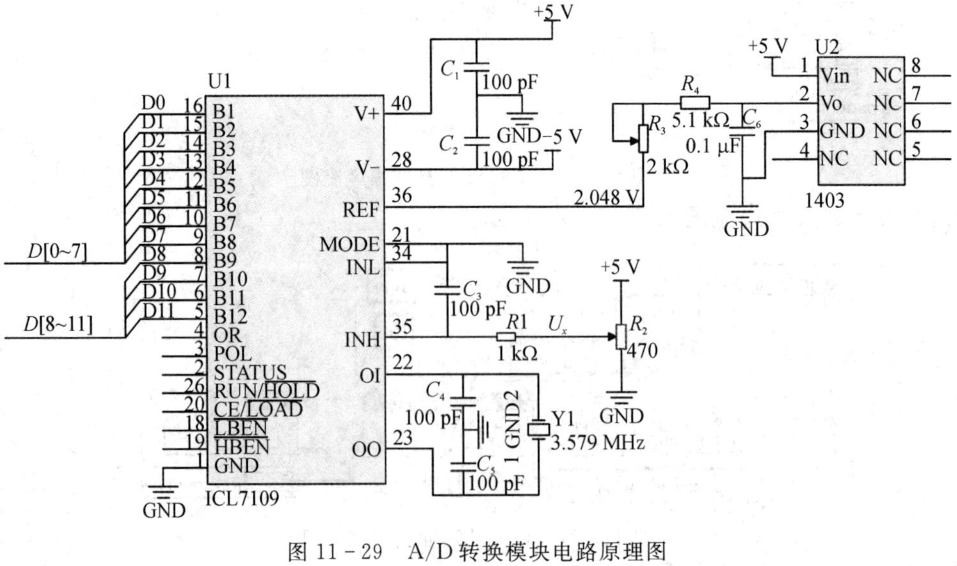

图 11－29　A/D 转换模块电路原理图

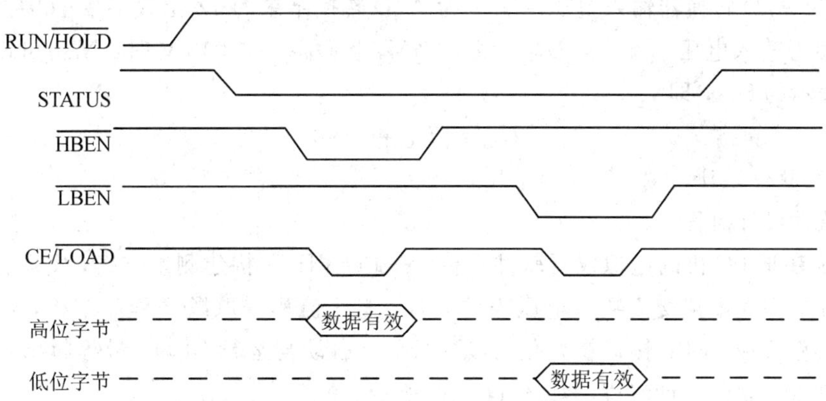

图 11-30　A/D 转换时序图

(3) 增益选择模块。

鉴于待测模拟信号比较微弱，为得到合适的测量信号，电路引入集成运算放大器 LM324，增益选择功能可以通过模拟开关 CD4052 实现，它是数字控制的模拟数据选择/分配器，具有低导通阻抗和低泄漏电流等特性，通过两个二进制输入端 A、B 和一个禁止输入端 INH 来实现通道选择。模块电路中支持 4 挡增益选择，即 0.5 倍、1 倍、2 倍、5 倍。增益选择模块电路如图 11-31 所示。

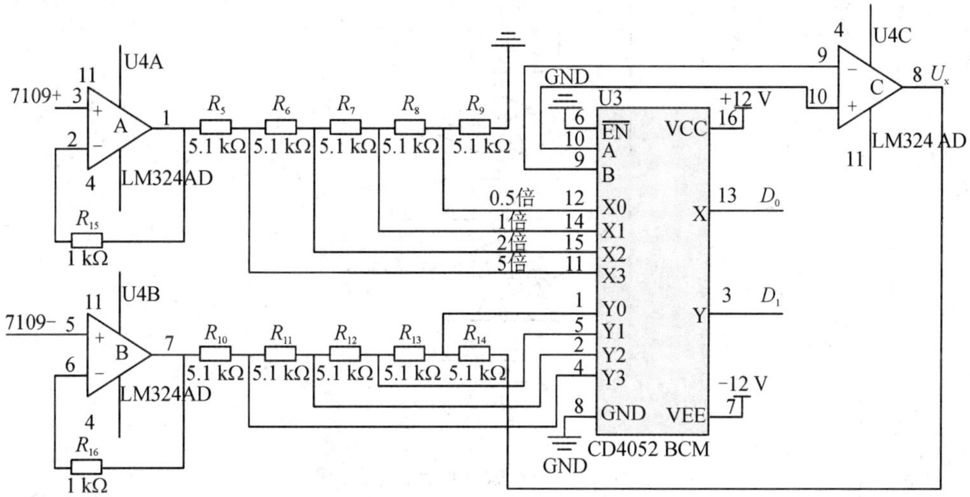

图 11-31　增益选择模块电路原理图

(4) 通道输入模块。

通道输入模块电路提供了三路输入信号，分别是 2.048V 参考电压 U_{REF} 输入通道，0 V 接地通道，以及直流测量电压输入通道。需要说明的是，测量电压通过调节电位器来实现，电压范围在 $-4\sim+4$ V 之间。

由 ICL7109 的 A/D 转换关系，有

$$U_{IN}=\frac{N_{OUT}}{2^{12}}\times 2U_{REF}$$

其中，U_{IN}为 A/D 转换器输入电压；N_{OUT}为 A/D 转换结果的 12 位数字量；U_{REF}为 A/D 转换器外部参考输入电压，调节至 $U_{REF}=2.048$ V。当 $U_{REF}=2.048$ V 时，N_{OUT}可以看作为以 mV 单位表示的 U_{IN}，即

$$U_{IN} = N_{OUT}(\text{mV})$$

2）系统软件设计

（1）软件设计流程。

本系统基于 PC 机的虚拟仪器软件平台——LabVIEW 构建测量方案，实现直流电压的数字化测量，完成虚拟交流数字电压表的设计。整个流程采取顺序程序结构，依次实现对象选择、量程选择、EPP 接口初始化与读数校验、启动与运行 7109、量程超出判断以及结果显示等功能。软件设计流程图如图 11－32 所示。

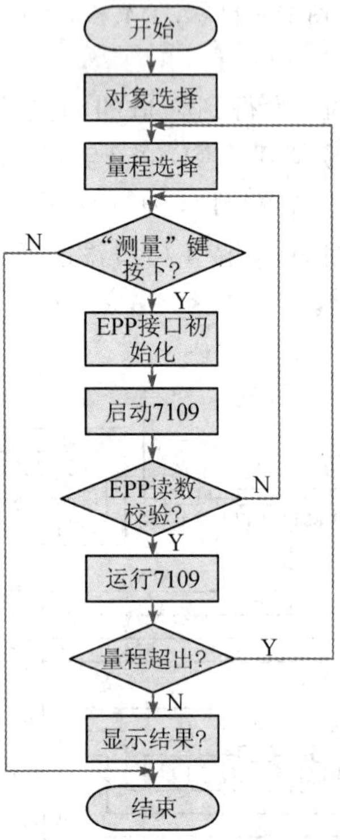

图 11－32　软件设计流程图

（2）DLL 动态链接库调用。

本程序设计主要借助 LabWindows/CVI 编写底层 fp 函数，在程序实现时可直接调用驱动函数动态链接，即 7109.dll 函数，驱动函数原型及常数和变量封装在 cvidll.prj 工程中。程序设计时，应加入动态链接 7109.dll 动态链接库函数。实现直流电压测量的驱动函数主要包括以下函数：

```
void stdcall epp_init(void)                          //初始化 EPP 接口
int stdcall epp_read_check (void)                    // EPP 读数检查
int stdcall run_7109 (unsigned char m_what, unsigned char gain_cw, double vref,
double * rult)                                       //运行 7109，实现 7109 的读数及转化
```

```
void stdcall amp_7109 (unsigned char gain_cw, double * gain,
int * showdot)                              //根据量程设置增益和显示位数
void stdcall indicator_7109 (unsigned char gain_cw, double * indicator_gain,
double * indicator_max)                     //根据量程设置 7109 输入增益，电压
                                              表最大显示数字
void stdcall start_7109 (void)              //启动 7109
int stdcall display(double display_data)    //显示
```

(3) 前面板设计。

虚拟仪器前面板设计包括测量对象选择按钮和测量与自测选择按钮，同时，在数据测量中，提供了数字和表盘两者同时显示。参照高速数据采集的相关主要性能指标，设置了 8 挡量程，即 8 V、4 V、2 V、800 mV、400 mV、200 mV、80 mV、40 mV，对应增益为 0.5 倍、1 倍、2 倍、5 倍、10 倍、20 倍、50 倍、100 倍。同时，前面板上设置超量程指示、测量的启动和退出等功能。考虑到实际电压表在使用时，应将量程选在最大挡，设计中量程缺省值可将其设为 8V。虚拟直流电压表前面板如图 11 - 33 所示。

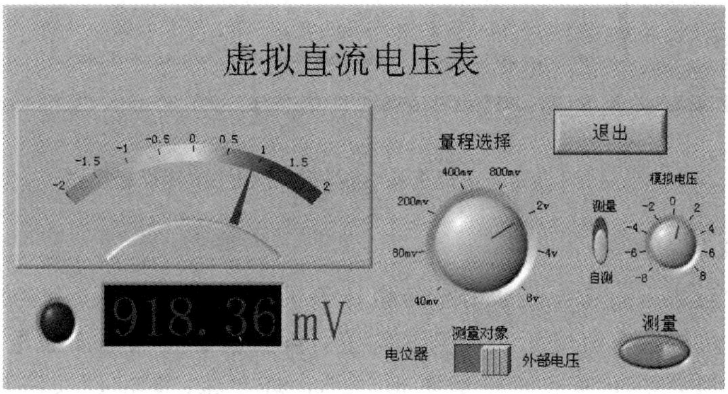

图 11 - 33　虚拟直流电压表前面板

(4) 程序框图设计。

由前面板设计可知，“退出”按钮控制了程序的运行状况，“测量”按钮控制了测量状况，因而可采用 structure 中的 while 循环作为设计主框架。考虑到 LabVIEW 的顺序流程特性，顺序结构同样适用于循环内部设计。因此，可借助 structure 中的 flat sequence case 结构完成程序流图设计。

整体设计流程大体上由四个步骤构成：首先，对 EPP 接口初始化，可通过调用动态链接库函数来完成，同时库函数无需返回数值；其次，启动 7109，依然可通过调用动态链接库函数来完成，库函数仍无需返回数值；再次，启用 EPP 读数据校验，此处通过设置函数返回值来判断 EPP 读数据成功与否，成功则继续，否则将“测量”按钮弹起，程序停止。最后，运行 7109，借助 case 结构选择测量对象和量程，把 run_7109 的输出用于表盘和 LED 数字显示。超量程可根据 7109 的返回值判断，不等于 1 则超出，同时点亮超量程指示灯。部分程序框图面板如图 11 - 34 所示。

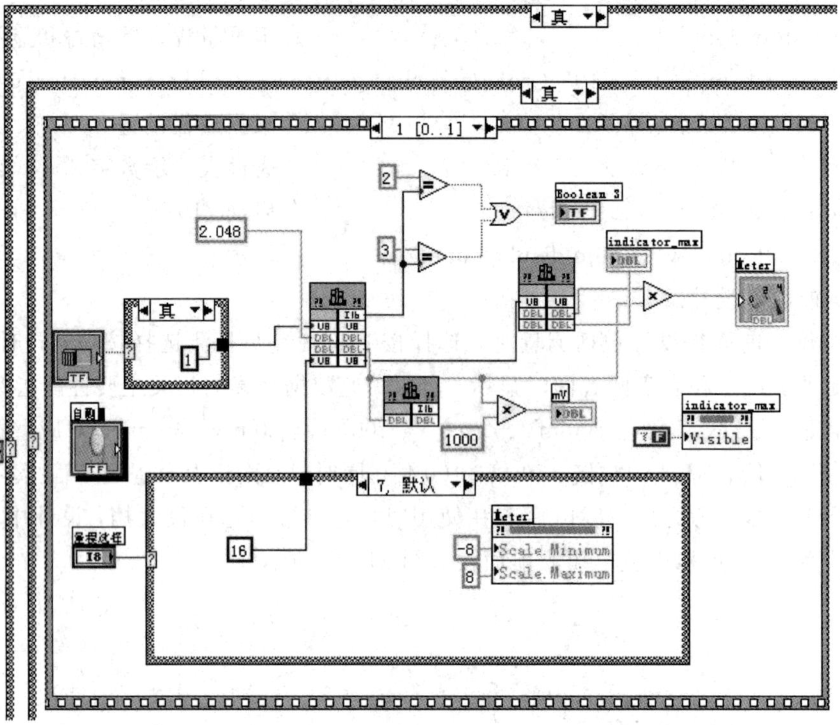

图 11-34 虚拟直流电压表部分程序框图面板

3）系统测试与分析

为分析与比较虚拟直流电压表和传统电压表的测量测试性能，分别对被测对象进行了测试，采用三块传统直流电压表得到平均值，再与虚拟直流电压表进行误差比较，容易得出，采用虚拟直流电压表测试数据误差小，精度高，测试结果分别见表 11-5 和表 11-6。

表 11-5 传统电压表测试数据

待测电压/V	表 1/V	表 2/V	表 3/V	平均值/V	相对误差/%
0.03	0.029	0.031	0.033	0.031	3.333
0.06	0.058	0.062	0.063	0.061	1.667
0.1	0.092	0.110	0.094	0.099	−1.333
0.3	0.28	0.28	0.31	0.290	−3.333
0.6	0.57	0.60	0.62	0.597	−0.556
1.5	1.48	1.49	1.52	1.497	−0.222
3	2.97	3.04	3.03	3.013	0.444
5	4.96	5.08	5.07	5.037	0.733

表 11－6　虚拟直流电压表测试数据

待测电压/V	频率/Hz	有效值/V	平均值/V	相对误差/%
0.03	1k	0.0302	0.0302	0.667
0.06	1k	0.0603	0.0603	0.500
0.1	1k	0.0998	0.0998	－0.200
0.3	1k	0.3012	0.3012	0.400
0.6	1k	0.5986	0.5986	－0.233
1.5	1k	1.502	1.502	0.133
3	1k	2.995	2.995	－0.167
5	1k	5.002	5.002	0.040

采用虚拟仪器 LabVIEW 软件设计的虚拟直流电压表大大简化了传统电压表的硬件结构与制造维护成本，克服了传统电压表测量精度不高，数据无法存储、分析、计算，携带不方便等一系列缺点；同时，简化的图形编程语言进一步缩短了开发周期，也方便后期产品功能更新和性能优化。由于设计选取的 A/D 转换器、参考电压和增益电阻的精度高，经过实验测试，开发的虚拟直流电压表具有测试方便、测量精度高等优势，具有广阔的市场应用前景。

思考与练习

11－1　智能传感器一般由哪些部分组成？它有哪些显著特点？

11－2　简述多传感器数据融合原理。

11－3　简述数据融合的层次结构。

11－4　简述无线传感器网络的应用。

11－5　比较传统仪器与虚拟仪器。

11－6　VI 包括哪两个主要的部分？如何在它们之间切换？

11－7　简述函数模块和控件模块的各自位置与作用。

11－8　简述 LabVIEW 中 For 循环的执行流程。

11－9　LabVIEW 中 wait 函数在程序中起到什么作用？

11－10　如何调用属性节点？怎样增加和减少属性节点的属性条目？

实验十六　了解 LabVIEW 软件

实验十七　虚拟波形发生器与示波器的使用

参考文献

[1] 朱晓青．传感器与检测技术[M]．2 版．北京：清华大学出版社，2020.
[2] 何道清，张禾，石明江．传感器与传感器技术[M]．4 版．北京：科学出版社，2020.
[3] 吴建平．传感器原理及应用[M]．3 版．北京：机械工业出版社，2016.
[4] 郁有文．传感器原理及工程应用[M]．4 版．西安：西安电子科技大学出版社，2019.
[5] 胡向东．传感器与检测技术[M]．4 版．北京：机械工业出版社，2021.
[6] 施文康，余晓芬．检测技术[M]．4 版．北京：机械工业出版社，2015.
[7] 朱明．无线传感器网络技术与应用[M]．北京：电子工业出版社，2020.
[8] 孙利民，张书钦，李志，等．无线传感器网络：理论及应用[M]．北京：清华大学出版社，2018.
[9] 吴成东．智能无线传感器网络原理与应用[M]．北京：科学出版社，2020.
[10] 冯涛．无线传感器网络[M]．西安：西安电子科技大学出版社，2017.
[11] 胡玉兰．智能信息融合与目标识别方法[M]．北京：机械工业出版社，2018.
[12] 赵宗贵，刁联旺．信息融合工程实践：技术与方法[M]．北京：国防工业出版社，2015.
[13] 张佑春．多源信息融合技术与应用研究[M]．芜湖：安徽师范大学出版社，2017.
[14] 宋雪臣，单振清．传感器与检测技术项目式教程[M]．北京：人民邮电出版社，2015.
[15] 魏虹．传感器与物联网技术[M]．2 版．北京：电子工业出版社，2019.
[16] 贾海瀛．传感器技术与应用[M]．北京：高等教育出版社，2015.
[17] 邓长辉，李宝营．传感器原理及应用[M]．大连：大连理工大学出版社，2017.
[18] 沈显庆．传感器与检测技术原理及实践[M]．北京：中国电力出版社，2018.
[19] 郭彤颖，张辉．机器人传感器及其信息融合技术[M]．北京：化学工业出版社，2017.
[20] 黄松岭，王珅，赵伟．虚拟仪器设计教程[M]．北京：清华大学出版社，2015.
[21] 郝丽，赵伟．LabVIEW 虚拟仪器设计及应用：程序设计、数据采集、硬件控制与信号处理[M]．北京：清华大学出版社，2018.
[22] 宋铭．LabVIEW 编程详解[M]．北京：电子工业出版社，2017.